区块链技术开发系列 BLOCKCHAIN

"十四五"时期
国家重点出版物出版专项规划项目

U0234242

Solidity
智能合约
开发技术与实战

李晓黎 / 编著

人民邮电出版社
北京

工信学术出版基金
Industry and Information Technology
Academic Publishing Fund

图书在版编目（CIP）数据

Solidity智能合约开发技术与实战 / 李晓黎编著
. -- 北京 : 人民邮电出版社, 2022.12
（区块链技术开发系列）
ISBN 978-7-115-58943-9

Ⅰ. ①S… Ⅱ. ①李… Ⅲ. ①区块链技术－程序设计
Ⅳ. ①TP311.135.9

中国版本图书馆CIP数据核字(2022)第054226号

内 容 提 要

在区块链发展历程中，以太坊的诞生具有里程碑式的意义。本书介绍使用 Solidity 开发以太坊智能合约 DApp 的方法，内容涵盖 Solidity 的基本语法，使用开发框架 Truffle 开发、部署、测试以太坊 DApp 的方法，通过以太坊测试网络进行交易的方法，开发安全智能合约所应遵守的规范和对智能合约进行安全审计的方法等。读者在阅读本书时可以充分了解和体验以太坊智能合约的强大功能，以及使用 Solidity 开发以太坊智能合约 DApp 的便利。

本书可作为高等院校计算机、软件工程、大数据、人工智能等专业相关课程的教材，也可供区块链应用程序开发人员参考使用。

◆ 编　著　李晓黎
　　责任编辑　王　宣
　　责任印制　王　郁　陈　犇

◆ 人民邮电出版社出版发行　　北京市丰台区成寿寺路 11 号
　　邮编　100164　　电子邮件　315@ptpress.com.cn
　　网址　https://www.ptpress.com.cn
　　涿州市京南印刷厂印刷

◆ 开本：787×1092　1/16
　　印张：18.75　　　　　　　2022 年 12 月第 1 版
　　字数：452 千字　　　　　　2024 年 7 月河北第 3 次印刷

定价：86.00 元

读者服务热线：(010)81055256　印装质量热线：(010)81055316
反盗版热线：(010)81055315
广告经营许可证：京东市监广登字 20170147 号

序言
Preface

2019 年 10 月 24 日，中共中央政治局就区块链技术发展现状和趋势进行第十八次集体学习，习近平总书记在主持学习时强调，区块链技术的集成应用在新的技术革新和产业变革中起着重要作用。我们要把区块链作为核心技术自主创新的重要突破口，明确主攻方向，加大投入力度，着力攻克一批关键核心技术，加快推动区块链技术和产业创新发展。

2020 年 4 月 30 日，教育部印发《高等学校区块链技术创新行动计划》，文件提出，引导高校汇聚力量、统筹资源、强化协同，不断提升区块链技术创新能力，加快区块链技术突破和有效转化。2020 年年初，教育部高等学校计算机类专业教学指导委员会参与审核的"区块链工程（080917T）"获批成为新增本科专业，两年来已有 15 所高校设置区块链工程专业。

2020 年 7 月，信息技术新工科产学研联盟组织编写并发布了《区块链工程专业建设方案（建议稿）》。该方案依据《普通高等学校本科专业类教学质量国家标准》（计算机类教学质量国家标准）编写而成，内容涵盖区块链工程专业的培养目标、培养规格、师资队伍、教学条件、质量保证体系及区块链工程专业类知识体系、专业类核心课程建设、人才培养多样化建议等。该方案为高等学校快速、高水平建设区块链工程专业提供了重要指导。

区块链技术和产业的发展，需要人才队伍的建设作支撑。区块链人才的培养，离不开高校区块链专业的建设，也离不开区块链教材的建设。为此，人民邮电出版社面向国内区块链行业的人才需求特征和现状，以促进高等学校专业建设适应经济社会发展需求为原则，组织出版了"区块链技术开发系列"丛书。本系列丛书也入选了"十四五"时期国家重点出版物出版专项规划项目。

本系列丛书从整体上进行了系统的规划，案例以国内的自主创新成果为主。系列丛书编委会和作者们在深刻理解、领悟国家战略与区块链产业人才需求及《区块链工程专业建设方案（建议稿）》的基础上，将区块链技术的起源、发展与应用、体系架构、密码学基础、合约机制、开发技术与方法、开发案例等内容，按照产业人才培养需求，采用通俗易懂的语言，系统地组织在该系列丛书之中。

其中，《区块链导论》《区块链密码学基础》涵盖区块链技术的发展与特点、体系结构、区块链安全、密码学理论基础等内容，辅以典型应用案例。《Go 语言 Hyperledger 区块链开发实战》《Python 语言区块链开发实战》《Rust 语言区块链开发实战》《Solidity 智能合约开发技术与实战》这 4 本基于不同语言的区块链开发实战教材，通过不同的区块链工程应用案例，从不同侧面介绍了区块链开发实践。这 4 本教材可以有效提升区块链人才的开发水平，培养具有不同专业特长的高层次人才，有助于培育一批区块链领域领军人才和高水平创新团队。《区块链技术及应用》一书，通过典型工程案例，为读者展示了区块链技术与应用的分析方法和解决方案。

难能可贵的是，来自教育部高等学校计算机类专业教学指导委员会、信息技术新工科产学研联盟、国内一流高校以及国内外区块链企业的专家、学者、一线教师和工程师们，积极加入本系列丛书的编委会和作者团队，为深刻把握区块链未来的发展方向、引领区块链技术健康有序发展做出了重要贡献，同时通过丰富的理论研究和工程实践经验，在丛书编写中建立了理论到工程应用案例实践的知识桥梁。本系列丛书不仅可以作为高等学校区块链工程专业的系列教材，还适用于业界培养既具备正确的区块链安全意识、扎实的理论基础，又能从事区块链工程实践的优秀人才。

我们期待本系列丛书的出版能够助力我国区块链产业发展，促进构建区块链产业生态；加快区块链与人工智能、大数据、物联网等前沿信息技术的深度融合，推动区块链技术的集成创新和融合应用；能够提高企业运用和管理区块链技术的能力，使区块链技术在推进制造强国和网络强国建设、推动数字经济发展、助力经济社会发展等方面发挥更大作用。

陈钟
教育部高等学校计算机类专业教学指导委员会副主任委员
信息技术新工科产学研联盟副理事长
北京大学信息科学技术学院区块链研究中心主任
2021 年 9 月 20 日

前言
Foreword

● 时代背景

区块链是近年来非常热门的新兴技术，它不但孕育了比特币、以太坊等分布式应用平台，而且已经被确定为国家战略，成为国家重点发展的新兴技术。作为区块链平台，以太坊在国际上拥有众多的用户和经典的应用。这意味着区块链不仅可以实现数字货币，还可以将现实生活中的合约以智能合约的形式"上链"，从而打造出"言出必行、高度互信"的合约体系。

目前，国内区块链还处于科普和基础设施建设阶段。国内企业既重视自主研发，也重视对国外开源技术的学习、借鉴和对接合作。很多开发者基于对区块链、智能合约等的兴趣，逐步选择从事相关领域的开发工作。在此过程中，"区块链技术及智能合约开发"也逐步成为越来越多的国内高校计算机专业和非计算机专业的必修课程或选修课程。

需要特别说明的是，在我国，比特币和以太币等数字货币不具有与法定货币等同的法律地位，故不能作为法定货币在市场上流通使用。

● 技术简介

Solidity 是以太坊官方推荐的智能合约编程语言，也是目前非常流行的区块链编程语言之一。Solidity 拥有众多使用者，并被用于开发很多经典的应用。同时，Solidity 也非常适合作为初学者了解和学习区块链开发技术的工具，原因如下。

（1）以太坊是应用非常成功的基于智能合约的区块链平台。在区块链科普和基础设施建设阶段，开发者应该多借鉴国内外经典的成功案例。

（2）作为专门用于开发智能合约的脚本语言，Solidity 简单、易学。对于不了解区块链技术的初学者来说，Solidity 更容易上手。通过学习 Solidity，读者可以加深对区块链和智能合约等相关技术的理解。

（3）Solidity 是基于成熟的以太坊平台的智能合约编程语言。开发者无须考虑底层区块链技术的实现方法，只须专注智能合约的开发。与从零开始搭建区块链应用相比，使用 Solidity 进行区块链应用开发无疑要简单很多。

本书将结合应用案例介绍使用 Solidity 开发以太坊智能合约应用的方法。

● 本书内容

本书从逻辑上可分为 3 个部分，各部分内容介绍与学习目标如表 1 所示。

表 1 本书内容介绍与学习目标

	内容介绍	学习目标
第 1 部分 （第 1～2 章）	介绍区块链技术和智能合约的基本概念，以及比特币、以太坊等的基本概念和工作原理	了解区块链技术与智能合约开发的背景知识和工作原理，为学习后续内容奠定基础
第 2 部分 （第 3～7 章）	介绍 Solidity 编程基础，包括常量、变量、数据类型、语句、函数、事件、日志等基本的编程知识，以及基于 Web3.js 与以太坊节点进行通信的方法	了解使用 Solidity 开发以太坊智能合约 DApp 的基本方法
第 3 部分 （第 8～10 章）	介绍开发以太坊智能合约 DApp 的实用技术，包括流行的基于以太坊虚拟机的开发框架 Truffle、以太坊测试网络及开发以太坊智能合约 DApp 的注意事项	提升开发以太坊智能合约 DApp 的实战水平，了解开发、部署、测试和审计以太坊智能合约 DApp 的全流程

● 本书特色

1．结合读者兴趣，讲解区块链基础理论，实现区块链技术科普

作为去中心化的分布式系统，区块链的工作原理和运作方式与传统的中心化系统有很多不同之处。为了使读者充分理解基础的技术框架和工作原理，本书第 1 章结合我们耳熟能详的区块链经典应用——比特币，介绍区块链技术的工作原理。虽然讲解的是区块链基础理论，但是本书结合了读者感兴趣的主题，例如"区块链为什么会成为国家战略"等。

以太坊作为区块链 2.0 的代表项目，在工作原理上与比特币有很多相同之处，例如以太坊也是去中心化的分布式系统，也将数据存储在区块上，也支持工作量证明共识算法。因此，本书第 1 章的内容对读者理解以太坊的工作原理也是有益的。当然，以太坊也有自己的个性化特色。本书第 2 章将介绍以太坊的个性化特色、工作原理和经典应用。在区块链科普和基础设施建设阶段，了解、学习这些基础理论和背景知识尤为重要，这也是读者学习后续内容的基础和前提。

2．依托经典实例，分析智能合约相关原理，锤炼 DApp 开发实战技能

作为区块链开发的入门级教材，本书通过各种流程图、结构图、架构图来描述区块链技术的数据结构和工作原理。本书将介绍很多基于以太坊智能合约 DApp 的经典实例，包括第 6 章的"明日之星"在线投票应用、第 8 章的代币模型实例 MetaCoin 和宠物商店实例 pet-shop、第 9 章的在测试网络中基于 Web3.js 完成以太坊交易实例及第 10 章的智能合约的安全审计实例。这些经典实例为读者理解抽象概念提供了捷径，可以帮助读者系统掌握区块链技术在各领域的应用及这些应用的实现过程。

3．面向高校教学，配套丰富教辅资源，录制优质微课视频

编者为使用本书授课的教师制作了配套的电子教案，并提供各章课后习题的参考答案和 7 个实验的电子文档，以及书中涉及的所有实例程序的源码。此外，编者还针对本书各章中的重点及难点录制了优质微课视频，助力读者更好地开展自主学习。读者可以通过人邮教育社区（www.ryjiaoyu.com）下载本书的配套资源。

鉴于编者水平有限，书中难免存在不足之处，敬请广大读者批评指正。

编 者
2022 年 1 月于北京

目录
Contents

第 3 章

Solidity

编程基础

第 9 章

**以太坊
测试网络**

第 10 章

**编写安全的
智能合约**

第1章 区块链技术基础

区块链可以说是近几年非常热门的 IT（Information Technology，信息技术）。它不仅奠定了比特币和以太坊（Ethereum）等经典分布式应用平台的技术基础，而且已经被确定为国家战略。本书的主题是用以太坊推出的 Solidity 开发智能合约（Smart Contact）。作为开篇第 1 章，本章将介绍区块链技术的基础知识，为后面的学习奠定基础。

1.1 从比特币说起

提到区块链，很多人自然而然地会联想到比特币，甚至有人会认为区块链和比特币是一回事。既然区块链和比特币有着如此紧密的关联，那就让我们从比特币说起，来逐步介绍区块链的相关技术。

1.1.1 比特币的发展历程

2008 年 11 月 1 日，一个自称"中本聪"的神秘人物在某网站的密码学邮件列表中发表了一篇名为《比特币：一种点对点式的电子现金系统》的文章，其中描述了一个完全不依赖任何第三方金融系统的、点对点的电子现金系统。该文章被视为比特币的"白皮书"，也有人称之为区块链的"创世圣经"。

在该文章中，中本聪对比特币网络的工作原理做了如下描述。

① 可以把每一台参与比特币系统构建的计算机称为节点。

② 每个节点将新的交易数据收集到一个块中。

③ 节点可以创建链上的下一个区块，并且可以将当前区块的哈希值作为新区块的"前一个哈希"字段值。

第 3 句话可以这样理解，对一个区块中的数据计算哈希值，并将其指向下一个区块的头部。用这种方式可以将区块串联成一个链条，这就是所谓的区块链。关于哈希的概念将在 1.1.2 小节中介绍。区块链的示意如图 1-1 所示。为了便于理解，区块中的数据是经过简化的。

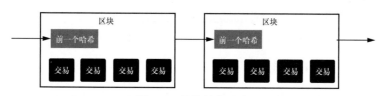

图 1-1　区块链的示意

2009 年 1 月 3 日，中本聪挖出了比特币的第一个区块，也就是创世区块（Genesis Block），并得到了 50 个比特币的奖励，这意味着比特币从理论变成了现实。

比特币最大的特色就是没有任何特定金融机构发行比特币，也没有任何机构为比特币的价值背书。比特币系统每隔一段时间就会产生一个区块，用于记录所发生的交易。用户记录和验证交易都会得到一定数额的比特币奖励，这个过程被形象地称为挖矿，记录和验证交易的用户被称为矿工。比特币系统是开放的，任何人都可以下载并安装比特币客户端参与挖矿，赚取比特币。

最初的比特币矿工大多是技术社区里的技术人员和爱好者。由于参与的人并不多，因此挖到比特币较为容易。但是那时的比特币几乎没有价值。最初的比特币开发者之一加文·安德烈森（Gavin Andresen）为了宣传和推广比特币，还创办了一个比特币网站，访问网站的人都可以得到 5 个比特币。

2010 年 5 月 22 日是比特币发展历程中极具里程碑意义的一天。在这一天，早期的比特币矿工拉斯洛·汉耶兹（Laszlo Hanyecz）用 10 000 比特币给自己的女儿买了 2 个比萨，大约相当于 41 美元。这标志着比特币第一次有了实际的价值。这些比特币如果留到今天，价值约为 4 亿美元。

2011 年，津巴布韦发生了严重的通货膨胀。当时的津巴布韦政府发行了据称是人类历史上面额最大的纸币——100 000 000 000 000（一百万亿）津巴布韦元，如图 1-2 所示。

津巴布韦人民对政府的金融体系丧失了信心，转而追捧比特币，这进一步推高了比特币的价值。到 2013 年 11 月，1 个比特币的价格飙升到了 1000 美元。

比特币在其发展历程中，也经历过一些"黑暗时刻"。比如，2014 年 2 月，当时最大的比特币交易商 MT.Gox（昵称为"门头沟"）被黑客攻击，损失了 85 万个比特币，按当时的市值算，价值超过 4.5 亿美元。随后 MT.Gox 宣布破产。此次事件影响了人们对比特币的信心，导致比特币大规模地贬值。

图 1-2　100 000 000 000 000（一百万亿）津巴布韦元纸币

但是冷静下来后，人们意识到，安全漏洞并不是出现在比特币系统本身，而是出现在中心化的交易所系统中。这其实从侧面证实了去中心化的比特币系统的稳定性和安全性。随着时间的推移，人们对比特币的信心逐渐恢复。现在 1 个比特币的市值已经高达 40 000 美元。越来越多的国家和企业接受并认可比特币，比如：

- 德国财政部认可比特币为合法的私有资产，拥有者可以使用比特币缴纳税金或将其用作其他用途；
- 日本允许使用比特币来支付水费、电费；
- 微软、戴尔和 PayPal 等企业陆续宣布接受比特币。

中本聪打造的比特币系统已经成长为一个庞大的"数字货币帝国"。

1.1.2　什么是比特币系统

前面介绍了比特币的诞生和发展历程。那么，究竟什么是比特币系统呢？它又为什么能够得到如此多的关注和认可呢？

概括来说，比特币系统就是一个去中心化的账本。

1．去中心化

说到去中心化，人们自然会想到：中心化是什么？中心化有什么不好？为什么要去中心化？在传统的应用系统中，即使有分支机构，数据也都集中存储在一个中心化的数据库中。

虽然数据库可以采取集群化部署方式部署在很多服务器上，但是这些服务器都由应用系统的所有者统一控制，通常也会由统一的运维团队来维护。

中心化系统（见图1-3）的缺点之一就是信息集中存储、集中运维，一旦发生硬件故障或人为破坏造成数据丢失，恢复数据的成本比较高。为了避免发生类似事故，运维人员必须定期备份数据，重要的系统还要求进行异地备份。

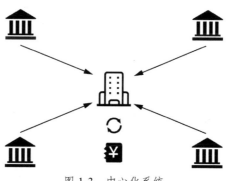

图 1-3　中心化系统

而在去中心化系统中，数据保存在不同的节点上，即使某个节点上的数据丢失也不会影响整个系统的完整性，如图1-4所示。

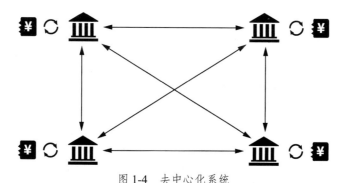

图 1-4　去中心化系统

中心化系统还存在数据隐私和数据垄断等问题。在中心化系统中，用户的数据都集中存储在运营商的服务器中，运营商可以利用这些信息分析用户的消费习惯，引导用户消费，甚至可能会泄露用户数据，侵犯用户隐私。

在去中心化系统中，数据虽然保存在不同的节点上，但是大部分数据是加密存储的。除了用户本人和相关用户外，其他用户是无法看到这些数据的。

2．比特币系统的账本

比特币系统的交易信息记录在区块上，一个区块就相当于比特币交易的一页账本，其中可以记录多笔交易的数据。

在比特币系统中，区块链的结构如图 1-5 所示。

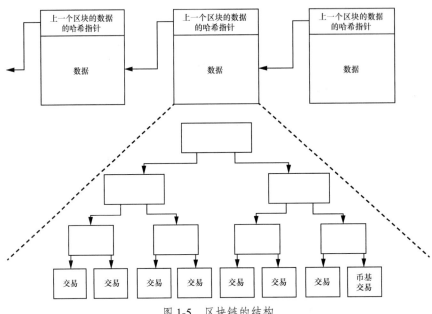

图 1-5　区块链的结构

比特币区块的结构如图 1-6 所示。

区块的大小 （4个字节）	区块头（80个字节）	交易计数器 （1~9个字节）	交易（大小不固定，取决于交易的数量）

图 1-6　比特币区块的结构

比特币区块中各部分的具体说明如表 1-1 所示。

表 1-1　比特币区块中各部分的具体说明

字段	字节	说明
区块的大小	4	该字段后面的区块大小，单位为字节
区块头	80	区块头的结构如表 1-2 所示
交易计数器	1~9	区块中包含的交易数量，包括币基（Coinbase）交易。每个区块的第一笔交易被称为币基交易
交易	不固定	记录区块中的交易数据

图 1-7 所示是一个包含 4 笔交易的比特币区块的结构，其中区块头中各部分的具体说明如表 1-2 所示。

在表 1-2 中多次提及哈希（Hash）值的概念。所谓哈希值，就是哈希摘要算法的处理结果。哈希是一个函数，它可以将不同长度的数据映射为固定长度的数据。因此哈希函数又称为摘要函数，或者散列函数。常用的哈希摘要算法包括 MD5、SHA-1、SHA-224、SHA-256、SHA-384、SHA-512 和国产哈希算法 SM3。这些算法处理的最大待处理消息长度与得到的摘要数据的长度各不相同，具体如表 1-3 所示。

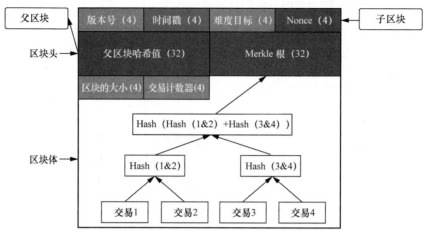

图 1-7 包含 4 笔交易的比特币区块的结构

表 1-2 包含 4 笔交易的比特币区块头中各部分的具体说明

字段	字节	说明
版本号	4	区块版本号
父区块哈希值	32	前一个区块的哈希值
Merkle 根	32	区块中交易的 Merkle 树的根的哈希值。Merkle 树是区块链中重要的数据结构，它的作用是快速归纳和校验区块数据的存在性和完整性
时间戳	4	记录区块产生的时间，属于精确到秒的 UNIX 时间戳
难度目标	4	该区块工作量证明算法的难度目标。区块工作量证明的目的是确定由哪个矿工在完成一定难度的技术任务后获得记账权，具体情况将在 1.1.3 小节介绍
Nonce	4	为了满足难度目标而设定的随机数，具体情况同样将在 1.1.3 小节介绍

表 1-3 常用的哈希摘要算法处理的最大待处理消息长度与得到的摘要数据的长度

哈希摘要算法	最大待处理消息长度	得到的摘要数据的长度
MD5	没有限制	128 位，表示为长度是 32 位的十六进制字符串
SHA-1	$2^{64}-1$ 位	160 位
SHA-224	$2^{64}-1$ 位	224 位
SHA-256	$2^{64}-1$ 位	256 位
SHA-384	$2^{128}-1$ 位	384 位
SHA-512	$2^{128}-1$ 位	512 位
SM3	$2^{64}-1$ 位	256 位

比特币系统中采用 SHA-256 算法计算区块的摘要信息。

为了演示哈希摘要算法的效果，可以搜索在线哈希计算的相关网站，在网站中查看对数据进行 MD5 处理的效果。编者随机选择了一个网站，如图 1-8 所示，在其左侧框中输入待处理的数据，单击"加密"按钮，在右侧框中即会输出摘要数据。

MD5 被称为单向加密算法，因为解密 MD5 算法的处理结果中不包含原始数据。很多所谓的 MD5 解密工具实际上是将已知的 MD5 处理结果保存在字典中，然后根据字典中的结果数据反推原始数据，也就是暴力破解。MD5 的处理结果实际上是原始数据的唯一特征值。这个特征值通常被称为数字指纹，它可以标识原始数据是否被修改。哈希函数具有很强的抗碰撞能力，换言之，两个不同的数据，它们具有相同数字指纹的可能性非常小。

图 1-8　在线对数据进行 MD5 处理的网站

例如，表 1-4 所示为一组对数据进行 MD5 处理的结果。

表 1-4　一组对数据进行 MD5 处理的结果

待处理消息	进行 MD5 处理的结果
123456	E10ADC3949BA59ABBE56E057F20F883E
1234567897012345678 90	D726DA56936D0A63A2B4D8D3ECA0D07B
123	202CB962AC59075B964B07152D234B70
1	C4CA4238A0B923820DCC509A6F75849B
abcdefghijklmnopqrstuvwxyz	C3FCD3D76192E4007DFB496CCA67E13B
比特币系统中采用 SHA-256 算法计算区块的摘要信息	FD80DEDA69B71529B1BC7A275FD00A45
为了演示哈希摘要算法的效果，打开浏览器，访问相关网址可以在线查看对数据进行 MD5 处理的效果	05C53D2ED95DAC92C6FB1583D0847183

可以看到，无论是非常短的数据（例如 1），还是大段的文字，经过 MD5 处理后，都会得到一个 32 位的十六进制字符串。有人对这种情况做了形象的比喻：无论是蚂蚁还是大象，在经过 MD5 处理后都会得到一只猴子。

可以选择摘要数据为 16 位的十六进制数据。实际上 16 位的摘要数据是从 32 位的摘要数据中截取（9～24 位）出来的。

了解了哈希摘要算法的细节后，再来看比特币的区块头结构，其中包含一个重要的字段——Merkle 根，即区块中交易的 Merkle 树的根的哈希值。这么做的意义在于：可以在区块头中存储区块中所有交易的数字指纹。一旦区块中的交易数据被篡改，在校验数字指纹时其就会被发现，从而无法通过校验。

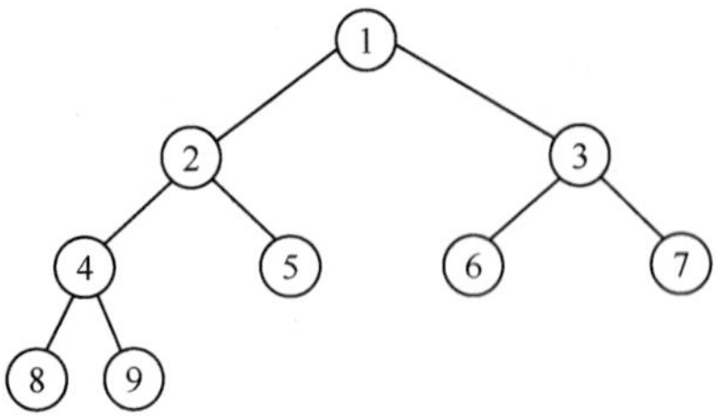

那么，"交易的 Merkle 树的根"又是什么意思呢？Merkle 树是一个二叉树。学习过数据结构的读者应该了解，二叉树是每个节点最多有两个子树的树结构。这两个子树分别被称为左子树和右子树。图 1-9 所示就是一个二叉树。二叉树通常用于快速查询数据。

图 1-9　二叉树示意

二叉树由根节点（最顶层的节点）、中间节点和叶子节点（没有子节点的节点）组成。在比特币系统中使用 Merkle 树保存交易数据，具体说明如下。

- 叶子节点：保存交易数据。
- 中间节点：叶子节点的上级节点，其中存储其子节点的哈希值，再上一层的中间节点中存储的是它的两个子节点的哈希值，以此类推。

- 根节点：包含整个区块中所有交易的数字指纹信息，即区块头中保存的 Merkle 树的根的哈希值。

Merkle 树的特点是底层数据的任何变动都会传递到其父节点，直至树根。

Merkle 树必须是满二叉树，也就是除叶子节点外，每一层的所有节点都有两个子节点的二叉树。这就要求一个区块中的交易数量必须是偶数。如果恰巧只有奇数笔交易，则通常会选择复制最后一笔交易来凑够偶数笔交易。

比特币挖矿

1.1.3 共识算法和比特币的挖矿

比特币系统是一个去中心化的分布式系统，由分布在世界各地的很多矿工参与记账，因此在所有矿工之间形成共识、防止矿工在记账时作假尤为重要。共识算法就可以解决这一问题，实现不同节点上数据的一致性和正确性。

分布式系统是一个不稳定的系统，其中的节点随时可能掉线或死机，而且不排除节点是在恶意作假。因此共识算法应具有容错性。

1. 拜占庭将军问题与共识算法

人类对共识算法的需求不只是在分布式系统中才提出的。事实上在古罗马时期就出现了这样的问题。拜占庭帝国，即东罗马帝国，是欧洲历史上最悠久的君主制国家，共历经 12 个朝代（93 位皇帝），有着 1 000 多年的历史。

拜占庭帝国幅员辽阔，在鼎盛时期其疆域横跨欧亚非三洲，版图包括巴尔干半岛、小亚细亚、叙利亚、巴勒斯坦、埃及、利比亚、美索不达米亚北部及高加索的一部分。

为了防御敌军，拜占庭帝国把军队部署在全国各地。不同军队之间距离遥远，且通信很不方便。在爆发战争的情况下，很有可能存在叛变的将军。在这种复杂的环境下，各支军队如何形成共识，协同抗敌，这就是著名的拜占庭将军问题。

拜占庭将军问题并不是由拜占庭帝国自身提出的，而是在 1982 年，由莱斯利·兰伯特（Leslie Lamport）等科学家提出的。该问题用于讨论在少数节点作恶的情况下，意见如何达成一致。

拜占庭将军问题的解决方案是 BFT（Byzantine Fault Tolerance，拜占庭容错）算法。虽然其与本书的主题没有直接关系，但是这里有必要简单介绍一下 BFT 算法，读者可以将其作为背景知识加以了解，这对于理解共识算法是有帮助的。

假定错误可以是如下两种类型。

① 拜占庭类型：指可以是任意错误（如作恶、说谎等），包括存在死机节点。

② 死机类型：只接受节点死机，而不接受节点发送假消息。

对于拜占庭类型的错误，假定节点的总数为 N，拜占庭类型的节点数为 F，有效的善良节点的数量为 L_1，无效（发生故障）的善良节点的数量为 L_2，系统需要满足如下两点才能形成有效的共识。

① 有效的善良节点的数量必须超过作恶节点的数量，即 $L_1 > F$。

② 有效的善良节点的数量必须超过无效的善良节点的数量，即 $L_1 > L_2$。

因此可以将 L_2 视为等于 F。又因 $L_1 = N - L_2 - F$，故可将 $L_1 > F$ 替换为如下表达式：

$$N - F - F > F$$

也就是说，当 $N>3F$（即拜占庭类型的节点数不超过 1/3）时，BFT 算法有效。

在拜占庭将军问题的文章中给出的共识流程如图 1-10 所示。

图 1-10 中包括 request（请求）、pre-prepare（预准备）、prepare（准备）、commit（提交）和 reply（回复）等 5 个阶段。其中 pre-prepare、prepare、commit 等 3 个阶段属于共识流程。

图 1-10 中有 5 条水平线，C 代表客户端，0~3 代表分布式系统中的节点，0 为主节点，1、2 和 3 为备份节点。当某个节点作为主节点时，系统会形成一个视图（View）。

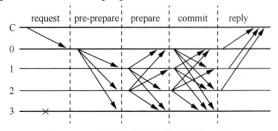

图 1-10　拜占庭将军问题的共识流程

如果节点出现问题，则系统会随机选择另一个节点担任主节点，此时会进行视图更新。

共识流程的执行过程如下。

① 客户端向系统发送请求 m，由主节点接收并处理请求。

② 主节点接收请求 m 后，会验证客户端请求消息的数字签名（数字签名的内容将在 1.2.3 小节介绍）是否正确。通过验证后，给请求 m 分配一个序号 n，并为请求 m 广播一条 PRE-PREPARE 消息给其他节点。

③ 其他节点收到 PRE-PREPARE 消息后，将进行签名验证和视图验证等一系列验证，通过验证后接收该消息，然后广播 PREPARE 消息，进入 prepare 阶段。

④ 节点（包括主节点）在接收到 PREPARE 消息后也要进行一系列验证，如果节点收到了 $2F+1$ 条通过验证的 PREPARE 消息，则广播一条 COMMIT 消息。

⑤ 节点（包括主节点）接收到 COMMIT 消息后也要进行一系列验证。如果节点收到 $2F+1$ 条通过验证的 COMMIT 消息，则说明当前网络中大部分节点已经达成共识，可以运行客户端请求的操作，然后向客户端发送 REPLY 消息。

⑥ 如果客户端收到 $F+1$ 条相同的 REPLY 消息，则说明客户端发起的请求已在全网达成共识。否则，客户端需要判断是否重新发送请求给主节点。

2．比特币的挖矿

在比特币系统中，共识算法需要解决如下 2 个问题：

① 确定选择记账节点的机制；

② 确保账本数据在全网中的正确性和一致性。

比特币系统形成共识的过程就是记账的过程，这个过程也被称为挖矿。在比特币的挖矿机制中还存在一个问题，就是矿工为什么要参与记账。这与比特币的发行机制有关。在比特币系统中，平均每 10min 就会产生一个区块，并由矿工将最近发生的交易记录在新区块中。每产生一个区块，都会同时生成一定数量的比特币作为给矿工的记账奖励，而且发起交易的账户也需要支付一定的手续费给记账的矿工。正是这些经济利益激励着众多矿工来争夺记账权。给矿工的奖励被记录在币基交易中，也就是说每个区块的第一笔交易中记录着给矿工的奖励。

那么谁才能得到记账奖励呢？比特币系统采用 PoW（Proof of Work，工作量证明）共识算法来确定由谁来记账。这是一种简单、粗暴的共识算法，即谁的算力大，就由谁来记账。这有点类似于矿工之间的"华山论剑"。那么比特币系统是如何进行算力"比武"的呢？

当产生新的区块时，网络中所有的在线矿工都会参与争夺记账权，这个过程就是挖矿。

表 1-2 中介绍了比特币的区块头结构，其中包含难度目标字段，其就是系统给所有矿工出的一道算术题。

在比特币的区块头结构中，还包含字段 Nonce，其是为了满足难度目标而设定的随机数。解题的过程就是不断地调整 Nonce 的值，然后对区块头进行双重 SHA-256 运算，并得到 result。可以使用如下公式表示运算的过程：

$$result = SHA\text{-}256\,(SHA\text{-}256\,(区块头数据)\,)$$

最先算出小于难度目标值的 result 的矿工获得记账权。

比特币挖矿的流程如图 1-11 所示。挖矿是一个周而复始的过程，因此该流程图没有标识"结束"。

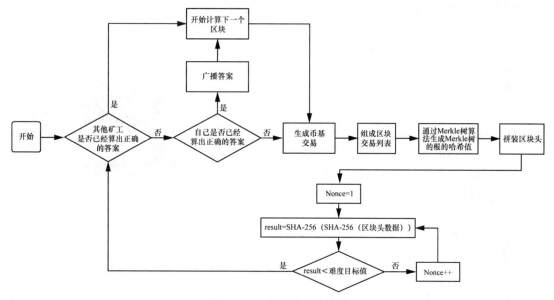

图 1-11　比特币挖矿的流程

节点在算出正确答案后，会立即广播打包的区块。收到被打包的区块后，网络中的节点会按如下步骤进行处理。

① 对打包的区块进行验证。验证的过程比较复杂，这里不展开介绍，读者可以参照 BFT 算法加以理解。

② 如果未通过验证，则丢弃该区块，不做处理。比特币系统规定只有经过 6 次确认的交易才会被认定为真实的交易。这样，即使有些矿工作弊，也会因为得不到足够的确认而无法得逞。

③ 如果通过验证，则说明 PoW 已经结束，节点放弃竞争记账权的计算，并将该区块记录在自己的账本中。

PoW 共识算法保证了全网只有一个节点将一个区块添加到账本中，其他节点都是复制账本中该区块的数据，这保证了比特币账本的全网一致性和唯一性。

3．挖矿的难度目标确定和难度调整

每个区块头中都有一个难度目标字段，这是 PoW 的难度目标值，其由系统在产生区块时生成。在比特币系统刚刚建立的时候，难度目标值有一个初始值。随着系统的运行，难度目标值也在不断地调整，目的是确保每 10min 左右能生成一个新的区块。调整难度目标值的方法如下：

9

新难度目标值 = 旧难度目标值 × (生成过去 2 016 个区块所花费的时间/ 20 160min)

如果过去 2 016 个区块的平均生成时间小于 10min，或者出块的间隔越小，新的难度目标值也就越小，算出小于新难度目标值的难度就越大，这样就可以拉长出块时间。如果过去 2 016 个区块的平均生成时间大于 10min，或者出块的间隔越大，新的难度目标值也就越大，算出小于新难度目标值的难度就越小，这样就可以缩短出块时间。系统通过算法维持着平均每 10min 生成一个新区块这一频率。

4．挖矿形式的演变

在比特币系统刚刚建立的时候，参与挖矿的人很少，中本聪本人也要亲自参与挖矿，以维持比特币系统的运转。那时候只需要用普通的 PC（Personal Computer，个人计算机）就可以挖到比特币。

随着比特币的推广和普及，越来越多的人接受比特币并开始参与挖矿，于是诞生了生产专业矿机的硬件厂商。利用 GPU（Graphics Processing Unit，图形处理单元）的计算能力进行挖矿的矿机被称为 GPU 矿机，如图 1-12 所示。还有利用 ASIC（Application Specific Integrated Circuit，专用集成电路）芯片进行计算的 ASIC 矿机。ASIC 芯片是一种专门为某种特定用途而设计的芯片。例如比特币采用 SHA-256 算法，那么比特币 ASIC 矿机的芯片就被设计为仅能计算 SHA-256。还有一些其他种类的矿机，这里不展开介绍了。

图 1-12　GPU 矿机

矿机出现后，普通计算机很难再挖到比特币。还有一些公司大量购置矿机，组成矿场，凭借规模优势来提高挖矿的成功率。矿场通常开设在水电站旁边，因为那里的电费相对较低。图 1-13 所示就是架设了大量矿机的矿场。

为了进一步提高算力，矿池产生了。矿场和少量拥有矿机的个人联合起来，将算力合并进行联合运作，以这种方法搭建的网站就是矿池。矿池挖到比特币后，由参与者按照贡献度进行分享。矿池的模型如图 1-14 所示。

图 1-13　架设了大量矿机的矿场

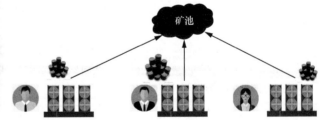

图 1-14　矿池的模型

1.1.4　双花问题

在电子金融领域，有一个很重要的问题——双花（Double Spending）问题。所谓双花并不是指两枝花，而是指重复支付。在现实生活中，纸币的双花几乎不可能，除非印制假钞，但这是犯罪行为。

在电子商务中，从在线支付到确认收货要经过漫长的等待，如果处理不当，买家很可能会把已经支付的钱重复使用。这不是比特币特有的问题，支付宝和微信支付等平台也面临同样的问题。

首先看一下支付宝是怎么解决双花问题的。使用支付宝在线购物的过程如图 1-15 所示。

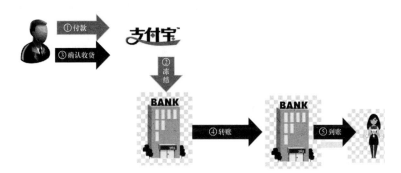

图 1-15　使用支付宝在线购物的过程

整个过程介绍如下。

① 买家选择商品，并使用支付宝在线付款。

② 支付宝会将这笔货款转入自己的银行账户并暂时冻结起来。这么做既能防止买家双花，也能防止货款支付给卖家而卖家不发货的情形发生。

③ 卖家发货后买家确认收货的环节可以忽略。

④ 买家确认收货后，支付宝会把之前冻结在自己银行账户的货款转到卖家的银行账户里面。

⑤ 卖家查收到账货款。

作为中心化的平台，支付宝在交易过程中起到了中介和担保的作用。而比特币系统是去中心化的，那么应该由谁来担保呢？答案很简单，由技术本身。

1．UTXO

比特币提供 UTXO（Unspent Transaction Output，未花费的交易输出）机制。比特币系统中并没有账户的概念，每个比特币钱包中都包含若干个大小不一的 UTXO。这些 UTXO 都是之前交易时转账过来的，可能是挖矿所得，也可能是通过其他交易得到的。比特币钱包的余额等于其中包含的所有 UTXO 的金额总和。无论 UTXO 的金额是多少，它都不能被分割。UTXO 被锁住并记录在区块中。因此，一个用户的比特币实际上是以 UTXO 的形式分散在若干个区块中的，有的区块中可能会记录一个用户的多个 UTXO，如图 1-16 所示。

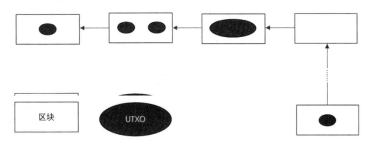

图 1-16　一个用户的比特币以 UTXO 的形式分散在若干个区块中

UTXO 与交易有关，其金额实际上就是交易的金额，因此 UTXO 的金额有大有小。

当一笔交易被广播到区块链网络中后，参与记账的节点会对交易进行验证，检查其是否在 UTXO 中。如果不在，则说明这笔比特币已经被花费了，不能再用于支付。

如果小明要支付 1 个比特币给小强，则整个过程如下。

① 从小明的 UTXO 中寻找是否存在可以凑够 1 个比特币的交易。如果存在，则发起一笔交易，将它们发送给小强。

② 当小强接收到后，系统即会将 1 个比特币从小明的 UTXO 中解锁，然后计入小强的 UTXO。

③ 当比特币网络中的一个节点接收到一笔交易信息时，其会在 UTXO 数据库中查询。如果查询不到，则会将其忽略。记账节点会因为收不到足够的确认信息，而无法记账。如果查询到相关的 UTXO 记录，则会继续检查它的交易收款人（即拥有者，这里的交易指上次支付这笔比特币给小明的交易）是不是小明。如果通过检查，则节点会发出确认信息。记账节点收集了足够的确认信息后，就可以将交易记录在区块中。

④ 如果小明的 UTXO 中没有可以凑够 1 个比特币的历史交易，则系统会选择一个金额超过 1 个比特币的 UTXO 支付给小强，同时会将这个 UTXO 记录在小强的名下，并针对余额发起一个退回交易，将其再次锁定在小明的 UTXO 中。这就是比特币的找零机制。

2．时间戳

在比特币的区块头中，有一个时间戳字段，它是由比特币系统中的时间戳服务器产生的。引入时间戳概念的目的是为每一笔比特币交易赋予一个全网统一的打包时间。这个时间既不是交易者本地计算机的时间，也不是记账矿工提供的时间。这样可以有效地防止在交易时间上造假，而且在整个区块链上所有区块的时间戳也就会变为顺序的，即前面区块的时间戳一定小于后面区块的时间戳，而且在区块头中还保存着前一个区块的哈希值。如果一个区块的时间戳被恶意修改过，或者在两个区块之间插入新的假区块，那么在对其进行验证时，就会被发现。

时间戳在解决双花问题时也起着重要的作用。如果一个 UTXO 被支付两次，则节点会选择记录时间戳较小的交易，而忽视时间戳较大的交易。

3．分叉

如果一个用户在很短的时间内用一个 UTXO 进行支付，那么其很有可能会被两个节点分别记账。因为在分布式系统中，记账时矿工很可能不知道有另一笔交易存在。这样不就会出现双花问题吗？其实并不会，因为这两个矿工并不会接收对方记账的区块，这样就会造成比特币的分叉，即从这两个区块开始，比特币的区块链分裂成了两个子链，如图 1-17 所示。

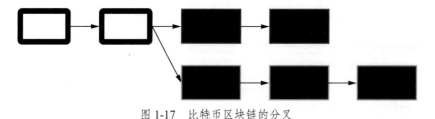

图 1-17　比特币区块链的分叉

不同的节点会选择在其中一个分叉上记账。随着时间的推移，两个分叉的长度就会有差异。当短链上的节点发现存在一个更长的链时，其会选择将长链全部复制过来，然后在长链后面记账。这样就可以将 2 个分叉合并了，双花的问题也就解决了。其中的一个交易将不被系统接受。

这种分叉只是一种临时的分叉，最终会被合并。还有一种分叉，就是当比特币系统软件升级的时候，有些节点没来得及升级，造成网络中节点的版本不同，进而导致矿工之间出现分歧，老版本的节点不接收新版本节点记账的区块，从而产生分叉。这种分叉被称为软分叉。当所有节点都升级到最新版本后，软分叉也会被合并。

还有一种不会消失的分叉，即硬分叉。硬分叉指由于矿工之间出现意见分歧，有的矿工开发了新版本的比特币系统，而其他矿工有的接受这个新版本，有的不接受，从而分裂出两条不会被合并的链。

比较经典的比特币硬分叉是比特币现金。比特币现金是挖矿"巨头"比特大陆推出的一套硬分叉体系：将比特币区块的大小从原来的 1MB 扩容至 8MB，这样就可以在记账时记录更多的交易，从而收取更多的手续费。

比特币现金是一种"山寨币"，它和比特币并存着。

1.1.5　区块链技术赋予比特币"价值"

本小节讨论一个有意思的话题，即比特币为什么可以承载价值？很多人有这样的困惑：比特币不就是存储在硬盘上的一些数字吗？它很有可能被人篡改，那么它为什么会承载价值呢？它的价值在哪儿？

首先，编者认为炒币是投机行为，比特币没有国家和政府的背书，其汇率受技术发展或技术局限及一些社会事件的影响很大，经常会大幅度波动，风险比较高。从长远的角度看，长期炒币很难盈利。在可以预见的未来，以比特币为代表的数字货币也不可能取代传统法币（法定货币）。

本小节内容旨在讨论比特币背后区块链技术的价值。

1．传统互联网为什么不能承载"价值"

传统互联网又被称为信息互联网，其可实现全球化的信息传递，这极大地降低了信息传递成本。

但是，传统互联网上传递的信息不能单纯地依靠技术本身来承载价值。微信和支付宝虽然可以实现在线支付功能，但是承载价值的并不是线上的数字，而是线下的金融机构。离开了中心化的金融机构，传统互联网不能实现端到端的价值转移，原因如下。

① 数据可任意复制。如果用传统互联网上的一个数字代表一定金额的货币，那么当我们把它支付（复制）给一个人之后，我们手里还拥有这个数字，即还可以把它复制给其他人。可以任意复制的东西就不能承载价值。

② 数据可以篡改和伪造。中心化的系统大都集中部署在运营商的服务器上，运营商可以篡改和伪造其中的数据。尽管对于金融机构而言，政府有很多法律、法规、制度对其进行约束和监督，即篡改和伪造数据的情况几乎不可能发生，但是，这不是技术本身所提供的保障。

③ 用户行为的可抵赖性。在传统互联网应用中，用户可以否认自己做过的事情。当然

运营商可以说：我们有日志，记录了你的操作。但是正因为中心化部署的原因，运营商有可能篡改和伪造证据，即所谓的证据也缺乏公信力。

④ 资源不稀有。因为数据可以任意复制，所以传统互联网中的资源不是稀有的。可以说传统互联网中的资源极其丰富、应有尽有，不稀有的资源就不能承载太大的价值。

当然这些并不都是传统互联网的缺点。传统互联网的优点恰恰是传播信息、共享资源，这大大降低了人们获取信息的成本，前所未有地便利了人与人之间的沟通。

2. 比特币为什么可以承载"价值"

既然传统互联网不能承载价值，那么建立在互联网基础上的比特币又为什么可以承载价值呢？

首先讨论一下黄金为什么值钱？因为黄金具备如下几个特性。

① 稀有性。黄金是非常稀有的资源。全球黄金储备量最多的美国，拥有的黄金总重量约为 8 133t。1t 黄金的体积是多大呢？约 $0.051\,921m^3$。如果把 1t 黄金的形状做成正方形，它的边长大约是 37.3cm，相当于一个微波炉的大小。据说如果将全世界的黄金都融化掉，刚好可以填满一个标准的游泳池。物以稀为贵，黄金的稀有性是决定其价值的重要因素。

② 稳定性（安全性）。有化学家对元素周期表中的化学元素进行了一一分析，希望通过比较选择最适合作为货币的化学元素。排除一些常温下以气体和液体状态存在的元素，再排除一些有毒的元素，剩下的固体元素中，有些是粉末状的，自然不适合作为货币。经过对比，只有金属元素最适合作为货币。但是，金属元素中有的太软，有的很容易生锈，而只有金和银是相对稳定的。黄金具有极强的稳定性，各种强酸通常无法与黄金发生反应，而且黄金也极不容易生锈。

③ 广泛的群众基础。黄金具有很华贵的外观，观赏性很高，深受人们的喜爱。

综上所述，黄金天然是货币。

除了金银，美元、英镑、欧元和人民币等法币也具有价值。纸币其实就是纸，印刷成本也很有限。那么法币的价值从何而来呢？法币是由政府发行的，政府以自身的信用为法币背书，因此各国政府都会尽力维护本国发行货币的价值。如果法币贬值了会怎么样？答案很简单，就像本章前面提到的津巴布韦政府那样，人民会丧失对政府的信任，转而投资可信的货币。

接下来把比特币与黄金和法币做一个简单的对比，分析比特币为什么可以承载价值。

① 稀有性。比特币虽然只是存储在硬盘上的数字，但是它并不能随意复制。正如 1.1.4 小节介绍的，一个比特币是不能双花的。另外，比特币的发行机制决定了比特币是非常稀有的。前面已经介绍过，比特币系统平均每 10min 生成一个区块，与区块一起诞生的是给记账矿工的奖励。在 2009 年 1 月比特币诞生的时候，每生成一个区块的奖励是 50 个比特币。以后每过 4 年，挖矿奖励会减半。到 2012 年底，每生成一个区块的奖励变成了 25 个比特币。2016 年 7 月 10 日，每生成一个区块的奖励减为 12.5 个比特币，以此类推。比特币会越来越稀有，到 2140 年的时候，2 100 万个比特币将被开采完毕，矿工记账的奖励将只剩下交易者支付的手续费。这就是 1 个比特币可以兑换 4 万多美元的原因之一，因为它太稀有了。

② 稳定性（安全性）。比特币网络是由遍布全球的节点构成的去中心化分布式系统，其账本由众多节点共同见证，要想作假，至少要有全网 51% 的算力，这是很难做到的。如果真的

有谁拥有这么大的算力，那他不如靠挖矿赚钱。他维护比特币系统正常运行的收益要远远大于破坏秩序的收益。因此，比特币系统是非常安全和稳定的。比特币自产生以来虽然也发生了一些安全事件，但都发生在中心化的交易所。比特币系统的安全性至今还是很高的。

③ 群众基础。比特币有着众多的支持者，很多人为了比特币和区块链技术的普及与推广而不懈努力。在社会学中有这样一种现象：当一群人虔诚地信仰一件事时，就会引发更多人的围观和关注，从而形成热点事件；此时，就会有另外一些人看到其中所蕴藏的商机。这就是比特币的群众基础。

④ 谁为比特币背书。前面提到法币的价值由发行它的政府背书，那么比特币的价值由谁来背书呢？中本聪吗？他是谁都是一个不解之谜，更何谈让其担保什么。编者认为，是区块链技术在为比特币背书。它保证了比特币系统的安全和稳定，也保证了比特币的稀有性。这正是区块链技术的价值所在。

1.2 区块链的工作原理及底层技术

1.1 节详细介绍了区块链的"殿堂级"应用——比特币系统。在介绍的过程中，为了便于初学者理解，编者会尽量通过一些实用的例子和通俗的语言来分析和讲解。读者可以把1.1 节理解为对区块链技术的科普。

如果要从事区块链开发工作，仅仅理解科普内容是不够的，还要深入理解区块链理论，而且比特币系统也不能涵盖区块链的全部应用场景。

本节将进一步深入介绍区块链的工作原理及底层技术。

1.2.1 分布式系统的概念

1.1 节介绍过，比特币系统是一个去中心化的分布式系统。实际上，所有的区块链应用都是分布式系统。

分布式系统是指建立在网络之上的软件系统，但是不能简单地把分布式系统理解为使用网络的软件系统。传统意义上的网络应用都是相互独立运行的，系统与系统之间往往只进行简单的数据交互。

而在分布式系统中，一组独立的计算机按照统一的规则各司其职、密切配合，呈现给用户的是一个统一的整体，就好像只有一个服务器一样。

通常，在大数据、云计算、物联网和本书所介绍的区块链等领域中，分布式系统得到了广泛的应用。由于篇幅所限，这里不做深入的讨论，而只是简单地介绍分布式系统的概念。

比特币和以太坊都是由遍布全球的节点所组成的分布式系统。在运转过程中，有的节点记账，有的节点验证交易、同步数据，用户在交易时感觉不到这些节点的存在和分工。

1.2.2 区块链的架构设计

从架构设计的角度看，区块链应用的架构可以分为 4 个层次，即存储层、网络层、扩展层和应用层，具体如图 1-18 所示。

1. 存储层

存储层主要实现区块链的存储功能，其中涉及数据存储（存储格式、区块大小）和加密算法等技术细节。关于加密算法的内容将在 1.2.3 小节介绍。

2. 网络层

网络层主要实现分布式网络编程，涉及网络通信协议（点对点通信）和共识算法等技术细节。共识算法除了比特币采用的 PoW 算法外，还有以太坊采用的 PoS（Proof of Stack，权益证明）算法。在分布式系统中，还有一个很常用的共识算法——投票，即由节点投票形成共识。

3. 扩展层

扩展层是对经典区块链技术的补充和扩展。例如，本书介绍的主题——智能合约就是典型的扩展层技术。在以太坊诞生之前，区块链技术的应用领域只有以比特币为代表的数字货币，以太坊的智能合约大大扩展了区块链技术的应用领域。

侧链应用也是对区块链的完善和

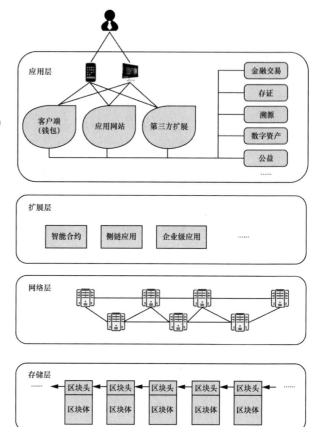

图 1-18　区块链应用的架构

补充。主链所没有的功能，可以通过侧链实现。如果主链的运行效率比较低，且不容易扩展，则可以将主链的部分功能转移到侧链上实现，从而分解主链的压力。

企业级应用也是区块链扩展层的一个主要的发展方向。在区块链技术发展初期，应用场景多为公有链应用，所有人都可以选择参与。正因为这样，很少有企业愿意应用区块链技术。此外，企业并没有积极参与其中还有一个原因：没有专门针对企业应用的区块链项目，而公有链项目大都需要使用数字货币支付。数字货币的价值浮动幅度过大，企业很难控制项目的成本。

以 Hyperledger 为代表的实现完备权限控制和安全保障的企业级区块链，可以解决企业间的信用问题。产业链上下游的各环节之间都可能发生企业间的信息交互和配合。如果采用传统的线下记账方式，显然是低效的。很多企业都有自己的信息系统，但是它们彼此隔离，形成了一个个信息孤岛。打通这些信息孤岛的成本是很高的，而且彼此之间仍存在信用问题。联盟链由产业链中相关企业共同开发建设，信息上链后不可随意修改，可以解决企业间的信用问题。只要对相关企业做好科普工作，就可以大大提高企业间配合的效率，打通一个个的信息孤岛，最终形成行业大数据。

4. 应用层

应用层主要负责实现区块链技术在生产和社会生活中的应用。目前区块链技术还处于科普和底层基础设施建设阶段，在这一阶段完成之前，区块链技术大规模应用的条件还不成熟。当前，区块链主要应用于金融交易、存证、溯源、数字资产、公益（慈善募捐、众筹等）等场景。

- 金融交易。区块链技术源于数字货币，目前应用最广泛的领域是金融交易，比如各种数字货币的钱包和交易所。支付宝、微信支付等也都推出了区块链相关的应用。
- 存证。区块链具有时间戳和不可篡改的特性，这两个特性决定了区块链技术可以用于数据的存证。目前区块链存证已经应用于电子合同、知识产权等方面。
- 溯源。商品在流通过程中，通常要经历厂家（农户）、批发商、物流、仓储、零售商、消费者等诸多环节，哪个环节出现问题都可能影响商品的质量。利用区块链的存证功能，可以将商品在各个环节的流通信息上链存证，从而有效避免假冒伪劣情况的发生。
- 数字资产。除了数字货币，现实生活中的一切资产都可以上链存证。链上数字资产流通（确权和转让）也是区块链技术的经典应用。
- 公益。公益活动对公平、公正、公开的要求很高，区块链技术可以有效地记录并保障善款的流向和使用，因此慈善募捐和众筹也是区块链的经典应用场景。

1.2.3　加密算法

加密算法

加密算法是区块链领域中的核心技术，是将区块连接成链的关键，也是数据防篡改和操作不可抵赖的算法保障。

目前常见的加密算法可以分为三类。除了 1.1.2 小节讲解的哈希摘要算法，还包括对称加密算法和非对称加密算法。本小节将对常用加密算法（含国密算法）进行简单的介绍。

1．对称加密算法

对称加密算法是使用密钥对数据进行加解密的算法。之所以称之为对称加密算法，是因为加密方和解密方使用相同的密钥。对称加密算法的加解密过程如图 1-19 所示。

常见的对称加密算法包括 DES（Data Encryption Algorithm，数据加密算法）、3DES（Triple

图 1-19　对称加密算法的加解密过程

DES，三重数据加密算法）和 AES（Advanced Encryption Standard，高级加密标准）等。

对称加密算法的优点是算法公开、计算量小、加密速度快、加密效率高，缺点是一旦密钥丢失，加密的信息将被公开，而且也无法证明信息是谁发送的，因为双方都拥有同样的密钥。

通常，区块链应用中不会使用对称加密算法。

2．非对称加密算法

非对称加密算法，顾名思义，就是加密和解密双方使用不同的密钥。这一对密钥分别称为公钥和私钥。私钥是保密的，只有它的拥有者才知道。公钥由私钥生成，可以公开。公钥和私钥是匹配的一对。非对称加密算法包括下面两种应用方法。

① 当向用户 A 发送数据时，可以使用他的公钥对数据进行加密，然后将加密数据发

送给用户 A。用户 A 收到加密数据后，使用私钥进行解密。因为数据是使用用户 A 的公钥加密的，所以只能使用与公钥相匹配的私钥对其进行解密。其他人即使截获了加密数据也无法解密，从而实现了数据传输的安全性。但是，用户 A 的公钥是公开的，很多人都知道，用公钥加密的数据不能证明发送者的身份，这也就引入了非对称加密算法的第 2 种应用方法——数字签名。

② 当向用户 A 发送数据时，可以首先对数据进行哈希加密，然后使用发送方 B 自己的私钥对哈希摘要数据进行二次加密。使用发送方 B 的私钥对数据进行加密，所有拥有其公钥的用户都可以解密。解密得到的是原始数据的哈希摘要，而哈希摘要是不可逆的，因此这么做并不能泄露原始数据。但是其他人使用发送方 B 的公钥可以解密数据，进而证明了这条数据是 B 发送的，因为只有他拥有私钥。这就是数字签名的过程。

非对称加密算法的应用方法如图 1-20 所示。

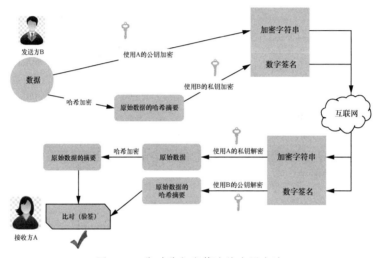

图 1-20　非对称加密算法的应用方法

3．国密算法

二战初期，德国的 U 型潜艇像"幽灵"一样潜伏在大西洋的水下，伺机攻击向英国运输物资的各国商船，一度造成英国国内物资匮乏，直至英国破解德国使用的恩尼格码密码系统，才化解了这场危机。

中途岛海战也是因为美国破解了日本的通信密码，提前进行准备，才能以少胜多。

因此，密码学在相当长的一段时间内都作为军用科技被各国政府严密管控。随着经济的发展，企业对于商用密码的需求愈发强烈。为保障商用密码的安全性，国家商用密码管理办公室制定了一系列密码标准，包括 SM1（SCB2）、SM2、SM3、SM4、SM7、SM9、祖冲之密码算法等。

《中华人民共和国网络安全法》第二十一条规定："国家实行网络安全等级保护制度。网络运营者应当按照网络安全等级保护制度的要求，履行下列安全保护义务，保障网络免受干扰、破坏或者未经授权的访问，防止网络数据泄露或者被窃取、篡改：（一）制定内部安全管理制度和操作规程，确定网络安全负责人，落实网络安全保护责任；（二）采取防范计算机病毒和网络攻击、网络侵入等危害网络安全行为的技术措施；（三）采取监测、记录网络运行状态、网络安全事件的技术措施，并按照规定留存相关的网络日志不少于六个月；（四）采取数据分类、重要数据备份和加密等措施；（五）法律、行政法规规定的其他义务。"

在进行等级保护评测时，要求被评测系统对敏感数据使用国密算法加密。国密算法的基本情况如下，读者可以在需要时选用。

- SM1：对称加密算法，密钥长度为 128 位，算法不公开，固化在芯片中。
- SM2：开源的非对称加密算法，可以用于数据的加解密和数字签名。
- SM3：开源的哈希算法，用于生成数据的摘要。
- SM4：开源的对称分组加密算法，密钥长度为 128 位。
- SM7：对称分组加密算法，密钥长度为 128 位，适用于非接触式 IC 卡。
- SM9：标识密码算法，将用户的标识（如邮件地址、手机号码、QQ 号码、微信账号等）作为公钥，省略了交换数字证书和公钥的过程，使安全系统变得易于部署和管理，非常适合端对端离线安全通信。
- 祖冲之密码算法：中国自主研发的流密码算法，是应用于移动通信网络的国际标准密码算法。

1.2.4　区块链的分类

区块链可以分为公有链、私有链和联盟链。

1．公有链

任何人都可以参与公有链的运作，并进行如下操作：
① 读取区块中的数据；
② 发起交易；
③ 作为矿工参与挖矿。
公有链可以最大程度地实现去中心化，但是由于参与的节点数量太多，因此运行效率通常较低。比特币和以太坊都是公有链。

2．私有链

私有链是由特定组织控制的区块链，整个网络由该组织的成员机构组成。共识算法由指定的一组节点完成。私有链只是一定限度地实现去中心化，通常用于企业内部的经营和管理。私有链可以有效地保护企业的商业秘密；因为参与共识过程的节点比较少，所以交易速度很快，而且不需要给矿工支付交易的手续费，成本较低。

3．联盟链

联盟链是机构之间共同搭建的区块链，适用于商业伙伴之间的交易、结算和清算等 B2B 应用场景。比较经典的联盟链项目是 Hyperledger Fabric（超级账本）。

1.2.5　区块链为什么会成为国家战略

2019 年 10 月，我国确定区块链作为国家战略。为什么区块链能够从众多技术中脱颖而出成为国家战略呢？本小节试图从两个方面对这个比较复杂的问题进行简单分析。

1．区块链技术可以撼动美元的垄断地位

二战结束后，美国成为这场旷日持久的战争的最大赢家。一方面，美国本土没有经历战火，战争没有给美国的经济带来直接的打击；另一方面，作为同盟国的兵工厂和大后方，美国在战争中还获得了比较丰厚的经济利益。据称，在1945年二战结束时，全世界70%的黄金都集中在美国。而与此同时，世界上很多国家的经济经历了毁灭性的打击，国际金融秩序亟待恢复。

在这样的大背景下，在美国新罕布什尔州的布雷顿森林举行了联合国国际货币金融会议。此次会议建立了以美元为中心的国际货币体系，史称"布雷顿森林体系"。

布雷顿森林体系确定了美元与黄金挂钩，其他国家的货币与美元挂钩。各国政府或中央银行可按官价用美元向美国兑换黄金。

在当时的国际环境下，布雷顿森林体系有助于稳定国际金融市场，对战后的经济复苏起到了积极的推动作用，同时也确定了美元的霸权地位。

布雷顿森林体系持续至1971年，因为美国深陷越战的泥潭，大量资金用于战争，拖累了整个经济的发展，美元危机和经济危机频发，最终导致美元无法与黄金挂钩。1971年8月15日，尼克松政府宣告结束布雷顿森林体系。

布雷顿森林体系结束后，亟须建立新的国际金融秩序。1973年，来自美国、加拿大和欧洲的15个国家的239家银行宣布正式成立SWIFT（Society for Worldwide Interbank Financial Telecommunication，环球银行金融电信协会）。该协会旨在解决各国金融通信和银行间跨境结算的问题。

SWIFT成立之后，已有200多个国家的11 000多家银行和机构加入，全球大部分的跨境支付都是经过SWIFT结算的。通过SWIFT实现跨境支付的流程如图1-21所示。

SWIFT的结算是以美元作为基础币种运行的，美元是SWIFT的主要结算货币，因此SWIFT进一步强化了美元的霸权地位。

当然，SWIFT也规范和简化了跨境支付的流程。如果没有SWIFT，那么各国银行间的跨境支付就会如图1-22那般烦琐。

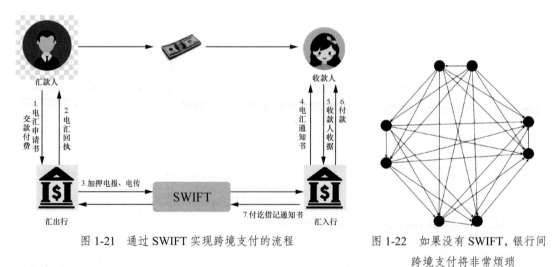

图 1-21 通过 SWIFT 实现跨境支付的流程　　　图 1-22 如果没有 SWIFT，银行间跨境支付将非常烦琐

作为中心化的机构，经过 SWIFT 进行结算是比较低效的。为了避免出现差错，资金在

途经银行时都要经过一连串的处理、确认和记账，一笔交易可能经过三四天才能最终到账。而区块链作为点对点的去中心化系统，如果应用于跨境支付，则不需要经过任何中心化机构处理，非常高效。2018 年，支付宝在中国香港地区上线了全球首个基于区块链技术的电子钱包跨境汇款服务 AlipayHK。使用 AlipayHK 从中国香港地区向菲律宾跨境支付仅需要 3s。高度的安全性加上极快的支付速度，使区块链成为撼动美元霸权地位的底层基础技术。

2．区块链可以建立全新的社会信用体系

本章前面介绍了区块链技术可以保障链上数据不可篡改、操作不可抵赖，而且公有链项目参与者众多，他们会共同见证交易。这些都会大大提高应用领域的公信力，防止造假和欺诈，可以解决很多存在了多年的社会问题，如下所示。

- 在互联网应用中，图片和字体等资源经常会被无偿使用，从而侵犯原作者的知识产权。应用区块链技术，可以将被保护的资源上链，并自动将资源与 Web 应用中的相关资源进行比对，同时将侵权证据上链存证，从而降低知识产权所有者维权的成本，达到保护知识产权的目的。
- 在商品流通领域，应用区块链技术可以将商品流通的各个环节的数据上链，从而实现商品溯源的功能，从源头上避免假冒伪劣商品出现。
- 在公益活动领域，也可以使用区块链技术将善款的来源和流向数据上链，以避免可能发生的欺诈行为。

区块链技术可以在社会生活的多个领域应用，可以提高公信力，对造假和欺诈等行为起到制约和规避的作用，从而建立全新的社会信用体系。

当然，区块链技术的普及和应用还需要政府部门和各行各业的重视和探索。相信区块链技术在被确定为国家战略后，一定会以更快的速度普及，进而对社会生活产生深远的影响。

1.2.6　区块链技术的发展历程

从 2008 年 11 月 1 日中本聪发表《比特币：一种点对点式的电子现金系统》文章的时间算起，区块链技术已经经历了 10 多年的发展。通常，可以将区块链技术的发展分为下面 3 个阶段。

（1）区块链 1.0

以比特币为代表的数字货币是区块链 1.0 的经典应用。在这个阶段，区块链技术的应用场景基本上局限在与数字货币或金融相关的领域，而且很多数字货币只是在比特币源码的基础上做了简单升级。

（2）区块链 2.0

以太坊的诞生拉开了区块链 2.0 的帷幕。智能合约的概念也拓展了区块链的应用场景，使区块链技术可以应用到社会生活的各个领域。关于智能合约的概念将在 1.2.7 小节介绍，关于以太坊的基本情况将在第 2 章介绍。

（3）区块链 3.0

区块链 1.0 和 2.0 阶段的应用大多数都是公有链项目，企业使用区块链技术的成功案例并不多。区块链 3.0 可以实现完备权限控制和安全保障的企业级区块链，即联盟链。联盟链可以解决企业间的信用问题，由产业链中相关企业共同开发建设，信息上链，且不可随意修改。联盟链的代表项目是 Hyperledger Fabric，它由 Linux 基金会管理，国外的微软、摩根大通、世界

银行和国内的华为、阿里、百度、腾讯都加入了 Hyperledger 社区，可以说"巨头"云集。

虽然经过多年的发展，区块链现在还处于科普和基础设施建设阶段，很多人还不知道区块链是什么，社会各界对区块链技术的认可和接受程度还比较有限，大规模普及和推广区块链的时机也不够成熟，但是随着国家的高度重视，区块链技术的落地应用正在稳步推进。随着基础设施建设的日臻完善，有望爆发性地涌现一大批区块链应用，对社会生活的方方面面产生深远影响。

智能合约和
以太坊

1.2.7 智能合约

智能合约是以太坊区别于其他主流区块链项目的最大特点，也是本书的主题。本小节介绍智能合约的概念和基本情况。在本书后面章节中，有时会将智能合约简称为合约。

智能合约的概念最早于 1996 年由法律学者尼克·绍博（Nick Szabo）提出。他对智能合约的定义为："智能合约"是一系列以数字形式定义的承诺，相关各方可以在其（智能合约）上履行这些承诺的协议。

按照尼克·绍博的定义，智能合约是指嵌入软件或硬件中的合同条款。

最简单、常见的智能合约是自动售卖机。商品的价格就是商家和消费者之间的合同条款，消费者向自动售卖机中存入现金或刷卡，自动售卖机会自动找零并释放商品。

智能合约的实现有一个前提条件，就是违反合同条款的代价很高，而且即使作恶成功，获得的收益也极其有限。以自动售卖机为例，机器安装了专业的防护设施，窃贼很难通过破坏防护设施来获得商品；而且自动售卖机中只存有少量零钱，破坏机器能够获得的收益极少。

尼克·绍博将合约的目标提炼为实现可遵守性、可验证性、隐私性和可执行性这 4 点。

1．可遵守性

可遵守性指智能合约应该有可以量化的、明确的、双方当事人各自都必须遵守的义务。双方当事人可以向对方证明自己已经履行或部分履行了合约所规定的义务，或者可以证明自己有能力履行合约所规定的义务。

2．可验证性

可验证性指双方当事人具备向仲裁机构或者中立的第三方证明对方已经违反合约或者自己已经履行合约的能力。

3．隐私性

智能合约的执行和控制仅限于智能合约规定的当事各方，仲裁机构和任何第三方都不应控制智能合约的执行，从而有效地保障了当事各方的安全和隐私。

4．可执行性

可执行性指只要当事一方可以证明自己履行了合约条款，合约就会被强制执行。以自动售卖机为例，只要消费者选择商品后支付了足够的金额，智能合约就会被强制执行，即找零和释放商品。智能合约的强制执行不需要得到当事各方的授权和认可。

在区块链技术出现之前，上述目标很难同时实现，主要是由于传统的互联网应用程序是中心化系统，数据集中存储在一个数据库中，在这种情况下，智能合约很难在当事各方之间被公平、对等地执行，也很难保护当事各方的隐私。

区块链作为去中心化系统，其上运行的 DApp（Decentrailzed Application，去中心化应用）不由任何中心化的机构维护，数据分布存储在很多节点上，几乎不存在作弊的可能，或者说作弊的代价极高，比如至少控制全网 51%的算力才能作弊。而对于拥有如此高算力的人，维护规则的收益比破坏规则的收益要大得多，而且区块链上的数据加密存储，也很好地保护了当事各方的隐私。

以太坊的诞生使智能合约从理论过渡到了实践。以太坊的平台专为执行智能合约而设计，所有参与者都可以借助 Solidity 开发属于自己的智能合约，这使智能合约可以被存储和运行在分布式账本上。

1.2.8 区块链的编程语言

随着区块链技术的普及和推广，越来越多的程序员开始从事区块链开发工作，他们使用的经典区块链编程语言如下。

- Solidity：以太坊推出的智能合约编程语言，也是本书的主题。由于以太坊的影响力，加上 Solidity 是专注开发智能合约的语言，因此它是应用比较广泛的区块链编程语言，且在一些区块链编程语言的排行榜中高居榜首。比如在全球最大的技术问答网站 Stack Overflow 上所有与区块链相关的条目中，有近 10%的条目里提到了 Solidity，而提到 Java 的仅占约 4.8%。当然，各种排行榜也只是从一个角度反映了编程语言在区块链开发中的应用热度，仅供参考。
- Java：作为历史悠久、热度很高的编程语言，拥有超过 900 万的开发者。很多区块链应用是使用 Java 语言开发的。
- Go：是 Google 于 2009 年推出的，而其他流行的编程语言几乎都是 20 世纪的产物。Go 语言是近年来非常流行的一门新兴编程语言，具有语法简洁、高并发、高效运行等特性，比较适合区块链底层系统的开发。Hyperledger Fabric 和以太坊官方客户端 Geth 都是使用 Go 语言开发的。
- JavaScript：最常用的开发 Web 页面的编程语言。在开发区块链应用时，经常会用到 JavaScript。本书第 6 章介绍的 Web3.js 就是以太坊提供的 JavaScript API（Application Program Interface，应用程序接口）。使用 Web3.js 可以与以太坊节点进行通信，例如获取节点状态、获取账号信息、调用合约、监听合约事件等。
- Python：近年很流行的编程语言。编者编写本书时，Python 在 TIOBE 编程语言排行榜中排第 3 名。
- C#：微软推出的经典编程语言，广泛应用于 Windows 应用程序和 Web 应用的开发。
- C++：经典的编程语言，比较适合区块链底层系统的开发。比特币就是使用 C++开发的。

可以看到，除了 Solidity 是专门用于开发智能合约的编程语言外，其他流行的编程语言都可以用于开发区块链应用，只是各自的应用方向有所不同。比如，C++和 Go 比较适合区块链底层系统的开发，JavaScript 比较适合前端应用的开发。读者可以根据自己的喜好和需求选择区块链的编程语言。

读者如果想开发基于智能合约的区块链应用，那么 Solidity 将是首选的编程语言。

1.3 本章小结

本章首先以比特币系统为例介绍了区块链技术的基础知识。为了让读者能够更直观、便捷地理解抽象、复杂的技术问题，本章结合读者感兴趣的话题，讲解了区块链技术的工作原理和价值。本章还介绍了区块链的底层技术，包括加密算法、智能合约和编程语言等。

本章的主要目的是结合经典应用科普区块链技术，使读者了解区块链的工作原理和底层技术，为读者学习后面的内容奠定基础。

习题

一、选择题

1. 不在比特币区块头中的字段是（　　　）。
A. 版本号　　　　　　B. 交易计数器　　　　C. 父区块哈希值　　　D. 时间戳
2. 比特币系统采用（　　　）共识算法。
A. PoW　　　　　　　B. PoS　　　　　　　C. 拜占庭容错　　　　D. 投票
3. 下面属于国产哈希算法的是（　　　）。
A. MD5　　　　　　　B. SHA-1　　　　　　C. SHA-256　　　　　D. SM3
4. 以太坊推出的智能合约编程语言是（　　　）。
A. Java　　　　　　　B. Go　　　　　　　　C. Python　　　　　　D. Solidity

二、填空题

1. ___【1】___是一个函数，它可以将不同长度的数据映射为固定长度的数据。
2. Merkle 树是一个___【2】___树。
3. 比特币提供一种叫作___【3】___的机制，也就是未花费的交易输出。比特币系统中并没有账户的概念，每个比特币钱包中都包含若干个大小不一的___【4】___。
4. 区块链应用的架构可以分为___【5】___、___【6】___、___【7】___和___【8】___ 4 个层次。
5. 区块链可以分为___【9】___、___【10】___和___【11】___ 3 种类型。

三、简答题

1. 简述比特币挖矿的流程。
2. 简述比特币挖矿确定难度目标与调整难度的方法。
3. 简述比特币挖矿形式的演变过程。

第**2**章 以太坊区块链

在区块链的发展历程中，以太坊的诞生具有里程碑式的意义。这意味着区块链技术不但可以实现数字货币，还可以将现实生活中的合约"上链"，从而打造"言出必行"的高度互信的体系。

2.1 以太坊的发展历程与特色

智能合约和
以太坊

本节介绍以太坊项目的概况、发展历程及特色。

2.1.1 以太坊的诞生与发展

以太坊的创始人维塔利克·布特林（Vitalik Buterin，人称"V神"）在区块链领域可以说是仅次于中本聪的传奇人物。他是一个俄罗斯人，据说 4 岁开始编程，12 岁开始玩自己开发的游戏。17 岁那年，维塔利克的爸爸向他介绍了比特币，这很快就引起了维塔利克浓厚的兴趣。他开始为《比特币周报》撰写文章，这样可以赚取一些比特币；后来又创办了《比特币杂志》，为比特币的推广和普及做出了自己的贡献。为了专心投入比特币的研究和推广，维塔利克在入学 8 个月后从加拿大滑铁卢大学休学了，并游走于欧美各国的比特币开发者社群，参与比特币的转型工作。图 2-1 所示的就是以太坊的创始人维塔利克·布特林。

维塔利克的努力推动了"区块链 2.0"时代的到来。比特币是数字货币的"鼻祖"，在以太坊诞生之前，区块链技术的应用领域比较单一，仅限于数字货币。

图 2-1　以太坊的创始人
维塔利克·布特林

1．以太坊的诞生

2013 年年末，维塔利克发布了以太坊初版"白皮书"，吸引到一批认可以太坊理念的合作伙伴，并启动了项目。2014 年，以太坊陆续发布了几个版本的测试网络，从 POC3、POC4、POC5 到 POC6，并且发起了为期 42 天的以太币预售，共募集到 31 531 个比特币。按照当时的比特币汇率，相当于 1 843 万美元。

2015 年 7 月，以太坊网络正式发布了，标志着以太坊区块链上线运行了。

2．以太坊的 4 个发展阶段

在随后的发展历程中，以太坊的创始人们为它设定了下面 4 个发展阶段。

① 边境（Frontier）：从 2015 年 7 月开始，即以太坊刚刚发布时的测试阶段。这个阶段的以太坊还不太成熟，但是可以进行挖矿和试验，也吸引了很多感兴趣的开发者，在以太坊开发自己的应用。在这个阶段中，以太坊越来越稳定，人气也越来越高，价值不断提升。

② 家园（Homestead）：开始于 2016 年 3 月，此时以太坊第一个正式的产品发行。在这个阶段中，以太坊采用 PoW 共识算法，但是增加了一个呈指数级增长的难度因子，也就是"难度炸弹"。难度炸弹意指在计算难度时，除了根据出块时间和上一个区块难度进行调整外，还要加上一个每十万个区块就呈指数级增长的难度因子。这样，随着时间的推移，出块的难度也就越来越大，最终会终结 PoW 共识算法。

③ 大都会（Metropolis）：开始于 2017 年 10 月，目标是使以太坊更轻量、更快速和更安全。

④ 宁静（Serenity）：在编者于 2020 年编写本书时，以太坊已经进入了宁静阶段的准备期，这一阶段将实现 ETH 2.0，并最终推出信标链，切换到 PoS 共识机制。PoS 共识机制将会降低挖矿的门槛，因为矿工不需要再去购买矿机，只需要购买一定数量的以太币（ETH），将其作为保证金，通过 PoS 的方式验证交易有效性，即可拿到一定的奖励。ETH 2.0 还有很多目标，包括安全性、简单性、去中心化等。由于篇幅所限，这里不展开介绍。

3．DeFi

DeFi（Decentralized Finance，去中心化金融）是近年来区块链领域非常火的一个名词。大多数的 DeFi 应用程序都构建在以太坊网络上。以太坊的创始人维塔利克·布特林早在 2013 年发表的《以太坊白皮书》中就重点论述了一些复杂的去中心化金融的应用案例。

以太坊之所以适合构建和部署 DeFi 应用，是因为以太坊是专门为支持智能合约而开发的平台，它可以在满足特定条件的情况下自动执行交易，这为金融交易提供了很好的灵活性和扩展性。例如，可以在智能合约中约定：当证券市场中某项指数达到指定数值时，自动发起交易。

目前比较流行的 DeFi 应用包括以下几种。

- 去中心化的交易所（DEXs）：用户可以通过线上交易所兑换数字货币，这是目前最广泛的 DeFi 应用。人们可以直接交易加密的数字货币，无须再像过去那样，借助一个双方都信任的中介。
- 稳定币（Stablecoin）：是与法币（例如美元或欧元）以固定汇率绑定在一起的数字货币，这样可以避免汇率的大起大落。
- 借贷平台：使用智能合约替代传统的借贷机构（例如银行）来居间管理借贷交易。
- WBTC（Wrapped Bitcoin）：支持 ERC（Ethereum Request for Comments，以太坊征求意见）-20 的比特币。ERC-20 是以太坊代币的标准。1WBTC = 1BTC。WBTC 最大的优势是集成在以太坊钱包中，可以将比特币发送到以太坊网络中，从而在以太坊的 DeFi 系统中使用比特币。
- 预测市场：用于对未来发生的事件进行投注，比如选举、球赛等。预测市场 DeFi 应用的目标是替代中心化的"博彩"公司。

4．以太坊和 Solidity 在国际、国内的发展和应用情况

2021 年 2 月 5 日，中国电子信息产业发展研究院（又称赛迪研究院）发布了第 22 期赛迪全球公有链技术评估指数，对全球 37 条公有链从技术维度进行了综合评估并给出了排名。在排行榜中，以太坊以总指数 140.5 位居综合排名第 2，其中应用性评分位居第 1。但是以太坊的基础技术评分落后 EOS（Enterprise Operating System，企业操作系统）较多，最终 EOS 以 6.2 分的优势获得综合排名第 1。这个排名比较客观地体现了以太坊在区块链领域的地位和在国际上的应用情况。应用性和创新力评分位居第 1 说明以太坊是目前最活跃的区块链平台，特别是在智能合约开发和应用方面，以太坊是当仁不让的"领军"平台。

以太坊在国际上得到了广泛的应用，有很多经典的项目。尽管国内 IT 界一直紧跟国际技术发展的趋势，但是在区块链技术领域却是一个例外。目前，以太坊在国内的应用并不火热，编者认为造成这种情况的主要原因如下。

① 国内的区块链技术尚处于科普和基础设施建设阶段，真正落地的区块链项目并不是非常多，应用场景相对有限。

② 数字货币的应用在国内并不普及，而部署和运行以太坊应用都需要花费以太币，这也给以太坊在国内的落地造成影响。

③ 在区块链的发展过程中，国家更重视和鼓励使用自主知识产权的技术。在这样的大环境下，从事区块链技术开发的公司，更愿意从零开始使用自主研发的技术开发区块链应用。例如，蚂蚁区块链的专利申请数连续三年全球第一。

当然，Solidity 并不是只能应用在以太坊主网络上，其在国内的主要应用场景如下。

① 基于以太坊私有链开发智能合约应用，从而在企业内部应用区块链技术。

② 一些 BaaS（Blockchain as a Service，区块链即服务）平台支持使用 Solidity 作为智能合约编程语言。BaaS 将区块链框架嵌入云计算平台，为开发者提供便捷、高性能的区块链开发环境和配套服务。例如阿里云的蚂蚁区块链合约平台支持使用 Solidity 来实现合约的编写和编译。

③ 很多区块链应用涉及跨境合作。如果需要对接的境外区块链应用基于以太坊，则在合作开发的过程中也需要使用 Solidity 开发基于以太坊的智能合约。

相信随着区块链技术的不断普及和相关应用的落地，Solidity 在国内的应用场景会越来越多。

2.1.2　以太坊与比特币系统的对比

与比特币系统一样，以太坊也基于区块链的底层技术，而且它们都属于公有链，开放源码，任何人都可以参与挖矿。从这个意义上，比特币系统和以太坊都可以说是"世界计算机"。它们都有遍布全球的参与者。

不同的是，尽管以太坊也支持数字货币，即以太币（ETH），但数字货币不是以太坊系统的全部。以太币是市值仅次于比特币的数字货币，但是以太币与比特币的设计初衷却不尽相同。

比特币实现了点对点支付的功能，它的货币属性更强一些。比特币可以在持有人之间互相流通，也可以用于购买各种商品和服务，而以太币则用于支付使用以太坊平台的费用。

以太坊还有一个最大的特点，即它是一个开放的开发平台，每个人都可以在以太坊平台中部署自己的应用，这一点与安卓系统很类似。但是在以太坊平台中部署应用、在区块

中存储数据都是收费的。具体的收费规则将在 2.2.8 小节中介绍。

2.2 以太坊的工作原理

以太坊作为区块链 2.0 的代表项目，在工作原理上与比特币有很多相同之处，比如以太坊也是去中心化的分布式系统，数据也是存储在区块上的，也支持 PoW 共识算法。这也是本书第 1 章详尽介绍比特币系统工作原理的原因之一。但是以太坊也有其特色，比如以太坊支持智能合约。除了 PoW 共识算法，以太坊还支持 PoS 共识算法。

2.2.1 以太坊节点

以太坊网络由分布在世界各地的以太坊节点组成，号称"世界计算机"。截至 2020 年 5 月，以太坊在全球共有 7 451 个活动主网络节点。可以说以太坊是一个开源的、永不停机的、遍布全球的基础计算设施。

以太坊节点计算机上需要安装以太坊客户端软件。比较常用的以太坊客户端软件是 Go 语言版本的客户端软件 Geth，本章将在 2.3.2 小节中介绍安装 Geth 的方法。

以太坊节点计算机中还需要保存以太坊网络的区块数据。根据保存区块数据的多少，可以将以太坊节点分为全节点和轻节点两种类型。全节点指存储了从创世区块到最新区块的所有区块数据的节点，这些区块中包含所有的以太坊历史交易记录。通常矿工的节点都是全节点。轻节点形成的链中只包含区块头，为节省空间，不保存区块体。轻节点主要用于电子钱包。电子钱包通常安装在浏览器或手机中，不可能存储整个区块链的数据，因此只能采用轻量级的轻节点。当轻节点需要获取本地没有的数据时，可以向网络中的全节点发出请求。

轻节点的优势在于可以快速地启动和运行，比较适合运行在计算能力和存储空间都有限的设备上，例如手机。

2.2.2 以太坊的状态机

本质上，以太坊是一个基于交易的状态机。

1．什么是状态机

状态机是计算机科学中的一个概念，是有限状态自动机的简称。在现实世界中，事务是有不同状态的。这些状态通常是可以枚举的、有限的。例如，门有两个状态：开（Open）和关（Close）。所谓状态机，就是指一个事务的状态转换图。门的状态机如图 2-2 所示。

如果这是一个自动门系统，那么当系统接收到"开门"的信号时，会将状态切换为 Open 状态；当系统接收到"关门"的信号时，会将状态切换为 Close 状态。

这里面涉及下面 4 个概念。

① 状态（State）：比如自动门的 Open 和 Close 状态。

② 事件（Event）：指执行某个操作。例如对于自动门而言，按下开门按钮或走到门

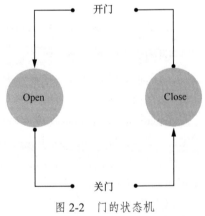

图 2-2　门的状态机

前（对于自动感知的自动门）就是一个事件。

③ 动作（Action）：指触发事件后所执行的操作，例如按下开门按钮会执行开门的动作。在编写程序时可以通过函数执行动作。

④ 状态的变换（Transition）：指从一个状态切换到另一个状态的过程，例如开门和关门的过程就是变换。

2．以太坊状态机

以太坊状态机是指从"创世"状态开始，由于交易而引起的所有以太坊网络状态的变化，如图 2-3 所示。

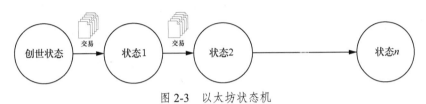

图 2-3　以太坊状态机

在以太坊状态机中，前面提到的 4 个概念的具体体现如下。

① 状态：以太坊网络状态是一个比较抽象的表述，实际上它是由以太坊中所有账户的状态组成的。

② 事件：指以太坊网络中发生的交易，比如账户 A 转账 1 个以太币到账户 B，就会导致账户 A 和账户 B 的状态发生变化。

③ 动作：指以太坊账户之间发生的转账操作。

④ 状态的变换：指以太坊交易的过程。

本书将在 2.2.9 小节介绍以太坊的账户和交易情况。

2.2.3　以太坊网络的总体架构

以太坊网络的总体架构可以分为存储层、网络层、合约层和应用层，如图 2-4 所示。具体说明如下。

① 存储层，用于实现以太坊数据的存储。

- 以太坊数据存储在 LevelDB 数据库中。LevelDB 是 Google 推出的非常高效的键值对数据库，目前能够支持 10 亿级别的数据量，而且可以在此基础上保持非常高的性能。以太坊中共有 3 个 LevelDB 数据库，分别是 BlockDB、StateDB 和 ExtrasDB。BlockDB 用于保存区块的主体内容，包括区块头和区块体；StateDB 用于保存账户的状态数据；ExtrasDB 用于保存收据信息和其他辅助信息。

- 事件是以太坊网络用于实现链内、链外之间的沟通而建立的机制。以太坊的日志代表对事件的存储。本书将在第 7 章中介绍以太坊的事件和日志。

- 以太坊的区块同样由区块头和区块体组成，区块中使用类似 Merkle 的 MPT（Merkle Patricia Tree，Merkle 树和 Patricia 树的结合）来存储交易数据。本书将在 2.2.6 小节中介绍以太坊的区块链结构。

- 与比特币系统一样，以太坊区块链也需要借助非对称加密算法和数字签名来实现防篡改、不可抵赖等特性，并且将区块串联成区块链。

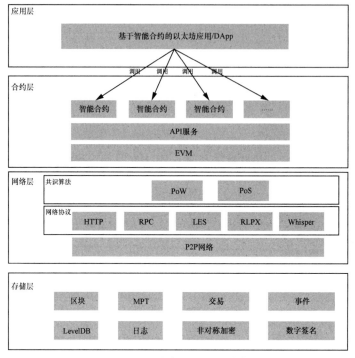

图 2-4 从以太坊网络的总体架构

② 网络层，用于实现以太坊的网络通信。作为区块链项目的基本特征，以太坊基于 P2P 网络。以太坊可以通过 HTTP（HyperText Transfer Protocol，超文本传输协议）、RPC、LES、RLPX 和 Whisper 等网络协议实现网络通信。在互联网时代，大名鼎鼎的 HTTP 自不必说，其他几个网络协议简要说明如下。

- RPC（Remote Procedure Call，远程过程调用）协议：是进程间调用的常用方式。RPC 的过程如图 2-5 所示。
- LES（Light Ethereum Subprotocol，以太坊客户端的轻量级的子协议）：规定只需要下载区块头，其他详细信息可以按需获取。
- RLPX：以太坊的底层网络协议套件，包括 P2P 加密通信、节点发现等功能。
- Whisper：一个简单的基于 P2P 网络的消息传递系统。

③ 合约层。在以太坊的合约层中，有一个很重要的概念——EVM（Ethereum Virtual Machine，以太坊虚拟机）。

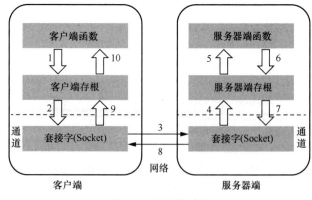

图 2-5 RPC 的过程

所谓虚拟机，是指通过软件模拟一个具有完整硬件系统功能的独立运行的计算机系统。因为以太坊是分布式系统，全网由很多节点组成，这些节点的操作系统可能各不相同。与比特币节点不同，以太坊节点上需要运行智能合约，而且必须满足这样的前提条件：在任何操作系统的节点下，在任何情况下，运行同一个智能合约必须得到相同的结果。

EVM 可以在各种操作系统上安装和运行，从而为智能合约提供一个一致的、稳定的运行环境。也就是说，在以太坊网络中，智能合约运行在 EVM 之上，通过 API 服务与 EVM 对接。

Solidity 并不是 EVM 可以理解的语言。EVM 有自己的专属语言，即 EVM 字节码，而 Solidity 是便于程序员阅读、理解和使用的高级语言。当编译 Solidity 程序时，会将 Solidity 程序转换成 EVM 字节码，然后在 EVM 上运行。EVM 和智能合约的关系如图 2-6 所示。

④ 应用层。智能合约只是一些脚本程序，只实现业务逻辑，没有用户界面，因此，要想让普通用户使用智能合约，就需要有应用层的存在。应用层由基于智能合约的以太坊应用组成。以太坊应用属于 DApp，通过 Web3.js 来调用智能合约。第 6 章将介绍 Web3.js 的编程方法。

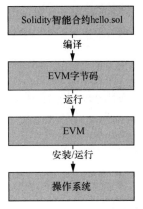

图 2-6　EVM 和智能合约的关系

2.2.4　DApp

去中心化是区块链技术的核心思想，因此，也可以将 DApp 理解为区块链的客户端应用。

比较常见的 DApp 包括比特币以及各种数字货币的钱包、挖矿的客户端应用、数字货币交易所，以及本书所介绍的基于智能合约的以太坊应用等。

下面以本书的主题——以太坊的各种应用为例，介绍 DApp 的经典应用场景。

1．Swarm

Swarm 是一个分布式存储平台以及内容分发服务，它最主要的目标是为以太坊 DApp 代码、数据以及区块数据提供一个足够去中心化以及足够重复的存储机制。它将文件存放在以太坊客户端节点的存储空间里，并且给客户端相应的奖励（以太币）。

2．Whisper

Whisper 是一个简单的基于点对点身份的消息传递系统，是一个结合了 DHT（Distributed Hash Table，分布式哈希表）和 P2P 通信技术、用来实现以太坊节点之间通信的协议。通过 Whisper 协议，以太坊节点可以将信息发送给某个特定节点，或者通过附加在信息中的标签、主题将信息发送给多个节点。该协议主要用于大规模的点对点数据发现、信号协商，为实现最小传输通信、完全隐私保护的 DApp 而设计。

3．MetaMask

MetaMask 是个开源的以太坊钱包，可以在 Chrome 和 Firefox 等浏览器中安装 MetaMask 插件，从而方便地管理自己的以太坊数字资产。

4．Dai

Dai 是第一个完全去中心化的稳定货币。它基于一套自动的智能合约系统，可以根据市场的环境动态调整。一个 Dai 价值一美元。

5．CryptoKitties

CryptoKitties 是一个收藏和养育数字猫的游戏，上线之初广受喜爱，一度造成以太坊网络的拥堵。

6．SelfKey

SelfKey 是一个基于区块链的数字身份系统，它允许个人和公司真正拥有并且可以控制和管理自己的数字身份。

7．Status

Status 是一个为安卓和 iOS 开发的开源轻客户端，包括一个聊天系统和一个浏览器，为智能手机用户使用 DApp 提供一个入口，同时为 DApp 开发者获得新用户提供了一个简单的途径。

8．Gitcoin

Gitcoin 是一个基于以太坊网络构建的去中心化协作平台，其核心功能是采用二阶投票的方式对项目进行众筹。

9．DAO

DAO（Decentralized Autonomous Organization，去中心化的自治组织）用投票的方式来管理众筹资金，而这笔资金全部用于投资和支持以太坊的开发项目。2016 年一经推出，DAO 就筹集到了 1 170 万个以太币（当时价值约 2.45 亿美元）。但不久后 DAO 遭到黑客发起的重入攻击（Re-Entrancy），直接导致了以太坊网络的硬分叉。本书将在第 10 章介绍常见的针对智能合约的攻击。

区块链技术虽然有诸多优势，又有国家层面的积极推动，但是区块链技术目前仍处于科普和基础设施建设阶段。各种类型的 DApp 多数还只是一种尝试，还没有被社会大众广泛地接受并真正地落地和普及。比如，很多 DApp 需要以数字货币进行支付，而数字货币离广大民众还有一段距离，数字资产的推广和法制化也需要政府部门进行大量的基础设施建设，包括对现有应用系统的升级、改造和相关立法工作。

2.2.5　DApp 浏览器

顾名思义，DApp 浏览器就是以浏览器的形式访问 DApp，从而使 DApp 的访问更加便捷。与传统浏览器相比，DApp 浏览器必须与数字钱包结合或者内嵌在数字钱包里面才可以作为 DApp 的访问入口，而传统浏览器一直是独立的流量入口。

1．DApp 浏览器的工作原理

传统浏览器基于 Web 2.0 信息互联网，而 DApp 浏览器则建立在 Web 3.0 价值互联网的基础上，它们的工作原理不同。传统浏览器的底层框架如图 2-7 所示。

传统浏览器基于中心化的 Web 服务器、应用服务器和数据库，层层调用，逐层返回数据，最后呈现在浏览器中。

图 2-7 传统浏览器的底层框架

DApp 浏览器的底层框架如图 2-8 所示。

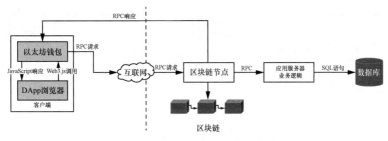

图 2-8 DApp 浏览器的底层框架

以太坊 DApp 浏览器通过 Web3.js 访问以太坊钱包,得到 JavaScript 的响应,并将响应显示在浏览器页面中。以太坊钱包通过 RPC 请求与区块链节点交互。区块链节点既可以将数据存储在区块链上,也可以通过应用服务器将数据存储在传统的关系数据库中。

2.常用的 DApp 浏览器

目前比较常用的 DApp 浏览器如下。

- Mist:以太坊官方钱包 + 浏览器。作为以太坊图形界面钱包,Mist 同步了全部的以太坊区块信息的全节点钱包。也就是说打开钱包后,电脑会自动同步全部的以太坊区块信息。如果设备和网络的条件过关,大概需要一天左右的时间完成数据同步。

- MetaMask:轻量级的以太坊钱包,支持 Chrome 浏览器插件和 Firefox 浏览器插件,可以用于连接正式的和测试的以太坊网络。关于 MetaMask 的基本情况将在第 8 章介绍。

- Coinbase Wallet:Coinbase 钱包,一款流行的移动加密钱包+Web 3 浏览器,可以方便地存储、发送和接收比特币(BTC)、比特币现金(BCH)、以太币(ETH)、莱特币(LTC)等数字货币。

- Trust Wallet:币安官方钱包,是一个去中心化移动钱包应用程序。币安是数字货币交易平台,支持比特币、莱特币、以太币等主流数字货币的交易。

- imToken:一个智能化数字钱包,是现阶段最流行的数字钱包之一,可以完成很多应用性功能,例如投资管理。

- Status:是一款以太坊客户端应用,也是内置钱包、即时发送消息的通信应用和 DApp 浏览器,能够让使用以太坊去中心化协议的用户相互发送加密信息、智能合约和数字货币。

- Cipher:第一个用于以太坊区块链的全功能移动 DApp 浏览器和钱包。

2.2.6 以太坊的数据结构与存储方式

以太坊的数据存储可以分为状态数据、区块链和底层数据,具体说明如下。

- 状态数据:以太坊账户相关的状态数据。以太坊使用 StateDB 存储和管理账户,每个账户都是一个 stateObject。

- 区块链：以太坊的核心数据。与比特币区块类似，以太坊的区块也由区块头和区块体组成。
- 底层数据：存储全部的以太坊数据。以太坊的底层数据以键值对的形式存储在 LevelDB 中。

以太坊的数据结构和存储方式如图 2-9 所示。

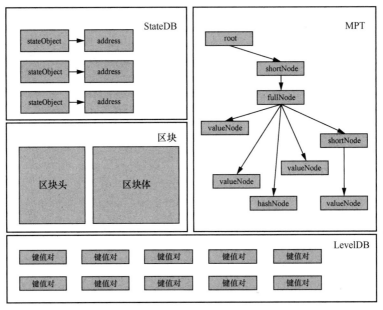

图 2-9　以太坊的数据结构和存储方式

1．状态数据

状态数据以 MPT 的形式存储在 StateDB 中。MPT 是兼具 Merkle 树和 Patricia 树特点的一种新型树状结构，特点如下。

- 可以存储任意长度的键值对。
- 具备 Merkle 树的特性，可以用于节点的快速校验。
- 能够很快根据键查询到对应的值。

从图 2-9 中可以看到 MPT 包含 shortNode、fullNode、valueNode 和 hashNode 等 4 种类型的节点。shortNode 和 fullNode 是枝干节点，可以有子节点，shortNode 只能有一个子节点，而 fullNode 可以有多个子节点，这些子节点拥有相同的键前缀。valueNode 和 hashNode 是叶子节点，valueNode 用于存储数据，值为从 root 到当前节点的路径上所有节点的键之和；hashNode 用于存储数据库中其他节点的哈希值。

这里不展开介绍 MPT 的工作原理。之所以使用这么复杂的数据结构，是因为想要提高查询速度和校验数据的准确性。

2．区块链

以太坊区块链的结构在下面两点上与比特币区块链相同。
① 以太坊的区块链也是由父区块的哈希值将区块连接在一起的。
② 以太坊的区块也由区块头和区块体组成。以太坊区块链的结构如图 2-10 所示。

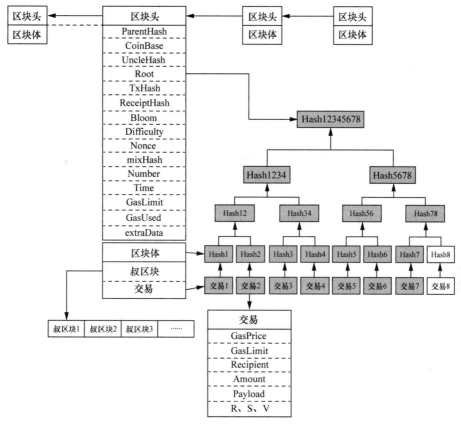

图 2-10　以太坊区块链的结构

区块头由如下字段组成。

- ParentHash：父区块的哈希值。
- CoinBase：币基地址，也就是挖出区块的矿工的账户地址。
- UncleHash：叔区块的哈希值。叔区块是比特币区块链中没有的概念，也可以说是以太坊的特色。一个区块的叔区块如图 2-11 所示。从图中可以看出，叔区块只有在出现分叉时才存在。其实比特币的区块链也有分叉的情况，那为什么比特币的区块链没有叔区块的概念呢？因为比特币每 10min 才挖出一个区块，有足够的时间留给矿工们挖矿并验证挖矿的结果，所以出现分叉的概率比较小。而以太坊大概每 15s 就会挖出一个区块，在有限的时间里很有可能无法完成全网广播和验证。提供叔区块的概念在提高效率的同时也大大增加了出现分叉的概率。出现分叉就会有区块被合并到更长的链中，这些叔区块是被废弃的区块，因此矿工没有奖励。但是因为分叉的情况太多了，这就会打击矿工的积极性。因此以太坊接受叔区块，完成叔区块的矿工也有奖励。不过，以太坊对叔区块的数量进行了限制，一个区块最多可以有 2 个叔区块。

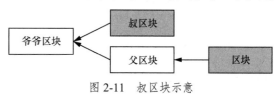

图 2-11　叔区块示意

- Root：StateDB 中 MPT 的根哈希。MPT 中存储着所有以太坊账户的数据。
- TxHash：记录所有交易数据的 MPT 的根哈希。

- ReceiptHash：记录所有收据数据的 MPT 的根哈希。收据是交易概要信息，包括交易被哪个区块打包了、这笔交易最终花费了多少 Gas（支付以太坊网络运转的手续费，具体情况将在 2.2.8 小节介绍），以及执行交易时创建的一些日志等。
- Bloom：用于快速搜索和判断一个日志是否存在于收据数据的 MPT 中。
- Difficulty：PoW 共识算法中的挖矿难度因子。
- Nonce：记录发起交易的账户已执行的交易总数。和 mixHash 结合在一起，相当于挖矿的随机数。
- mixHash：一个与 Nonce 相关的 256 位哈希值，用于证明其所在区块上已经执行了足够量的交易。
- Number：区块编号。
- Time：生成区块的时间戳。
- GasLimit：区块中包含的所有交易所消耗的 Gas 的理论上限。
- GasUsed：区块中所有交易所消耗的 Gas 总量。
- extraData：留给区块的创建者，记录该区块的一些自定义的信息。长度小于 32 字节。

以太坊的交易由如下字段组成。

- GasPrice：Gas 的价格，单位为 wei。GasPrice 越高，越优先被矿工打包。
- GasLimit：Gas 的上限。
- Recipient：交易收据。
- Amount：交易的金额。
- Payload：交易携带的数据。
- R、S、V：交易的签名数据。

2.2.7　以太坊的分叉

在以太坊的发展过程中，出于不断完善算法和应用的考虑，进行了多次硬分叉。硬分叉指区块链发生永久性分歧而造成的分叉。比如，新版本发布后，部分不接受新版本的节点无法验证已升级节点所产生的区块。

以太坊硬分叉意味着以太坊底层协议的改变。继续使用以太坊的用户都需要升级以太坊客户端，从而兼容新的版本。

除了实现 2.1.1 小节中介绍的几个发展阶段而进行的必要的硬分叉外，以太坊还曾经为了应对黑客攻击而进行硬分叉。在 2016 年发生的一起针对以太坊 THE DAO 的黑客攻击中，黑客利用 DAO 代码中的递归漏洞不停地从 THE DAO 的资金池里分离资产。此次攻击造成以太币的价格暴跌。

为了挽回损失，以太坊决定采取硬分叉，把所有的资金都退回去，这样投资者不会有什么损失，而且不需要回滚。

2.2.8　Gas 和以太币

以太坊网络是由很多节点构成的去中心化"世界计算机"。这个庞大无比的计算机永不停机，它的运行需要耗费以太坊节点的计算资源，比如部署智能合约需要占用节点的存储资源和网络带宽、记账和验证交易需要耗费矿工的处理器资源，因此使用以太坊网络是需要支付手续费的。以太坊的手续费有一个很特别的名词——Gas（燃料）。就好像开动汽车需要耗费燃料一样，Gas 就是以太坊网络运转的燃料。

Gas 是需要购买的，Gas 的价值可以通过以太币来衡量。以太币是以太坊内置的数字货币。在编者编写本书时，以太币的汇率为 1 个以太币 ≈ $500。

"ETH"是以太币的单位。但是由于 1ETH 的价值较高，因此在实际应用时通常需要使用比较小的以太币单位。wei 是以太币的最小单位，1ETH 等于 10^{18}wei。以太币还有一系列的单位，具体如表 2-1 所示。

表 2-1   其他的以太币单位

以太币单位	别名	与 wei 的换算公式
Kwei	Babbage	1Kwei = 10^3wei
Mwei	Lovelace	1Mwei = 10^6wei
Gwei	Shannon	1Gwei = 10^9wei
Microether	Szabo	1Microether = 10^{12}wei
Milliether	Finney	1Milliether = 10^{15}wei

Gas 的计量单位通常是 Gwei。Gas 由 GasLimit 和 GasPrice 组成，这两个字段的含义在 2.2.6 小节中介绍以太坊区块链的结构时已经提及。这里再结合以太币详细解析 GasLimit 和 GasPrice 字段的含义。

- GasLimit：指定一个智能合约的 Gas 上限。Gas 本身也是以太坊手续费的单位，类似于标识汽油容量的"升"。可以说本次操作的手续费是几个 Gas，GasLimit 用于指定用户愿意为执行某个操作或确认交易支付的最大 Gas（21 000 Gas）。不同时期、不同的操作都可以设置不同的 GasLimit。
- GasPrice：指用户愿意花费于每个 Gas 的价格，单位为 Gwei。1Gas = 20Gwei，1Gwei = 0.000 000 001ETH，因此 1Gas = 0.000 000 02ETH，执行一次以太坊操作所需的最少手续费可以按如下公式计算：

最少手续费 = GasLimit × GasPrice = 21 000 × 0.000 000 02ETH = 0.000 42ETH

如果按照 1ETH ≈ $500 的汇率计算，执行一次以太坊操作的最少手续费约为 $0.21。

不过如果仅按这个标准执行手续费，请求可能会等待很久才会被矿工处理，因为矿工会优先处理手续费高的交易。通常建议将 GasLimit 设置为 50 000～100 000，这样得到的手续费约为 $0.5～$1，还是挺高的。因此在设计智能合约时应该尽量省 Gas。这就要求程序员知道哪些操作会消耗 Gas 以及具体会消耗多少 Gas。通常，以太坊智能合约 Solidity 操作消耗 Gas 的情况如表 2-2 所示。

表 2-2   以太坊智能合约 Solidity 操作消耗 Gas 的情况

操作	消耗 Gas 的情况
在智能合约内部调用 view/pure 的函数。关于 view/pure 的含义将在第 5 章介绍。view 标识函数不向区块链上写入数据，只读取数据；pure 标识函数不访问区块链	约几十 Gas
在智能合约内部调用向区块链上写入数据的函数	约几百 Gas
从智能合约外部调用 view/pure 的函数	约 2 000～3 000Gas
从智能合约外部调用向区块链上写入数据的函数	约 3 000～4 000Gas
向区块链上写入一个 uint 数据	约 20 000 多 Gas
在区块链上修改一个定长数组元素的值	约 20 000 多 Gas
在区块链上向一个 map 中插入一个元素	约 20 000 多 Gas
在区块链上向一个变长数组中插入一个元素	约 40 000 多 Gas

表 2-2 中涉及 Solidity 的一些常用数据结构和函数编程的情况，具体请参照第 3 章和第 5 章。Gas 的计算有严格的规则，表 2-2 仅供参考。概括地说，在进行智能合约编程的过程中，注意以下几点可以减少 Gas 的消耗：

- 除非必要，尽量不要向区块链上写入数据；
- 除非必要，尽量不要在区块链上使用变长数组；
- 尽量减少外部调用。

2.2.9 以太坊账户、钱包和交易

用户可以通过账户和钱包存放、管理以太币，也可以在不同账户间进行转账交易。

1．账户

在以太坊网络中，账户用来存放以太币。以太坊支持外部账户和合约账户这 2 种账户。外部账户可以被以太坊用户所拥有，在创建账户时可以生成私钥，只有提供私钥才能控制外部账户。

用户可以从一个外部账户转账至另一个外部账户，也可以在执行智能合约时按照合约的规定向合约账户转账。

合约账户与智能合约的代码相关联。可以指定执行某段代码的用户需要向合约账户转账，也可以从其他合约账户向指定的合约账户转账。

账户是一个抽象的概念，一个以太坊账户对应一个唯一的地址。在第 3 章中介绍的 address 数据类型可以用来标识一个账户。

2．钱包

要方便地对账户进行管理和操作还需要借助钱包。钱包可以是浏览器的一个插件，也可以是一个 Windows 应用程序或者手机 App。

3．交易

在以太坊网络中，交易并不单纯指转账。严格地说，交易指一个数据包在区块链上从一个外部账户发送至另一个账户的过程。这个数据包必须由发送者使用私钥进行签名，交易数据包中包含一组消息，具体内容在 2.2.6 小节中讲解以太坊的数据结构与存储方式时已经介绍，请参照理解。

2.2.10 以太坊的 PoS 共识算法

与比特币一样，以太坊也采用 PoW 共识算法。但是为了避免 PoW 算法所带来的巨大能源损耗和性能低下等问题，以太坊还引入了 PoS 共识算法。PoS 共识算法类似于股东机制，拥有的股份越多，获得记账权的概率越大。

可以通过一个叫作币龄的概念来衡量股权的多少，每个以太币每持有一天币龄加 1。假设小明持有 1 个以太币，共持有 100 天，那么他的币龄就是 100；假设小红持有 10 个以太币，共持有 5 天，她的币龄就是 50。尽管小明只有一个以太币，但他持有的时间久，因此比持有 10 个以太币的小红具有优先的记账权。每发现一个 PoS 区块，矿工的币龄将被清

零。这可以防止拥有以太币多的人总能获得记账权。

以太坊 PoS 共识算法的上线是循序渐进的。最初采用 PoW 共识算法，但是挖矿的难度会越来越大；然后采用 PoW+PoS 共存的共识算法，币龄越大挖矿的难度越小；最终过渡到纯粹的 PoS 算法。

要运行一个以太坊节点进行挖矿，首先需要安装专门的以太坊挖矿软件，本书不对以太坊挖矿展开介绍。

2.3 搭建以太坊私有链

为了便于开发和调试智能合约，本节介绍在局域网中搭建以太坊私有链的方法。通常可以选择 Windows、Linux 或 macOS 作为服务器。

2.3.1 搭建测试环境

为了将开发环境和测试环境隔离，本书选择使用虚拟机安装 CentOS 的方法搭建测试环境。CentOS 是 Linux 发行版之一，它是由 Red Hat Enterprise Linux 依照开放源码规定释出的源码所编译而成，可广泛应用于线上生产环境和本地测试环境。

1. 安装 Oracle VM VirtualBox

Oracle VM VirtualBox（后文简称 VirtualBox）是一款开源虚拟机软件。在 Windows 中安装 VirtualBox，然后在 VirtualBox 中安装 CentOS，这就是本书测试环境的基础。

访问 VirtualBox 的官网可以下载最新的安装包。VirtualBox 官网的 URL（Uniform Resource Locator，统一资源定位符）参见本书配套资源中提供的"本书使用的网址"文档。

如果因为网络原因无法访问官网，也可以搜索并下载安装包。VirtualBox 的安装包是经典的 Windows 安装程序，只需要按照提示操作即可完成安装。

2. 在 VirtualBox 中安装 CentOS 虚拟机

运行 VirtualBox 软件，在系统菜单中选择"控制"→"新建"，打开"新建虚拟电脑"对话框。在"名称"文本框中输入"Solidity CentOS"（可以根据喜好自定义），类型选择"Linux"，版本选择"Red Hat (64-bit)"，如图 2-12 所示。单击"下一步"按钮，设置内存大小，如图 2-13 所示。建议以计算机物理内存容量的一半作为虚拟机的内存。

设置完成后，单击"下一步"按钮，打开 "设置虚拟硬盘"对话框；选择"现在创建虚拟硬盘"，然后单击"创建"按钮，打开"虚拟硬盘文件类型"对话框；选择"VDI（VirtualBox）磁盘映像"，然后根据提示设置虚拟硬盘的大小。建议根据物理硬盘的容量设置，至少为 10GB。如果有条件，建议分配 30GB～50GB。因为一旦空间不足，扩充空间是比较麻烦的。创建完成后，在 VirtualBox 的左侧窗格中出现了一个 CentOS 虚拟机图标，如图 2-14 所示。

这只是一个空的虚拟机，还没有安装操作系统。下面介绍在虚拟机中安装 CentOS 的过程。首先要选择一个 CentOS 的安装镜像，例如 CentOS-7-x86_64-Minimal-2003.iso。

右击 CentOS 虚拟机图标，在快捷菜单中选择"设置"可打开虚拟机设置窗口。在左侧窗格中选择"存储"，如图 2-15 所示。

图 2-12 "新建虚拟电脑"对话框

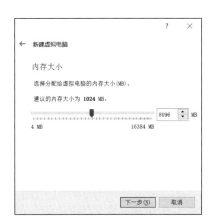

图 2-13 设置内存大小

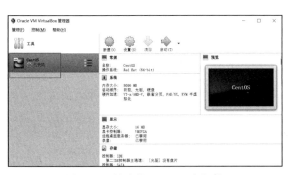

图 2-14 新建的 CentOS 虚拟机

图 2-15 设置虚拟机的存储属性

在"存储介质"中可以看到控制器 IDE(Integrated Development Environment,集成开发环境)还没有盘片。如图 2-16 所示,选中"没有盘片",在右侧的分配光驱下拉列表框后面单击 图标,选择提前准备好的 CentOS 7 安装光盘镜像 CentOS-7-x86_64-Minimal-2003.iso。

图 2-16 选择提前准备好的 CentOS 7 安装光盘镜像

CentOS 7 安装光盘镜像的下载网址可以参见本书配套资源中提供的"本书使用的网址"文档。

然后双击 CentOS 虚拟机图标,运行虚拟机系统。系统会自动从 CentOS 的安装镜像启动,运行安装程序。根据安装程序的提示安装 CentOS,过程比较简单。由于篇幅所限,这里就不具体介绍了。在最后一步要设置超级管理员 root 的密码并记住密码,以便在下次登录时使用。安装成功后,可以重启虚拟机。使用 root 账号和密码登录,然后执行下面的命令,可以查看 CentOS 的版本信息,如图 2-17 所示。

```
cat /etc/redhat-release
```

在使用虚拟机时经常会出现各种各样的问题，主要是虚拟机与虚拟机、虚拟机与实体机间的网络通信问题。如果有条件准备实体的CentOS服务器，那将是最佳选择。

图 2-17　查看 CentOS 的版本信息

3．设置 CentOS 虚拟机的静态 IP 地址

本书以 CentOS 虚拟机作为部署以太坊客户端的服务器，需要下载并安装相关软件，有时也需要从客户端上传和部署程序包，这些都离不开网络通信。因此在安装好 CentOS 后，第一件事就是设置 CentOS 虚拟机的静态 IP 地址。

在设置 IP 地址之前，首先打开 VirtualBox，右击 CentOS 虚拟机图标，在快捷菜单中选择"设置"可打开虚拟机设置窗口。在左侧窗格中选择"网络"，在右侧的"网卡 1"选项卡中，勾选"启用网络连接"复选框，然后将连接方式设置为"桥接网卡"。展开"高级"选项，在"混杂模式"下拉列表框中选择"全部允许"，最后单击"OK"按钮，如图 2-18 所示。

配置好后，启动 CentOS 虚拟机，登录后执行下面的命令，查看 CentOS 的网卡名字。

```
ip addr
```

运行结果如图 2-19 所示。

图 2-18　配置虚拟机的网络

图 2-19　查看 CentOS 的网卡名字

enp0s3 就是 CentOS 的网卡名字。执行下面的命令可以编辑默认网卡上的配置信息（如果需要，将 enp0s3 替换成自己的网卡名字）。

```
cd /etc/sysconfig/network-scripts
vi ifcfg-enp0s3
```

vi 是 Linux 操作系统的文本编辑工具。与 Windows 环境下的记事本相比，vi 的使用方法有很大的区别，由于篇幅所限，这里不展开介绍。

设置如下的配置项。

- 将 BOOTPROTO 设置为 static，表示使用静态 IP 地址。默认值为 dhcp，表示使用由系统分配的动态 IP 地址。

- 新增 IPADDR=192.168.1.101，设置虚拟机的静态 IP 地址为 192.168.1.101。读者需要根据自己的网络环境进行设置。
- 设置 NETMASK 为子网掩码，通常为 255.255.255.0。
- 设置 GATEWAY 为网关的 IP 地址，读者需要根据自己的网络环境进行设置。
- 将 ONBOOT 设置为 yes，表示网卡启动方式为开机启动。

设置好后，按"Esc"键，然后输入":wq"并按"Enter"键，保存配置文件。配置好后的内容如下：

```
TYPE=Ethernet
PROXY_METHOD=none
BROWSER_ONLY=no
BOOTPROTO=static
DEFROUTE=yes
IPV4_FAILURE_FATAL=no
IPV6INIT=yes
IPV6_AUTOCONF=yes
IPV6_DEFROUTE=yes
IPADDR=192.168.1.101
NETMASK=255.255.255.0
GATEWAY=192.168.1.1
IPV6_FAILURE_FATAL=no
IPV6_ADDR_GEN_MODE=stable-privacy
NAME=enp0s3
UUID=67fcbef0-10ce-48c3-9139-3aca11b239c5
DEVICE=enp0s3
ONBOOT=yes
DNS1=202.106.0.20
dns2=8.8.8.8
```

要连接互联网，还需要配置 DNS（Domain Name System，域名系统）执行命令：

```
vi /etc/resolv.conf
```

并添加如下内容：

```
nameserver 202.106.0.20
nameserver 8.8.8.8
```

保存后，执行下面的命令，重新启动网络：

```
service network restart
```

执行下面的命令（如果可以"ping 通"百度，则说明 IP 地址配置成功了）：

```
ping www.baidu.com
```

本书假定 CentOS 虚拟机的 IP 地址为 192.168.1.101。

4．使用 PuTTY 工具远程连接 CentOS 虚拟机

直接在 VirtualBox 虚拟机里输入命令比较麻烦，因为无法粘贴命令，而且字体也比较小。为了方便操作，建议使用一些远程连接工具操作 CentOS 虚拟机，比如这里要介绍的 PuTTY。PuTTY 是一款免费的基于 SSH（Secure Shell，安全外壳）和 Telnet 的远程连接工具。下载 PuTTY 的网址可以参见本书配套资源中提供的"本书使用的网址"文档。

安装 PuTTY 的过程很简单，只需根据提示操作并单击"Next"按钮。安装成功后不会创建桌面快捷方式，可以自己到安装目录下面找到 putty.exe 并创建桌面快捷方式。

在远程连接 CentOS 虚拟机之前，要在虚拟机上做一些准备工作。

① 首先，为远程连接建立一个通道。打开 VirtualBox 软件，右击 CentOS 虚拟机图标，选择"设置"并打开虚拟机设置窗口。在左侧窗格中选中"网络"，在右侧的"网卡2"选项卡中，勾选"启用网络连接"复选框，将连接方式选择为"仅主机（Host-Only）网络"，同样将"混杂模式"设置为"全部允许"，然后单击"OK"按钮。配置好后，可以在宿主机（安装 VirtualBox 的计算机）中看到一个名称为 VirtualBox Host-Only Ethernet Adapter 的虚拟网络连接，如图 2-20 所示。右击该网络连接，选择"属性"，可以查看它的 IP 地址，如图 2-21 所示。此 IP 地址可以作为虚拟机系统的网关（假定为 192.168.56.1）。这个虚拟网络连接就是远程连接 CentOS 虚拟机的专用通道，而前面介绍的 enp0s3 网卡则是用来与外界网络进行通信的，比如连接互联网。

图 2-20　虚拟网络连接　　　　　图 2-21　查看虚拟网络连接的 IP 地址

② 接下来为网卡2配置静态 IP 地址。将之前命令中的 ifcfg-enp0s3 替换为 ifcfg-enp0s8，参照前面的方法在 ifcfg-enp0s8 中配置网卡2的 IP 地址（假定为 192.168.56.101），将网关设置为前面在宿主机中看到的虚拟连接的 IP 地址（假定为 192.168.56.1）。编者虚拟机中 ifcfg-enp0s8 的内容如下：

```
TYPE=Ethernet
PROXY_METHOD=none
BROWSER_ONLY=no
BOOTPROTO=static
IPADDR=192.168.56.101
NETMASK=255.255.255.0
DNS1=202.106.0.20
DNS2=8.8.8.8
GATEWAY=192.168.56.1
DEFROUTE=yes
IPV4_FAILURE_FATAL=no
```

```
IPV6INIT=yes
IPV6_AUTOCONF=yes
IPV6_DEFROUTE=yes
IPV6_FAILURE_FATAL=no
IPV6_ADDR_GEN_MODE=stable-privacy
NAME=enp0s8
UUID=b86ee2d0-57a8-4e49-8eaf-803edd59d4df
DEVICE=enp0s8
ONBOOT=yes
```

设置 CentOS 虚拟机的网卡 2 的 IP 地址为 192.168.56.101。

③ 配置好后，执行下面的命令重启 network 服务，应用新的网络配置：

```
systemctl restart network
```

然后在宿主机的命令提示符窗口中执行下面的命令：

```
ping 192.168.56.101
```

如果可以 ping 通，则说明宿主机与虚拟机之间的通信通道已经建立。

④ 在 CentOS 虚拟机中执行下面的命令安装 openssh 组件：

```
yum install openssh-server
```

然后启动 sshd 服务并关闭防火墙：

```
systemctl restart sshd
systemctl disable firewalld
```

⑤ 双击 putty.exe，可以打开 PuTTY 配置窗口，如图 2-22 所示。在地址框中输入要连接的服务器 IP 地址，然后单击"Open"按钮，可以打开终端窗口，如图 2-23 所示。登录后就可以输入命令来操作 CentOS 服务器了，可以很方便地复制和粘贴文本。如果觉得字体小，可以在 PuTTY 配置窗口中选择 Window 下的"Appearance"，单击字体后面的"Change"按钮，设置字体。在"Host Name"（或者 IP address）文本框中填入虚拟机的 IP 地址 192.168.1.101。

图 2-22　PuTTY 配置窗口

图 2-23　PuTTY 终端窗口

⑥ 如果 PuTTY 不能连接到 CentOS，可以执行下面命令安装 openssh 组件：

```
yum install openssh-server
```

编辑 sshd 服务的配置文件/etc/ssh/sshd_config，找到下面的代码：

```
#PermitRootLogin yes
```

删除前面的"#"，取消注释，允许使用 root 用户连接 sshd 服务。然后启动 sshd 服务并关闭防火墙：

```
systemctl restart sshd
systemctl disable firewalld
```

再次在 PuTTY 中连接 IP 地址 192.168.56.101，即可成功连接。

5．使用 WinSCP 工具在宿主机与 CentOS 服务器之间传输文件

在阅读本书的过程中经常需要向 CentOS 服务器上传我们编写的程序包文件，推荐使用 WinSCP 工具通过图形界面实现上传功能。下载 WinSCP 的网址可以参见"本书使用的网址"文档。

安装 WinSCP 的过程很简单，只需根据提示操作并单击"Next"按钮。安装成功后不会创建桌面快捷方式。

启动 CentOS 服务器后，运行 WinSCP，首先弹出"登录"对话框，如图 2-24 所示。输入 CentOS 服务器用于与宿主机直连的主机名、用户名和密码，单击"登录"按钮，即可打开 WinSCP 主窗口，如图 2-25 所示。

图 2-24　WinSCP"登录"对话框

图 2-25　WinSCP 主窗口

WinSCP 主窗口分为左右 2 个部分，可以分别选择双方的文件，在左右 2 个窗格间拖曳文件，实现 Windows 与 CentOS 服务器之间的文件传输。

6．在 CentOS 虚拟机上搭建网站

本书第 6 章将介绍在网页中访问以太坊节点的方法，到时候需要将网页部署到服务器上。这里介绍在 CentOS 虚拟机上通过 Apache 搭建网站的方法。Apache 是目前非常流行的 Web 服务器软件。

首先执行如下命令安装 Apache：

```
yum -y install httpd
```

执行下面的命令启动 Apache 服务：

```
systemctl start httpd
```

执行下面的命令设置开机自动启动 Apache 服务：

```
systemctl enable httpd
```

Apache 的网站根目录为/var/www/html，在该目录下创建 index.html，内容如下：

```
<html>
<body>
<h1> Hello World!
</body>
</html>
```

打开浏览器，访问如下 URL：

```
http://192.168.1.101/
```

结果如图 2-26 所示，说明 Apache 服务已经启动了。

如果不能访问网页，有可能是 Apache 服务正在 IPv6 地址上监听，因此无法使用 IPv4 地址访问。编辑/etc/sysctl.conf 文件，增加如下代码，禁用 IPv6：

图 2-26　浏览 CentOS 虚拟机中部署的网页

```
net.ipv6.conf.all.disable_ipv6=1
net.ipv6.conf.default.disable_ipv6=1
```

然后执行如下命令重启网络服务即可：

```
systemctl status network.service
```

7．在 CentOS 虚拟机上安装图形界面

前面安装 CentOS 时使用的是最小化安装镜像，并没有集成图形界面。但是在后面的章节中有时需要在 CentOS 虚拟机上使用浏览器访问指定的 URL，所以需要提前安装图形界面。

首先执行下面的命令，安装 X Windows：

```
yum groupinstall "X Window System"
```

执行下面的命令，安装 GNOME 桌面：

```
yum groupinstall -y "GNOME Desktop"
```

安装完成后，在 VirtualBox 虚拟机终端中执行下面的命令启动桌面（注意不能在 PuTTY 中启动桌面，因为 PuTTY 不支持图形界面）：

```
init 5
```

进入图形界面后，需要根据提示对桌面系统进行配置，包括创建一个登录桌面系统的用户。登录后的 CentOS 图形界面如图 2-27 所示。

图 2-27　登录后的 CentOS 图形界面

2.3.2　安装以太坊客户端 Geth

本书选择安装 Go 语言版本的以太坊客户端 Geth，过程如下。

① 安装 Go 语言开发环境。

② 安装 GCC（GNU Compiler Collection，GNU 编译器套件）。

③ 设置下载代理。

④ 下载 Go 语言版本的以太坊源码。

⑤ 安装 Geth。

1．安装 Go 语言开发环境

Go 语言亦称 Golang。要安装 Go 语言版本的以太坊源码，需要首先安装 Go 语言开发环境。注意：一定要选择最新版本的 Go 语言开发环境，这样才能确保后面的安装顺利进行。

可以访问 Go 语言中文网获得最新版本 Go 语言开发环境安装包的下载 URL。具体参见"本书使用的网址"文档。

找到 Linux 平台下最新版本 Go 语言开发环境的下载链接（右击链接可以查看 URL）。在编者编写本书时，最新版本安装包为 go1.15.3.linux-amd64.tar.gz。

① 执行下面的命令，下载最新版本的 Go 语言开发环境：

```
cd /usr/local/
wget https://studygolang.com/dl/golang/go1.15.3.linux-amd64.tar.gz
```

wget 是 Linux 中一个下载文件的工具。如果系统中没有安装，可以执行如下命令安装 wget：

```
yum install -y wget
```

如果使用 wget 下载失败，也可以使用迅雷等工具下载，然后上传至 CentOS 虚拟机的 /usr/local/文件夹下。

② 解压缩 Go 语言版本的以太坊源码到/root 目录，命令如下：

```
tar -C /root -xzf go1.15.3.linux-amd64.tar.gz
```

③ 执行下面的命令，设置 Go 语言的环境变量：

```
cd /root
vi ~/.bashrc
```

然后在 vi 编辑器中添加如下代码：

```
export GOPATH=/root/Go
export GOROOT=/root/go
export PATH=$PATH:$GOROOT/bin
```

保存并退出后，执行下面的命令编译.bashrc 文件：

```
source ~/.bashrc
```

在 Linux 系统中，.bashrc 文件用于保存个人的一些个性化设置，如命令别名、路径等。完成后，可以执行如下命令查看 Go 语言的版本：

```
go version
```

如果输出类似下面的信息，则说明安装成功：

```
go version go1.15.3 linux/amd64
```

2．安装 GCC

GCC 是由 GNU 开发的编程语言编译器。GNU 编译器套件包括 C、C++、Objective-C、

Fortran、Java、Ada 和 Go 语言等，也包括这些语言的库。在编译以太坊的 Go 语言源码时需要依赖 GCC，因此需要执行以下命令提前安装：

```
yum -y install gcc gcc-c++ kernel-devel
```

3．设置下载代理

在安装以太坊节点的过程中，需要从境外服务器下载一些组件。为了保证安装过程顺利进行，需要设置下载代理。设置下载代理的命令如下：

```
go env -w GOPROXY=https://goproxy.cn
```

有效的下载代理经常变化。在阅读本书时，如果下载代理失效，可以自行搜索有效的下载代理。

4．下载 Go 版本的以太坊源码

执行下面的命令可以从 GitHub 获取 Go 版本的以太坊源码：

```
cd /usr/local
git clone https://github.com/ethereum/go-ethereum
```

Git 是目前应用最广泛的分布式控制系统，利用 Git 可以记录程序或文档的不同版本，也就是记录每一次对文件的改动。GitHub 是一个面向开源及私有软件项目的托管平台，因为只支持 Git 作为唯一的版本库格式进行托管，故名 GitHub。

如果没有安装 Git，可以执行下面的命令安装：

```
yum install -y git
```

如果以太坊源码下载失败，也可以手动下载.zip 文件 go-ethereum-master.zip，然后将其上传至 CentOS 虚拟机的/usr/local/文件夹，解压缩至/usr/local/go-ethereum/目录。由于篇幅所限，这里不展开介绍具体步骤，请查阅相关资料了解。

5．安装 Geth

对源码进行编译的命令如下：

```
cd go-ethereum
make geth
```

Geth 被安装在/usr/local/go-ethereum/目录下。如果 Geth 是手动下载并安装，则在编译过程中可能需要下载模块，需要多次运行 make geth 命令。

执行下面的命令编辑～/.bash_profile 文件：

```
vi ~/.bash_profile
```

～/.bash_profile 文件中保存着用户的环境变量。在～/.bash_profile 文件的最后添加如下代码：

```
export PATH=$PATH:/usr/local/go-ethereum/build/bin
```

保存并退出后执行下面的命令，使～/.bash_profile 文件的内容生效：

```
source ~/.bash_profile
```

执行下面的命令可以查看 Geth 的版本：

```
geth version
```

在编者的操作环境下，返回结果如下：

```
Geth
Version: 1.10.7-unstable
Architecture: amd64
Go Version: go1.15.3
Operating System: linux
GOPATH=/root/Go
GOROOT=/root/go
```

2.3.3 初始化创世区块

创世区块即以太坊网络的第一个区块。可以使用 genesis.json 文件来定义创世区块，内容如下：

```
{
  "config": {
        "chainId": 100,
        "homesteadBlock": 0,
        "eip155Block": 0,
        "eip158Block": 0
        },
        "coinbase" : "0x0000000000000000000000000000000000000000",
        "difficulty" : "0x40000",
        "extraData" : "",
        "gasLimit" : "0xffffffff",
        "nonce" : "0x0000000000000042",
        "mixhash" : "0x0000000000000000000000000000000000000000000000000000000000000000",
        "parentHash" : "0x0000000000000000000000000000000000000000000000000000000000000000",
        "timestamp" : "0x00",
        "alloc": { }
}
{
  "config": {
        "chainId": 10,
        "homesteadBlock": 0,
        "eip155Block": 0,
        "eip158Block": 0
    },
  "alloc"      : {},
  "coinbase"   : "0x0000000000000000000000000000000000000000",
  "difficulty" : "0x02000000",
  "extraData"  : "",
  "gasLimit"   : "0x2fefd8",
  "nonce"      : "0x0000000000000042",
  "mixhash"    : "0x0000000000000000000000000000000000000000000000000000000000000000",
  "parentHash" : "0x0000000000000000000000000000000000000000000000000000000000000000",
  "timestamp"  : "0x00"
}
```

其中包含参数的说明如表 2-3 所示。

表 2-3　genesis.json 中的参数说明

参数	说明
chainId	以太坊区块链网络 ID。以太坊区块链网络主链的 chainId 为 1，此处只要不与主链冲突即可
homesteadBlock	发布以太坊家园（Homestead）版本时的区块高度
eip155Block	EIP155 HF block 是以太坊于 2016 年增加的，用于防御重放攻击，即防止测试网络中的代币发送到主网络中。升级的目的在于在计算哈希值时加上签名数据和 chainId
eip158Block	EIP158 HF block 是为了配合 EIP155 HF block 所进行的第 2 次升级，旨在清除状态
coinbase	挖矿矿工的账户
difficulty	挖矿的难度值
extraData	附加信息，根据需要随意填写
gasLimit	执行交易所需花费的 Gas 上限
nonce	用于挖矿的随机数
mixhash	与 nonce 配合用于挖矿，是由上一个区块的一部分生成的哈希值
parentHash	父区块的哈希值。因为是创世区块，所以这个值是 0
timestamp	创建创世区块的时间戳
alloc	预置账号以及账号的以太币数量

在 CentOS 虚拟机中的/usr/local/go-ethereum/build/bin 目录下创建一个 ethdev 目录，然后在 ethdev 目录下参照前面的内容创建 genesis.json，执行下面的命令，初始化创世区块（本书附赠源码中包含 genesis.json，可以通过 WinSCP 将其上传至/usr/local/go-ethereum/build/bin/ethdev 目录下）：

```
cd /usr/local/go-ethereum/build/bin
./geth --datadir "./ethchain" init ./ethdev/genesis.json
```

参数说明如下。
- --datadir：指定以太坊私有链存放数据的目录。
- init：初始化创世区块的命令。

2.3.4　创建开发者账户

要想在以太坊私有链中挖矿，需要以开发者模式启动以太坊私有链，还要有一个挖出创世区块的开发者账户。执行下面的命令可以创建开发者账户：

```
cd /usr/local/go-ethereum/build/bin
./geth --datadir "./ethchain" -dev
account new
```

参数说明如下。
- --datadir：指定以太坊私有链存放数据的目录。
- -dev：指定以开发者模式执行命令。
- account new：创建新账户。

输入账户密码后即可创建开发者账户，过程如图 2-28 所示。

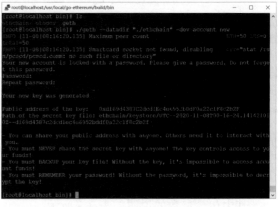

图 2-28　创建开发者账户

2.3.5 以开发者模式启动私有链

在/usr/local/go-ethereum/build/bin 目录下创建一个 password.txt 文件，用于保存 2.3.4 小节创建的开发者账户的密码。假定密码为 123456，则 password.txt 文件中包含一行数据，内容为 123456。

执行下面的命令，可以开发者模式启动以太坊私有链：

```
cd /usr/local/go-ethereum/build/bin
./geth --datadir ethchain --nodiscover console 2>>eth_output.log -dev --dev.period 1
--password './password.txt'
```

参数说明如下。

- --datadir：指定以太坊私有链存放数据的目录。
- --nodiscover：指定这是一个私有链，不会在公网上被发现。
- console：指定启动命令行模式，可以在 Geth 中执行命令。
- >>eth_output.log：指定以太坊私有链的运行日志保存为 eth_output.log。
- -dev：指定以开发者模式执行命令。
- --dev.period：指定开发者模式下的挖矿周期。默认为 0，指定被动挖矿模式，当有状态为挂起（Pending）的交易到来时才进行挖矿；参数值为 1 时，指定主动挖矿模式，即定期轮询挖矿。
- --password './password.txt'：指定 password.txt 的内容作为密码。

启动私有链后，会进入 Geth JavaScript 控制台，可以在 ">" 提示符后面输入命令，操作以太坊私有链，如图 2-29 所示。

按 "Ctrl+D" 键，可以退出 Geth JavaScript 控制台。启动 Geth JavaScript 控制台的过程记录在 eth_output.log 日志里。执行下面的命令可以实时查看最新的日志内容：

图 2-29　Geth JavaScript 控制台

```
cd /usr/local/go-ethereum/build/bin
tail -f eth_output.log
```

2.3.6 私有链账户管理

要使用以太坊私有链，首先要拥有私有链的以太坊账户。本小节介绍私有链账户的管理方法。

1. 查看账户

启动私有链后，在 Geth JavaScript 控制台中执行如下命令，可以查看私有链中的以太坊账户：

```
eth.accounts
```

eth.accounts 是 web3. eth.accounts 命令省略前缀 web3.之后的简写。返回结果如图 2-30

所示。

可以看到，0xd169d4387c2dcd1ec4e6952bddf0a22c1f8c2b2f 就是之前创建的开发者账户的地址。

图 2-30　查看私有链中的以太坊账户

Web3.js 是以太坊提供的 JavaScript API。使用 Web3.js 可以与以太坊节点进行通信，例如获取节点状态和账号信息、调用合约、监听合约事件等。本书将在第 6 章介绍 Web3.js 编程的具体情况。

执行下面的命令，可以查看币基账户（也就是接收挖矿奖励的账户）：

```
eth.coinbase
```

编者的执行结果也是 0xd169d4387c2dcd1ec4e6952bddf0a22c1f8c2b2f。

如果还没有币基账户，可以使用下面的命令设置币基账户：

```
miner.setEtherbase(<账户地址>)
```

2．创建账户

在 Geth JavaScript 控制台中执行如下命令，可以创建私有链中的以太坊账户：

```
web3.personal.newAccount("123456")
```

参数 123456 用于指定新建账户的密码，执行结果如图 2-31 所示。

返回结果中的 0xcc130bc18dd3abb060b1ea5451a5f09abc2634cd 就是新建账户的地址。

也可以不在命令中指定账户的密码，而是在执行命令后手动输入密码，具体方法如下：

```
web3.personal.newAccount()
```

执行结果如图 2-32 所示。重复输入密码后，系统会输出新建账户的地址。

图 2-31　创建私有链中的以太坊账户 　　　　图 2-32　创建账户时不指定密码

此时再次执行下面的命令，查看私有链中的以太坊账户：

```
web3.eth.accounts
```

结果如图 2-33 所示。

图 2-33　新建账户后查看账户列表

可以看到输出结果中已经包含 3 个以太坊账户，地址分别为 0xd169d4387c2dcd1ec4e6952bddf0a22c1f8c2b2f、0xcc130bc18dd3abb060b1ea5451a5f09abc2634cd 和 0x95cbe01facef44d754c6b2b7e9ef6f8baa28137b。

3．查看账户余额

使用 eth.getBalance() 可以查看指定账户中的余额，具体方法如下：

```
eth.getBalance(<账户地址>);
```

例如查看币基账户余额的命令如下：

```
eth.getBalance(eth.coinbase)
```

2.3.7　在私有链中挖矿

在开始挖矿之前，打开另一个 PuTTY 控制台，连接 CentOS 虚拟机。执行下面的命令，实时查看以太坊私有链的日志：

```
cd /usr/local/go-ethereum/build/bin
tail -f eth_output.log
```

首先执行下面的命令解锁币基账户（这样才可以开始挖矿，因为挖矿所得是要计入币基账户的）：

```
web3.personal.unlockAccount(eth.coinbase)
```

输入账户密码即可解锁账户。

在 Geth JavaScript 控制台中执行如下命令，可以开始在私有链中挖矿：

```
miner.start(1)
```

参数 1 指定挖矿的线程数。

在查看日志的控制台窗口中可以看到，以太坊节点已经开始挖矿，日志内容不断更新，如图 2-34 所示。

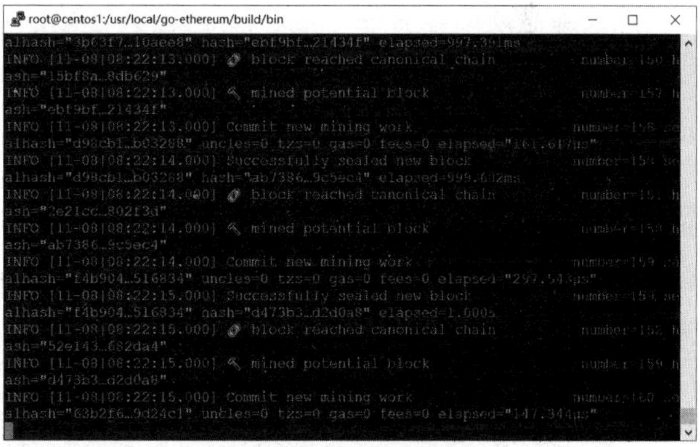

在 Geth JavaScript 控制台中执行如下命令，可以查看私有链区块的高度：

```
eth.blockNumber
```

执行结果如图 2-35 所示。如果区块高度大于 0，则说明已经开始挖矿了。

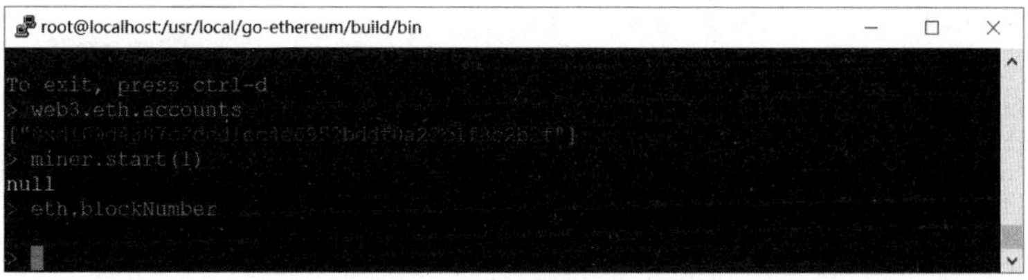

图 2-34　查看挖矿日志

图 2-35　查看区块高度

执行如下命令，可以查看币基账户中的金额，如图 2-36 所示。

```
eth.getBalance(eth.coinbase);
```

图 2-36　查看币基账户中的金额

如果币基账户中的金额大于 0，则从另一个角度证明挖矿成功了，已经挖出以太币了。只不过这是私有网络中的以太币，仅用于测试和练习，没有实际价值。

2.3.8 转账操作

可以在 2 个以太坊账户之间进行转账操作，前提如下。

① 2 个以太坊账户都已经被解锁。解锁的命令为 web3.personal.unlockAccount()。

② 转出账户中有足够的余额。

执行 eth.sendTransaction() 命令，完成转账操作，方法如下：

```
eth.sendTransaction({from: 转出账户地址, to: 转入账户地址, value: 转账金额});
```

{和}之间定义了一个转账交易，转账金额的默认单位为 wei。如果希望以"以太"作为单位，则需要使用 web3.toWei()函数将其转换为 ETH，例如可以使用 web3.toWei(1,"ether") 代表 1 ETH。

【例 2-1】参照以下步骤在以太坊私有链中完成转账操作。

① 执行 eth.accounts 命令查看私有链中包含的账户。假定已经按照 2.3.6 小节中介绍的内容创建了私有链账户，选择一个非币基账户作为转入账户，这里假定为 0xcc130 bc18dd3abb060b1ea5451a5f09abc2634cd。读者可以根据实际情况选择一个转入账户。

② 查看币基账户和 0xcc130bc18dd3abb060b1ea5451a5f09abc2634cd 的余额。假定币基账户的余额如图 2-36 所示，0xcc130bc18dd3abb060b1ea5451a5f09abc2634cd 的余额为 0。

③ 如果 0xcc130bc18dd3abb060b1ea5451a5f09abc2634cd 被锁定，则执行 web3.personal. unlockAccount() 命令将其解锁。

④ 执行下面的命令从币基账户中转账 1ETH 到 0xcc130bc18dd3abb060b1ea5451a5f 09abc2634cd：

```
eth.sendTransaction({from: eth.coinbase, to: "0xcc130bc18dd3abb060b1ea5451a5f09abc
2634cd", value: web3.toWei(1,"ether")})
```

如果执行成功，则会输出交易的编号，如图 2-37 所示。

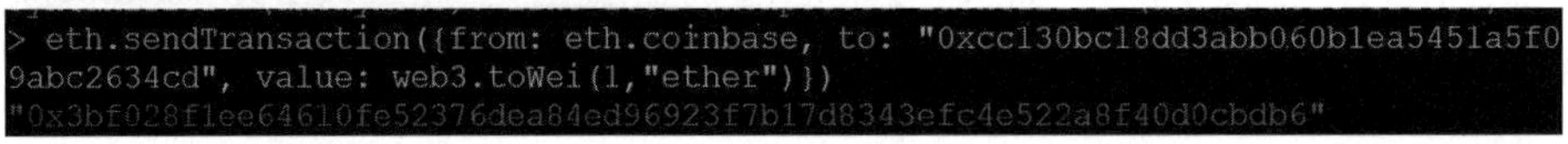

图 2-37 在以太坊私有链中完成转账操作

⑤ 执行如下命令可以查看交易详情：

```
eth.getTransaction("0x3bf028f1ee64610fe52376dea84ed96923f7b17d8343efc4e522a8f40d0cbdb6")
```

0x3bf028f1ee64610fe52376dea84ed96923f7b17d8343efc4e522a8f40d0cbdb6 为交易编号。结果如图 2-38 所示。

在交易详情中可以查看转出账户（from）、转入账户（to）、交易金额（value）、手续费（Gas）、区块编号（blockNumber）等信息。

⑥ 可以看到记录交易的区块编号为 5741。执行下面的命令可以查看挖矿信息：

```
eth.getBlock(5741)
```

⑦ 查看账户余额。执行下面的命令，查看 0xcc130bc18dd3abb060b1ea5451a5f09abc

2634cd 账户的余额，确认金额已经转入：

```
eth.getBalance("0xcc130bc18dd3abb060b1ea5451a5f09abc2634cd");
```

图 2-38　查看交易详情

2.4　本章小结

本章首先介绍了以太坊区块链的发展历程和特色，使读者初步了解以太坊区块链的概况，然后讲解了以太坊区块链的工作原理、数据结构和总体架构。本章还介绍了使用以太坊区块链时会遇到的一些基本概念，包括以太坊节点、以太坊状态机、DApp、分叉、Gas、以太币、账户、钱包、交易等，最后还详细讲解了搭建以太坊私有链的方法。

本章的主要目的是使读者全面了解以太坊区块链平台，为后面学习使用 Solidity 开发智能合约奠定基础。

习题

一、选择题

1. 以太坊的 4 个发展阶段中，（　　　）是刚刚发布时的测试阶段。

A. 边境（Frontier）　　　　　　　　B. 家园（Homestead）

C. 大都会（Metropolis）　　　　　　D. 宁静（Serenity）

2. 以太坊数据存储在 Google 推出的非常高效的键值对数据库（　　　）中。

A. BlockDB　　　　　　　　　　　　B. LevelDB

C. StateDB　　　　　　　　　　　　D. ExtrasDB

3. 以太坊区块链的状态数据以（　　　）的形式存储在 StateDB 中。

A. MPT　　　　　　　　　　　　　　B. 二叉树

C. Merkle 树　　　　　　　　　　　D. Hash

4. 以太币的最小单位是（　　　）。

A. ETH　　　　　　　　　　　　　　B. Szabo

C. Finney　　　　　　　　　　　　　D. wei

5. 以太坊采用的共识算法是（　　　　）。

A. PoW   B. PoS

C. PoW+PoS   D. 以上都不是

二、填空题

1. 以太坊的状态机是指从创世状态开始，由___【1】___而引起的所有以太坊网络状态的变化。

2. EVM 有自己的专属语言，即___【2】___。

3. 以太坊的手续费有一个很特别的名词___【3】___。

4. 以太坊支持___【4】___和___【5】___2 种账户。

5. 以太坊私有链中挖矿的命令为___【6】___。

三、简答题

1. 简要对比以太坊与比特币系统。

2. 简述 DApp 浏览器的工作原理。

第3章 Solidity 编程基础

Solidity 是比较小众的编程语言，它并不像 Java、Python 和 C#等主流编程语言那样"无所不能"。但是在区块链应用开发领域，Solidity 又是很知名的智能合约编程语言，因为它依托以太坊平台，可以说是区块链 2.0 的代表语言。本章介绍 Solidity 的基础知识。

3.1 Solidity 的第一个示例程序

实时在线 Solidity
编辑器 Remix

在学习一门新语言的时候，通常是从小程序"Hello World"开始的。本节也遵循这个约定俗成的习惯，介绍 Solidity 的第一个示例程序。

3.1.1 实时在线 Solidity 编辑器 Remix

在学习一门编程语言之前，首先要搭建开发环境。Solidity 的初学者可以暂时忽略此步骤，因为以太坊提供了一个实时在线的 Solidity 编辑器：Remix。利用该编辑器，无须安装和配置任何软件，即可完成以太坊智能合约的在线开发、在线编译、在线测试和在线部署。

Remix IDE 中文版的网址参见"本书使用的网址"文档。浏览其所对应的页面可以看到图 3-1 所示的页面。

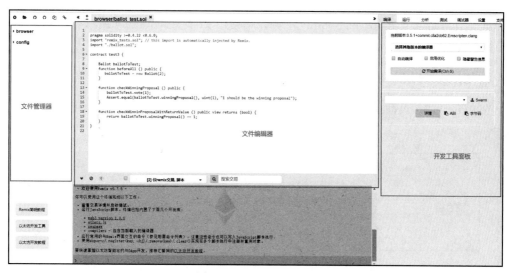

图 3-1　Remix IDE 页面

Remix IDE 页面主要分为文件管理器、文件编辑器和开发工具面板 3 个区域。

页面最左侧是文件管理器，其中可以列出浏览器本地存储的文件。默认情况下，文件管理器中有下面 2 个文件夹。

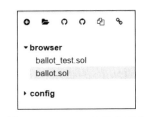

- browser 文件夹：保存智能合约文件。
- config 文件夹：保存配置文件。

首次访问 Remix IDE，可以看到在 browser 文件夹下有 2 个默认的智能合约文件，即 ballot_test.sol 和 ballot.sol，它们分别是关于投票的智能合约示例及该智能合约的测试程序，如图 3-2 所示。

图 3-2　browser 文件夹下的
默认智能合约文件

智能合约文件的扩展名为.sol。单击智能合约文件，可以在页面中间的文件编辑器中查看并编辑其中的代码。

对于初学者而言，ballot.sol 比较复杂，这里不把它作为本书的第一个智能合约示例进行介绍。我们将在 3.1.2 小节中介绍一个简单的 Solidity Hello World 示例程序。

在图 3-2 中可以看到，文件管理器区域的顶部有一行操作按钮，它们的具体功能如表 3-1 所示。

表 3-1　文件管理器区域顶部的操作按钮

操作按钮	说　　明
●	创建新文件
■	上传本地文件
第 1 个 ●	将 browser 文件夹下的文件发布到 GitHub Gist。GitHub 是应用广泛的代码分享平台，Gist 是 GitHub 提供的很实用的功能，使用 Gist 可以分享代码片段
第 2 个 ●	更新当前的 Gist
●	复制所有文件到另一个 Remix IDE 实例
●	连接到本地主机，实现在 Remix IDE 中访问本地文件系统

关于文件编辑器和开发工具面板的使用方法，将在 3.1.2 小节结合示例加以介绍。

3.1.2　Solidity Hello World 程序

本小节将结合一个简单的 Solidity 示例介绍使用实时在线 Solidity 编辑器 Remix 开发智能合约的方法。

1．创建新的 Solidity 文件

在 Remix IDE 页面的文件管理器中单击●按钮，弹出输入文件名的对话框，如图 3-3 所示。

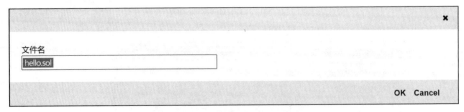

图 3-3　输入文件名的对话框

在图 3-3 所示的对话框里输入 "hello.sol"。这就是本小节要介绍的第一个 Solidity 示例的文件。单击 "OK" 按钮，"hello.sol" 会出现在 browser 文件夹下，同时将在文件编辑器中打开一个标题为 "browser/hello.sol" 的编辑窗口，如图 3-4 所示。

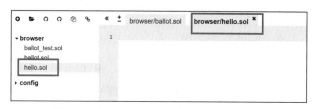

图 3-4　在 Remix IDE 中新建文件 hello.sol

【例 3-1】在编辑窗口中输入下面的代码。

```
pragma solidity ^ 0.5.1;
//声明合约
contract Demo{
    function hello() public pure returns(string memory){
        return "Hello World!";
    }
}
```

这就是一个简单的 Solidity 示例程序。它包含 Solidity 程序开发智能合约最基本的元素，具体说明如下。

- pragma solidity：指定程序所使用的 Solidity 版本，本示例中为 0.5.1。^指定版本向上兼容，即本示例的代码在 0.5.1~6.0（不包含 0.6.0）的编译器中都可以编译。在页面右侧的开发工具面板中可以选择所用的编译器。在编者编写本书时，默认的 Solidity 版本为 0.5.1+commit.c8a2cb62.Emscripten.clang。但是，编者使用此版本对智能合约进行编译时会报错，因此读者可在 "编译" 选项卡中选择其他版本的编译器，如图 3-5 所示。编者选择 0.5.4+commit.9549d8ff.Emscripten.clang 后编译成功。如果读者遇到此类问题，也可以尝试选择不同版本的编译器。本小节稍后会介绍编译智能合约的方法。本章后面的示例都使用 0.5.4+commit.9549d8ff.Emscripten.clang 版本的编译器编译并且全部成功。
- //：指定注释语句。注释是对代码的解释和说明，其目的是增加代码的可读性，让人们能够更加轻松地了解代码。在编译程序的时候，系统不会 "理会" 注释语句。
- contract：定义一个智能合约，本示例的智能合约名为 Demo。在 Solidity 中，智能合约类似 Java 语言中的类，在其中可以定义变量和函数，具体情况将在本书后面的章节中介绍。
- function：定义一个函数。函数是一段代码，需要指定函数名、参数和返回值。本示例中定义了一个 Demo() 函数，函数返回一个字符串 "Hello World!"。关于函数的具体内容将在第 5 章中介绍。

2．调整编辑窗口的大小

编辑窗口是编辑代码的区域，它位于页面中心。编辑窗口的底部是控制台面板，在控制台面板中可以看到程序运行和调试的情况。将鼠标指针移至编辑窗口的边缘，即可拖动边框，调整编辑窗口的大小。

在编辑窗口顶部的左侧和右侧均没有 « 和 » 按钮，它们分别用于收起和展开左侧的面板或展开和收起右侧的面板。在编辑窗口的底部有一个 ▾ 按钮，其可以切换控制台面板的收起和展开。如果把其他面板都收起，则编辑窗口自然就会变大。

3．编译智能合约

在开发工具面板的顶部，有一组选项卡。第一个选项卡就是"编译"。编译是计算机科学中的一个术语，指使用编译程序（也称编译器，通常由编程语言的开发商提供）将用编程语言编写的源程序进行处理并生成目标程序。通俗地说，就是将人能理解的源码转换为计算机能理解的目标代码，从而为执行程序做好准备。

单击"编译"选项卡，可以看到编译相关的配置项，如图 3-6 所示。

图 3-5　在"编译"选项卡中选择其他版本的编译器

图 3-6　"编译"选项卡

在"编译"选项卡中，可以选择编译器的版本，不同版本的编译器支持的语法格式也会有所不同。之前编写的程序，很有可能会因为编译器升级而无法通过编译，此时就需要选择与程序相匹配的编译器。本书所有的 Solidity 程序都兼容 0.5.1～0.6.0 版本的编译器。

程序编辑完成后，按"Ctrl+S"组合键或单击"开始编译"按钮即可对程序进行编译。编译器会找到程序中的语法错误并提示用户。如果没有语法错误，则会通过编译，然后会在开发工具面板区域的底部显示一个绿色的矩形，其中显示当前智能合约的名字，本示例中为 Demo。

如果程序有语法错误，也会在开发工具面板区域中进行显示。例如，将例 3-1 中的 public 删除，按"Ctrl+S"组合键，则在错误代码行的前面会出现一个▨图标，标识此行代码有错误；同时在开发工具面板区域也会出现淡粉红色的错误提示，如图 3-7 所示。

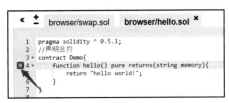

（a）错误代码行的前面出现▨图标

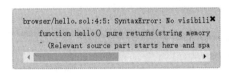

（b）开发工具面板区域出现淡粉红色的错误提示

图 3-7　Remix IDE 的错误提示

具体错误提示如下：

```
browser/hello.sol:4:5: SyntaxError: No visibility specified. Did you intend to add "public"?
    function hello() pure returns(string memory){
    ^ (Relevant source part starts here and spans across multiple lines).
```

这段错误提示大意为：在 browser/hello.sol 的第 4 行第 5 列存在语法错误，函数 hello()
没有指定可见性，是否应该添加 pubilc？

函数的可见性指定调用函数的规则。在定义函数时必须指定其可见性。public 用于指
定函数为公有函数，也就是说可以在智能合约的外部对其进行调用。

在函数名后面添加 public，按"Ctrl+S"组合键，错误图标和错误提示都会消失，而代
表编译成功的绿色矩形此时会出现。

关于可见性的具体情况，将在 3.2 节中结合变量的定义和使用加以介绍。

3.1.3　使用 Visual Studio Code 开发 Solidity 程序

Remix 虽然很方便，但是需要联网才能使用，对于管理历史合约脚本也不是很方便。如
果长期使用 Solidity 开发智能合约应用程序，建议选择一款可以在本地安装并使用的 Solidity
开发工具。Visual Studio Code 是微软推出的跨平台编辑器，支持各种编程语言的插件，深受
广大开发人员喜爱。本小节介绍使用 Visual Studio Code 开发 Solidity 程序的方法。

1．下载和安装 Visual Studio Code

可以下载 Visual Studio Code 的 URL 参见"本书使用的网址"文档，请读者选择下载 Windows
下的安装程序。

编者下载得到 VSCodeUserSetup-x64-1.53.2.exe，运行该安装程序，并根据提示完成安装。

2．安装 Solidity 插件

打开 Visual Studio Code，单击左侧导航条中的 Extensions 图标 ，或者按"Ctrl+Shift+X"
组合键打开插件市场窗格，在搜索框中输入"Solidity"，
可以找到 Solidity 插件。选中后单击"Install"按钮，即可
安装，如图 3-8 所示。

3．在 Visual Studio Code 中编辑 Solidity 程序

安装 Solidity 插件后需要重启 Visual Studio Code。
重启后在系统菜单中依次选择"File→New File"，可以
新建一个文件，将新文件保存为 test.sol，说明这是一个
Solidity 程序文件。

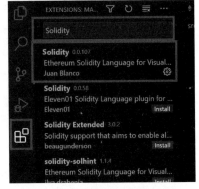

图 3-8　安装 Solidity 插件

在编辑窗口中输入字符，会触发程序的自动提示功
能。例如，输入 pra，会弹出图 3-9 所示的提示内容。选
择第一项提示内容，则会在编辑窗口中自动生成如下代码：

```
pragma solidity version;
```

需要手动设置 Solidity 程序的版本。接下来输入如下代码：

```
pragma solidity version;

contract test{

}
```

然后在 contract test{下面一行中输入 func，也会触发自动提示功能，如图 3-10 所示。

图 3-9　输入 pra 所弹出的提示内容

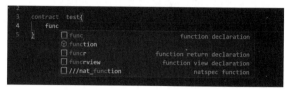

图 3-10　输入 func 所弹出的提示内容

选择第一项提示内容，则会在编辑窗口中自动生成如下代码：

```
function name(type name) {

}
```

用户需要自行设置函数名和参数的类型及名称。

可见，Visual Studio Code 还是很方便的。

4. 在 Visual Studio Code 中借助 solc 编译器对 Solidity 程序进行编译

在 Visual Studio Code 中依次选择 "File→Preferences→Settings"，打开 Settings 页面；在搜索框里填写 "Solidity"，可以定位与 Solidity 相关的配置信息；找到 "Solidity:Compile Using Remote Version"，也就是使用远程的 solc 编译器对程序进行编译，这是最简单的配置方式，但是要求联网。在图 3-11 所示的版本文本框中输入 "0.5.1"，单击空白区域即可保存配置信息。

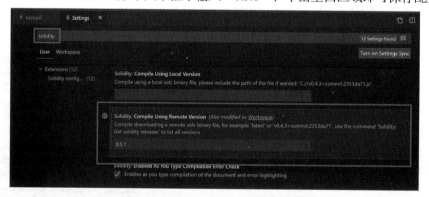

图 3-11　配置 Solidity 程序的编译器

配置好后，重启 Visual Studio Code，打开前面创建的 test.sol，假设其代码如下：

```
pragma solidity ^0.5.1;

contract test{
    function name(type name) {

    }
}
```

按 "F5" 键即可对智能合约进行编译。在底部的 OUTPUT 窗格中会显示编译的过程，如图 3-12 所示。

图 3-12　编译 test.sol 的过程

其中包含如下信息。
- 使用远程版本 v0.5.1+commit.c8a2cb62 进行编译。
- Solidity 的具体版本为 v0.5.1+commit.c8a2cb62.Emscripten.clang。
- 在 test.sol 的第 4 行第 19 列处有一个错误，具体为需要指定参数的类型。这里使用的是自动生成的 type。

在 "OUTPUT" 标签的左侧可以看到 "PROBLEMS" 标签旁边有一个数字 3，其表示程序中共有 3 个问题。问题既包括错误也包括警告。单击 "PROBLEMS" 标签可以查看问题的具体描述，如图 3-13 所示。

图 3-13　单击 "PROBLEMS" 标签查看问题的具体描述

图 3-13 中的 3 个问题都是与参数类型有关的。同时，在编辑窗口中，参数类型 type 下面也出现了波浪线，如图 3-14 所示。红色的波浪线表示错误，黄色的波浪线表示警告。

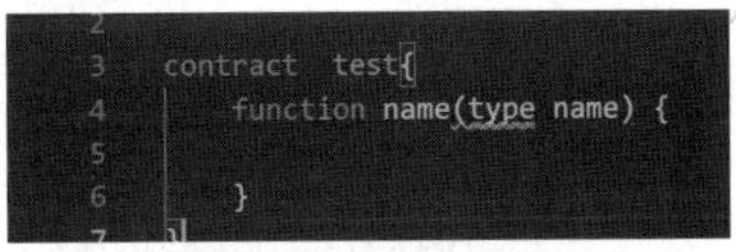

图 3-14　在编辑窗口中以波浪线的形式标识问题代码

3.2　常量和变量

常量和变量是程序设计语言的基本元素，它们是构成表达式和编写程序的基础。本节介绍 Solidity 的常量和变量。

3.2.1　常量

常量是内存中用于保存固定值的单元，在程序中常量的值不能发生改变。Solidity 常量的数据类型可以是值类型。可以使用 constant 关键字定义常量，例如：

```
int constant x = 10;
```

在编译过程中，x 会被替换为 10。因此，在程序中使用下面的语句为常量赋值时会报错，如图 3-15 所示。

```
x = 20;
```

具体的错误信息如下：

```
browser/constant.sol:8:9: TypeError: Cannot assign to a constant variable.
```

注意：常量只能在智能合约中定义。如果在函数中定义常量，则会报错，如图 3-16 所示。

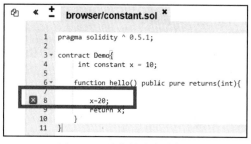

图 3-15　给常量赋值时报错

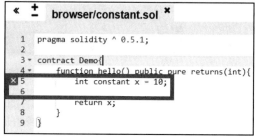

图 3-16　在函数中定义常量时报错

【例 3-2】用常量实现例 3-1 的功能。

```
pragma solidity ^ 0.5.1;
//声明合约
contract Demo{
string constant hellostring = "Hello World!";
    function hello() public pure returns(string memory){
        return hellostring;
    }
}
```

3.2.2　变量

变量是计算机语言中能存储计算结果或表示值的抽象概念。与常量不同的是，变量的值可以动态变化。与常量相同的是，变量也有名字。常量名和变量名都属于 Solidity 标识符。Solidity 标识符的命名规则如下。

- 标识符名字的第 1 个字符必须是字母或下画线（_）；
- 标识符名字的第 1 个字符后面可以由字母、下画线（_）或数字（0～9）组成；
- 标识符名字是区分大小写的，也就是说 Score 和 score 是不同的。

例如，_score、Number 和 number123 是有效的变量名，而 123number（以数字开头）、my score（变量名中包含空格）和 my-score（变量名中包含-）是无效的变量名。

1. 定义变量

Solidity 的变量在使用前需要声明（定义），声明变量的基本方法如下：

```
数据类型 变量名;
```

数据类型决定了变量的存储和运算方式。两个常用的数据类型是字符串 string 和整型 int。例如，下面的代码声明了字符串变量 name 和整型变量 age：

```
string name;
int age;
```

可以将常量赋值给变量，也可以将变量赋值给另外的变量，例如：

```
string a;
string b;
a = "这是一个变量";
b = a;
a = "这是另一个变量";
```

变量 b 被赋值后，修改变量 a 的值不会影响到变量 b。

2．状态变量

状态变量是在智能合约中定义的变量，状态变量在智能合约中全局有效，因此又可将其称为全局变量。在函数体中定义的变量只在函数范围内有效，因此又将其称为局部变量。

状态变量永久存储在智能合约的区块链中。写入状态变量是要收费的。下面的代码在智能合约 Demo 中声明了一个名为 storedData 的无符号整型状态变量：

```
pragma solidity ^ 0.5.1;
contract Demo{
    uint storedData;
    // ……
}
```

关于状态变量的应用细节将在 5.1 节结合智能合约编程进行介绍。

3．变量的修饰符

在定义变量时需要指定变量的修饰符。修饰符可以分为可见性修饰符和存储位置修饰符两种。

可见性修饰符用于定义变量在不同的智能合约中的访问权限，具体情况将在第 5 章结合智能合约编程进行介绍。

存储位置修饰符用于指定变量的存储位置，包括 storage、memory 和 calldata 这 3 种类型。具体说明如下。

- storage：指定变量永久地存储在区块中。向 storage 变量中写入数据是要花费 Gas 的。一个智能合约的不同函数可以共享 storage 变量。
- memory：指定变量存储在内存中。
- calldata：指定变量为只读的，通常只有外部函数中的参数才会被强制指定为 calldata。calldata 变量不会被持久化到区块中。

存储位置修饰符的使用方法如下：

```
数据类型 可见性修饰符 存储位置修饰符 变量名
```

例如，使用如下代码定义一个 storage 变量 name：

```
string public storage name;
```

如果在定义变量时没有指定存储位置修饰符，则程序会按照表 3-2 使用默认的存储位置修饰符。

表 3-2　默认的存储位置修饰符

变量的用法	默认的存储位置修饰符
函数的返回值	memory
函数内部的局部变量	memory
函数的参数	memory
全局变量/状态变量	storage
外部函数的参数	calldata

4．系统全局变量

Solidity 提供了一组全局变量，用于获取区块链和交易的信息，如表 3-3 所示。这些系统全局变量的具体使用方法将在第 5 章结合智能合约编程进行介绍。

表 3-3　**Solidity 系统全局变量**

变量名	具体描述
block.difficulty	当前区块的难度
block.gaslimit	当前区块的 Gas 上限
block.number	当前区块的区块编号
block.timestamp	当前区块的时间戳
msg.data	返回完整的调用数据（calldata）
msg.sender	返回当前调用函数者的地址
msg.sig	calldata 的前 4 字节数据
msg.value	当前消息所附带的以太币，单位为 wei
now	block.timestamp 的别名
tx.gasprice	交易的 Gas 价格
tx.origin	交易的发送方

3.3　基本数据类型

Solidity 是静态类型的编程语言，也就是说，在定义变量时必须指定变量的数据类型。数据类型决定了变量的存储和运算方式。

Solidity 提供了一些基本数据类型，它们组合在一起又可以构成复杂数据类型。

Solidity 中没有 undefined 或 null 的概念。每个新声明的变量都有一个默认值，默认值具体是什么取决于变量的类型。

Solidity 的基本数据类型也称为值类型，包括字符串型、整型、定长浮点型、布尔类型、地址类型和合约类型。

3.3.1　字符串型

在例 3-1 中使用了一个字符串常量"Hello World!"，也可以使用单引号（'）来定义字符串常量，例如'Hello World!'。此外，使用 string 关键字可以定义字符串变量。例如，下面的代码定义了一个字符串变量 s：

```
string s
```

1．字符串长度的计算

字符串的本质是由一组字符组成的字符数组。关于数组的概念和用法将在 3.4.4 小节中介绍。可以先将字符串转换为字节数组类型，然后通过 length 属性获取其长度，方法如下：

```
bytes(s).length
```

【例 3-3】定义一个 GetStringLength() 函数用于返回参数字符串变量 _s 的长度，代码如下：

```
pragma solidity ^ 0.5.1;
contract Demo{
    function GetStringLength(string memory _s) public pure returns(uint){
        return bytes(_s).length;
    }
}
```

部署后，在 GetStringLength 后面的文本框中输入"hello"，注意不能省略双引号，因为它是字符串的一部分。例 3-3 的执行结果如图 3-17 所示。

2．字符串的比较

Solidity 并没有直接提供比较字符串的方法，我们可以通过图 3-18 所示的流程实现字符串比较功能。

图 3-17　例 3-3 的执行结果

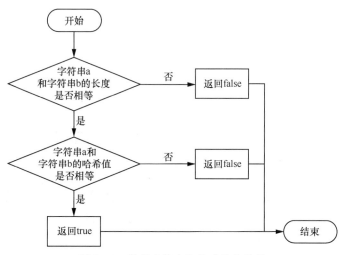

图 3-18　实现字符串比较功能的流程

因为实现字符串比较的代码涉及函数编程，所以本书将实现的具体代码放在第 5 章中介绍。

3．字符串的拼接

假定有 a 和 b 两个字符串变量，按照下面的代码进行字符串拼接是会报错的：

```
a+b;
```

在 Solidity 中没有直接提供拼接字符串的方法，因此需要读者自己编程实现此功能。

3.3.2 整型

1. 整型数据的分类

Solidity 的整型数据分为有符号整型和无符号整型。有符号整型又分为 int8、int16、int32、…、int256，int 后面的数字表示整型数据的大小，单位为 bit。这个数字最小为 8，最大为 256。int 代表 int256。

同样，无符号整型又分为 uint8、uint16、uint32、…、uint256，uint 代表 uint256。

2. 整型操作符

Solidity 的整型操作符包括比较操作符、位操作符和算术操作符。

比较操作符可以对两个整型数据进行比较，返回布尔值。比较操作符如表 3-4 所示。

表 3-4　比较操作符

比较操作符	说明	例子

<=	小于或等于	if(a<=b){
		　……
		}

<	小于	if(a<b){
		　……
		}

==	等于	if(a==b){
		　……
		}

!=	不相等	if(a!=b){
		　……
		}

>=	大于或等于	if(a>=b){
		　……
		}

>	大于	if(a>b){
		　……
		}

位操作符可以对两个整型数据进行位操作，返回整数值。在进行位操作时，首先将两个操作数转换为二进制，然后对两个二进制操作数逐位进行指定的运算，最后将得到的二进制结果转换为十进制结果。位操作符如表 3-5 所示。

表 3-5　位操作符

位操作符	说明	例子
<<	左位移	2<<2 的结果是 8，因为 2 的二进制为 00000010，左移 2 位就是 00001000，也就是 8
>>	右位移	与上面的操作相反，8>>2 的结果是 2
&	按位与。两个位都是 1 时，按位与等于 1；否则按位与等于 0	3&4 的结果是 0。因为 3 的二进制为 00000011，4 的二进制为 00000100，逐位执行按位与操作的结果是 00000000，即 0

位操作符	说明	例子
|	按位或。两个位都是 0 时，按位或等于 0；否则按位或等于 1	3|4 的结果是 7。因为 3 的二进制为 00000011，4 的二进制为 00000100，逐位执行按位或操作的结果是 00000111，即 7
^	按位异或。两个位不同时，按位异或等于 1；否则按位异或等于 0	3^4 的结果是 7。因为 3 的二进制为 00000011，4 的二进制为 00000100，逐位执行按位异或操作的结果是 00000111，即 7

算术操作符可以对两个整型数据进行算术操作，返回整数值。算术操作符如表 3-6 所示。

表 3-6 算术操作符

算术操作符	说明	例子
+	加法	1+1 的结果是 2
−	减法	2−1 的结果是 1
*	乘法	2*2 的结果是 4
/	除法	4/2 的结果是 2
**	乘方	4**2 的结果是 16
%	求余	8%3 的结果是 2

3. 整型数据的上限

不同类型的整型数据都是有上限的，比如 uint8 的上限为 255。在上限的基础上再加上 1，会出现向上溢出错误，比如 uint8 数据 255+1 的结果为 0，这与预期的结果是有偏差的。

3.3.3 定长浮点型

定长浮点型指限定长度的带有小数点的浮点型。Solidity 的定长浮点型分为有符号定长浮点型和无符号定长浮点型两种。

有符号定长浮点型的定义格式为 fixedMxN。M 表示整数部分的位数，必须是 8 的倍数，范围为 8～256；N 表示小数部分的位数，范围为 0～80。也可以不指定 M 和 N，默认情况下，fixed 表示 fixed128x19，ufixed 表示 ufixed128x19。

定长浮点型也支持比较操作符和算术操作符，且用法与整型相同。

注意，在编者编写本书时，以太坊还没有完全支持定长浮点型。我们可以定义定长浮点型变量，但是给定长浮点型变量赋值时会报如下错误：

```
mentedFeatureError: Not yet implemented - FixedPointType.
```

3.3.4 布尔类型

布尔类型通常用来判断条件是否成立，包含 true（逻辑真）和 false（逻辑假）。
定义布尔类型变量的方法如下：

```
bool b public;
```

布尔类型支持的操作符如表 3-7 所示。

表 3-7　布尔类型支持的操作符

操作符	说明
!	逻辑非操作。如果布尔类型变量 a 的值为 true，则!a 的结果为 false；如果布尔类型变量 a 的值为 false，则!a 的结果为 true
&&	包含两个操作数的逻辑与操作。布尔类型变量 a 和 b 都等于 true，则 a&&b 的结果等于 true；否则等于 false
||	包含两个操作数的逻辑或操作。布尔类型变量 a 和 b 中只要有一个等于 true，则 a||b 的结果就等于 true；当 a 和 b 都为 false 时，a||b 等于 false
==	判断 2 个布尔值是否相等
!=	判断 2 个布尔值是否不等

布尔操作的结果也为布尔值。在第 4 章介绍 Solidity 常用语句时会结合实例演示布尔类型的应用。

3.3.5　地址类型

地址类型是 Solidity 特有的数据类型，用于表示一个以太坊账户的地址。地址类型数据的长度为 20 字节。

在 Remix IDE 页面的开发工具面板中，选择"运行"选项卡，可以选择智能合约的当前账号，如图 3-19 所示。

单击下拉框后面的🗐图标，可以复制智能合约的当前账号。账号的格式如下：

```
0x + 40个字符
```

下面就是一个以太坊账号的例子：

```
0xca35b7d915458EF540aDe6068dFe2F44E8fa733c
```

账号中使用的是十六进制数字，每个数字代表 4 位的二进制数字。因此一个以太坊账号的长度可以用以下公式计算：

$$以太坊账号的长度 = 4 位 \times 40 = 160 位$$

又因为 1 字节 = 8 位，所以以太坊账号的长度为 20 字节。

账号所对应的账户地址类型的关键字为 address，也可以使用 address payable 定义一个可以接收以太币的账户地址。

以太坊中有如下几个特殊的地址。

- 智能合约地址：部署智能合约时对应产生的地址。在 Remix IDE 中单击"部署"按钮，可以看到智能合约的地址，如图 3-20 所示。

图 3-19　选择智能合约的当前账号

图 3-20　已部署智能合约的地址

- this：在智能合约中，this 代表当前合约对象的地址。
- 合约拥有者：第一次部署合约时，花费 Gas 的账户即合约拥有者。通常，可以定义一个_owner 变量来表示合约拥有者，例如：

```
Contract Demo {
  address _owner; // 合约拥有者
}
```

- 调用函数时的发起人：调用智能合约中的函数时，msg.sender 表示调用者的账户地址。例如，下面的代码可以在智能合约 Demo 的构造函数中设置合约拥有者_owner 的值。constructor() 是智能合约的构造函数，具体情况将在第 5 章中介绍。

```
constructor() public
{
    _owner = msg.sender;
}
```

【例 3-4】address 类型变量的应用示例。

```
pragma solidity ^0.5.1;

contract Demo {
  address _owner; // 合约拥有者

  constructor() public
  {
      _owner = msg.sender;
  }

  function GetOwner() public view returns(address){
      return _owner;
  }
}
```

图 3-21　查看智能合约 Demo 的
拥有者地址

部署智能合约 Demo 后，单击 "GetOwner" 按钮，可以看到智能合约 Demo 的拥有者地址，如图 3-21 所示。注意：输出的合约拥有者地址与上面运行程序的当前账号应该是一样的。

address 类型变量的 balance 属性可以返回指定账户的余额。this.balance 可以返回当前智能合约账户的余额。

调用 address 类型变量的 transfer() 和 send() 函数可以从当前账户中转账到地址对应的账户，使用方法如下：

```
address 变量.transfer(转账金额);
address 变量.send(转账金额);
```

转账金额的单位为 wei。如果希望以 "ETH" 为单位进行支付，则可使用以下方法：

```
_address.transfer(10 * 10**18);
```

或者：

```
_address.transfer(10 ether);
```

注意：在定义发生支付行为的函数时需要使用 payable 修饰符。具体情况将在 5.2.2 小节中结合函数修饰符进行介绍。

transfer() 在出错时会抛出异常，终止后面程序的执行。而 send() 只是通过返回 true 或 false 来表示执行的结果，即使转账失败，其也会继续执行后面的程序。因此 transfer() 比 send() 更安全。

还可以通过 call() 函数实现转账，但是此时有可能会发生重入攻击，请读者谨慎使用。关于重入攻击将在第 10 章中介绍。

3.3.6 合约类型

每个智能合约都有自己的类型，该类型也可以转换为其继承的智能合约类型。关于智能合约编程的具体情况将在第 5 章中介绍。

3.4 复合数据类型

复合数据类型可以由基本数据类型和其他的复合类型构成。Solidity 的复合数据类型包括枚举类型、结构体、映射和数组。

3.4.1 枚举类型

枚举类型是一种自定义类型。如果一个变量只有有效的几种可能的取值，则可以将其定义为枚举类型。可以使用 enum 关键字来定义枚举类型，具体方法如下：

```
enum 类型名称 { 取值1, 取值2, 取值3, 取值4, … }
```

例如，下面的代码可以定义枚举类型 Sex，可选项为 Male 和 Female：

```
enum Sex { Male, Female}
```

声明枚举类型变量的方法如下：

```
枚举类型名称 变量名;
```

可以使用 Sex.Male 和 Sex.Female 引用枚举类型的值。

可以将枚举类型与 uint 类型互相转换。例如，将 Sex 类型变量 sex 转换为 uint 类型变量 isex 的代码如下：

```
uint isex = uint(sex);
```

【例 3-5】枚举类型的使用实例。

```
pragma solidity ^ 0.5.1;

contract Person{
    enum Sex { Male, Female}
    string name;
    uint age;
    Sex sex;
```

```
        function SetFemale() public {
                    sex = Sex.Female;
        }
        function GetSex() public view returns(Sex){
            return sex;
        }
}
```

部署智能合约 Person 后，单击"SetFemale"按钮可以将 sex 变量设置为 Sex.Female。然后单击"GetSex"按钮返回变量 sex 的值。例 3-5 的运行结果如图 3-22 所示。Sex.Female 相当于 uint 值 1。

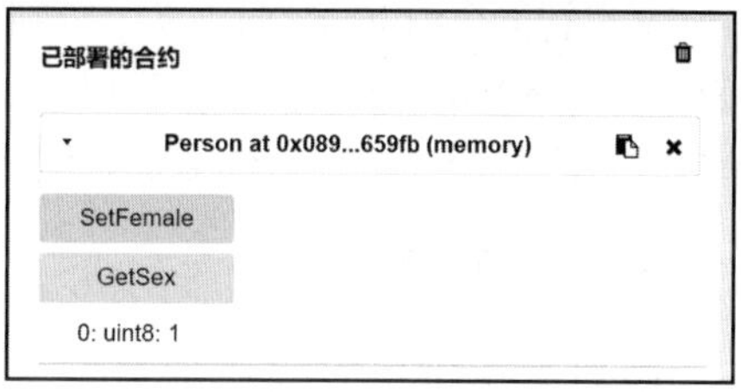

3.4.2 结构体

图 3-22 例 3-5 的运行结果

结构体也是一种自定义类型，可以将一组不同的数据类型组合成一个新的数据类型。可以使用 struct 关键字定义结构体类型。例如，下面的代码定义了一个 Book 结构体，其中包含名称 Name、出版社 Publisher、页数 Pagecount 和价格 Price 等成员：

```
struct Book {
    string Name;
    string Publisher;
    uint Pagecount;
    uint Price;
}
```

初始化一个结构体时要指定其每个成员的值。例如初始化 Book 结构体变量 b 的方法如下：

```
Book b = Book("Solidity智能合约开发技术与实战", "人民邮电出版社", 300, 78);
```

可以使用 b.Name 来访问结构体的成员 Name。

在一个智能合约中定义的结构体只能在其自身及其派生的智能合约中使用。

【例 3-6】结构体类型的使用实例。

```
pragma solidity ^ 0.5.1;

contract structDemo{
    struct Book {
        string Name;
        string Publisher;
        uint Pagecount;
        uint Price;
    }
    Book b = Book("Solidity智能合约开发技术与实战", "人民邮电出版社", 300, 78);

    function getName() view public returns (string memory) {
            return b.Name;
    }
    function getPublisher() view public returns (string memory) {
            return b.Publisher;
    }
```

```
        function getPagecount() view public returns (uint) {
            return b.Pagecount;
        }

        function getPrice() view public returns (uint) {
            return b.Price;
        }
}
```

部署智能合约 structDemo 后，分别单击 "getName" 按钮、"getPagecount" 按钮、"getPrice" 按钮和 "getPublisher" 按钮，可以查看 Book 结构体变量 b 的成员值。例 3-6 的运行结果如图 3-23 所示。

3.4.3　映射

映射是由键值对组成的自定义类型。定义映射变量的方法如下：

映射

```
mapping (<键> => <值>) <变量名>;
```

例如，下面的映射可以用于记录电影所得投票数量，其中键代表电影的 ID，值代表电影所得投票数量：

图 3-23　例 3-6 的运行结果

```
mapping (uint => uint) movieVote;
```

下面的映射可以用于记录对某个电影投票的账户地址，其中键代表投票人的地址，值代表被投票电影的 ID：

```
mapping (address => uint) voteRecord;
```

使用下面的方法可以获取映射中的指定键 key 的值：

```
value = <mapping 变量>[key];
```

如果指定键 key 在映射中没有对应的值，则会返回值类型的默认值。如果值是 string 类型的，则会返回""；如果值是 uint 类型的，则会返回 0。

【例 3-7】给电影投票的实例。

```
pragma solidity ^ 0.5.1;

contract movieVote{
    mapping (uint => uint) public VoteCount;
    mapping (address => uint) public voteRecord;

    function vote(uint _movieId) public returns(string memory){
        if(voteRecord[msg.sender]==0){    //未投过票
            voteRecord[msg.sender]= _movieId;
            VoteCount[_movieId]= VoteCount[_movieId]+1;
            return "投票成功";
        }
        return "您已经投过票了";
    }
    function getVoteCount(uint _movieId) view public returns (uint) {
        return VoteCount[_movieId];
```

```
    }

    function getvoteRecord() view public returns (uint) {
        return voteRecord[msg.sender];
    }
}
```

在智能合约 movieVote 中，定义了 VoteCount 和 voteRecord 两个映射，其中 VoteCount 用于存储电影所得投票数量，voteRecord 用于存储投票的记录。

智能合约 movieVote 中定义的函数说明如下。

- vote()：为指定的电影投票，参数 _movieId 用于指定电影 ID。voteRecord[msg.sender]==0 表示之前未投过票，可以进行投票。投票的过程分为两步：第一步以 msg.sender 为键，将 _movieId 存入 voteRecord 中，并记录当前地址已经投过票；第二步将 VoteCount[_movieId] 的值加 1，记录电影 _movieId 所得投票数量。
- getVoteCount()：返回指定电影所得投票数量。
- getvoteRecord()：返回当前地址投票的电影 ID。

部署智能合约 movieVote 后，在"vote"按钮后面的文本框中输入 1，然后单击"vote"按钮，在左侧的控制台面板中单击"Debug"按钮旁边的 ∨ 图标，可以看到运行结果为"投票成功"，如图 3-24 所示。

图 3-24 给 _movieId 等于 1 的电影投票

再次在"vote"按钮后面的文本框中输入 2，然后单击"vote"按钮，在左侧的控制台面板中单击"Debug"按钮旁边的 ∨ 图标，可以看到运行结果为"您已经投过票了"，如图 3-25 所示。

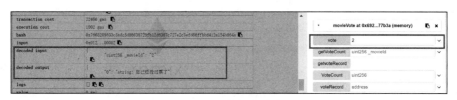

图 3-25 重复投票的结果

3.4.4 数组

数组是具有相同数据类型的一组元素的有序集合。数组元素可以是整型、字符串型等基本数据类型，也可以是结构体。数组分为定长数组和变长数组。

1．定义数组

定义定长数组的方法如下：

```
数组类型[数组长度] 数组变量
```

一经定义，定长数组的长度就不能改变了。例如，声明一个包含 5 个元素的 uint 数组的代码如下：

```
uint[5] arr;
```

可以在声明数组变量时初始化数组元素，例如：

```
uint[5] arr = [0,1,2,3,4];
```

定义变长数组的方法如下：

```
数组类型[] 数组变量
```

在声明数组变量时不指定数组长度，过后再使用 new 关键字来指定数组长度。方法如下：

```
变长数组变量名 = new 数组类型[](数组长度);
```

2．访问数组元素

可以使用如下方法访问数组中指定位置的元素值：

```
数组变量[index]
```

index 用于指定数组元素的索引值。第一个数组元素的索引值为 0。假定数组 arr 有 5 个元素，则它们的索引值分别为 0、1、2、3 和 4。

可以使用 for 语句遍历数组元素，代码如下：

```
for(_i=0;_i<=_数组长度;_i++){
        //此处放置使用数组元素 arr[i]的代码
}
```

【例 3-8】 使用 for 语句计算数组 arr 中的元素之和。

```
pragma solidity ^0.5.1;
contract Demo{
    uint[5] arr = [1,2,3,4,5];

    function sum_arr() public view returns(uint) {
        uint _i;
        uint _sum =0;

        for(_i=0;_i<arr.length;_i++){
            _sum += arr[_i];
        }
        return _sum;
    }
}
```

运行结果为 15。关于 for 语句的使用方法将在第 4 章中详细介绍。

3．变长数组追加和弹出元素

定长数组的长度不可改变，因此下面的语句会报错：

```
arr.length = 5;
```

而对于变长数组，我们可以通过 push() 函数和 pop() 函数来为其追加和删除元素。push() 函数用于在数组的尾部追加一个元素，方法如下：

```
数组变量.push(数组元素);
```

pop() 函数用于在数组的尾部删除一个元素，方法如下：

```
数组变量.pop();
```

【例 3-9】在变长数组上使用 push() 函数和 pop() 函数。

```solidity
pragma solidity ^0.5.1;

contract arrDemo{
    uint[] arr;

    function push(uint _a) public {
        arr.push(_a);
    }

    function length() public view returns(uint){
        return arr.length;
    }

    function pop() public returns(uint){
        arr.pop();
        return (arr.length);
    }
}
```

智能合约 arrDemo 包含 push()、length() 和 pop() 等 3 个函数。部署智能合约后，在 "push" 按钮后面的文本框里面任意填写一个整数，然后单击 "push" 按钮，再单击 "length" 按钮，可以看到输出结果为 1。单击 "pop" 按钮，再单击 "length" 按钮，可以看到输出结果为 0。

3.5 本章小结

本章首先介绍了使用实时在线 Solidity 编辑器 Remix 和 Visual Studio Code 开发 Solidity 程序的方法，并通过一个简单的示例程序介绍使用 Solidity 开发智能合约的基本方法；然后介绍了 Solidity 的编程基础，包括常量、变量和数据类型等。

本章的主要目的是使读者了解 Solidity 的开发环境和编程基础，进而能够编写和编译简单的智能合约。

习题

一、选择题

1. 在 Solidity 中定义智能合约的关键字是（　　　）。

A. progma   B. contract   C. function   D. public

2．（　　）是内存中用于保存固定值的单元。

A. 变量   B. 常量   C. 数据类型   D. 函数

3．（　　）永久地存储在智能合约的区块链中。

A. 状态变量   B. 常量

C. 局部变量   D. 智能合约的所有数据

4．（　　）可用于返回当前调用函数者的地址。

A. msg.data   B. msg.sender   C. msg.value   D. tx.origin

5．下面不属于 Solidity 基本数据类型的是（　　　）。

A. 字符串型   B. 地址类型   C. 合约类型   D. 枚举类型

二、填空题

1．因为以太坊提供了一个实时在线 Solidity 编辑器　【1】　，所以无须安装和配置任何软件，即可完成以太坊智能合约的在线开发、在线编译、在线测试和在线部署。

2．Remix IDE 页面主要分为　【2】　、　【3】　和　【4】　3 个区域。

3．在定义变量时需要指定变量的修饰符。修饰符可以分为　【5】　和　【6】　两种。

4．　【7】　是由键值对组成的自定义类型。

三、简答题

简述 Solidity 标识符的命名规则。

第4章 常用语句

本章介绍 Solidity 的常用语句，包括赋值语句、分支语句和循环语句。分支语句和循环语句统称为流程控制语句，其可以决定程序执行的顺序。程序通常是逐条语句顺序执行的。使用流程控制语句可以控制程序按指定的分支路径执行或者循环执行。

4.1 赋值语句

赋值语句是 Solidity 中简单且常用的语句。通过赋值语句可以为变量赋初值。例如：

```
a = 2;
b = a + 5;
```

除了使用=赋值，还可以使用+=和−=等其他赋值运算符进行赋值。

【例 4-1】赋值语句的例子。

```
pragma solidity ^0.5.1;
contract Demo{
    function assign(uint _a, uint _b) public pure returns(uint) {
        uint  result = 10;
        result += _a * _b;
        return result;
    }
}
```

程序在 assign() 函数中定义了一个局部变量 result，使用赋值语句为其赋初值 10。然后使用+=将参数_a 和参数_b 相乘的结果追加到变量 result，最后返回变量 result。

在开发工具面板中单击"运行"选项卡，再单击"部署"按钮，然后在文本框中输入下面的内容：

```
2,3
```

单击"assign"按钮，则例 4-1 的运行结果如图 4-1 所示。

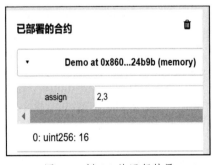

图 4-1　例 4-1 的运行结果

4.2 分支语句

分支语句可以决定程序执行的路径，当满足指定的条件时，执行对应的程序。Solidity 支持的分支语句包括 if 语句和 if…else if…else…语句。

分支语句

4.2.1 if 语句

if 语句是较常用的一种条件分支语句，其基本语法结构如下：

```
if (条件表达式) {
    语句块
}
```

只有当"条件表达式"等于 true 时，才执行"语句块"。if 语句的流程图如图 4-2 所示。

【例 4-2】if 语句的例子。

```
pragma solidity ^0.5.1;
//声明合约
contract Demo{
    function hello(int _x) public pure returns( string memory) {
        if(_x==0)
            return "参数_x等于0。";
        if(_x>0)
            return "参数_x是正数。";
        else
            return "参数_x是负数。";
    }
}
```

例 4-2 中包含一个 if 语句，当参数_x 等于 0 时，函数返回"参数_x 等于 0"。在 if 语句下面还有一个 if…else…语句，指定当参数_x 大于 0 时，函数返回"参数_x 是正数。"，否则返回"参数_x 是负数"。

接下来展示例 4-2 的运行效果。在开发工具面板中单击"运行"选项卡，再单击"部署"按钮，在下面已部署的合约中会出现一个新的记录 Demo at 0xb87…69cfa (memory)。单击此记录，会在下面出现一个文本框和一个"hello"按钮。文本框用于输入参数_x 的值。单击"hello"按钮可以调用 hello() 函数。在文本框中输入"0"，然后单击"hello"按钮，会输出"0: string: 参数_x 等于 0。"。例 4-2 的运行过程如图 4-3 所示。

在文本框中输入"1"，单击"hello"按钮，会输出"0: string: 参数_x 是正数。"；在文本框中输入"–1"，单击"hello"按钮，会输出"0: string: 参数_x 是负数。"。

注意：Remix 对中文的支持并不好。在 Remix 中输入中文很麻烦，因此建议提前在记事本里面输入中文，然后将其复制到 Remix 中。

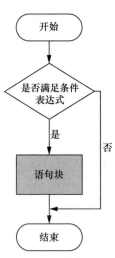

图 4-2　if 语句的流程图

图 4-3　例 4-2 的运行过程

4.2.2　if…else if…else…语句

if…else if…else…语句是 else 语句和 if 语句的组合，当不满足 if 语句中指定的条件时，可以使用 else if 语句指定另外一个条件，其基本语法结构如下：

```
if (条件表达式 1) {
    语句块 1
} else if (条件表达式 2) {
    语句块 2
} else if (条件表达式 3) {
    语句块 3
} else {
    ……
}
```

在一个 if 语句中，可以包含多个 else if 语句。if…else if…else…语句的流程图如图 4-4 所示。

【例 4-3】if…else if…else…语句的例子。

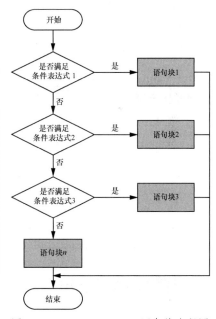

图 4-4　if…else if…else…语句的流程图

```
pragma solidity ^0.5.1;
//声明合约
contract Demo{
    function print_weekday(uint _index) public pure returns(string memory) {
        string memory weekday = "";
        if(_index==1) {
            weekday = "Monday";
        }
        else if(_index==2){
            weekday = "Tuesday";
```

```
        }
        else if(_index==3){
            weekday = "Wednesday";
        }
        else if(_index==4){
            weekday = "Thursday";
        }
        else if(_index==5){
            weekday = "Friday";
        }
        else if(_index==6){
            weekday = "Saturday";
        }
        else if(_index==7){
            weekday = "Sunday";
        }
        else{
            weekday="Out of range";
        }
        return weekday;
    }
}
```

程序根据 print_weekday() 函数的参数_index 返回对应的星期字符串。print_weekday()
函数的返回值如表 4-1 所示。

表 4-1　print_weekday()函数的返回值

参数_index 的值	返回值
1	Monday
2	Tuesday
3	Wednesday
4	Thursday
5	Friday
6	Saturday
7	Sunday
其他值	Out of range

4.3　循环语句

循环语句

循环语句可以在满足指定条件的情况下循环执行一段代码。Solidity
的循环语句包括 for 语句、while 语句和 do...while...语句。

4.3.1　for 语句

for 语句的语法结构如下：

```
for (初始化; 测试条件; 迭代语句) {
    循环语句体
}
```

for 语句的执行流程如下：

（1）执行初始化语句，通常是给循环控制变量赋初值；

（2）判断测试条件是否满足，如果满足，则执行循环语句体，否则退出循环；

（3）执行迭代语句，其通常需要改变循环控制变量的值。

for 语句中通常需要定义一个循环控制变量，该变量在初始化语句中声明。for 语句的流程图如图 4-5 所示。

【例 4-4】使用 for 语句计算一组连续整数之和。

```
pragma solidity ^0.5.1;
//声明合约
contract Demo{
    function sum_for(uint _max) public pure returns(uint) {
        uint _i;
        uint _sum =0;
        for(_i=0;_i<=_max;_i++){
            _sum += _i;
        }
        return _sum;
    }
}
```

函数 sum_for() 用于计算并返回 1～_max 的一组连续整数之和。部署并运行例 4-4，在文本框中输入"10"，然后单击"sum_for"按钮，结果如图 4-6 所示。

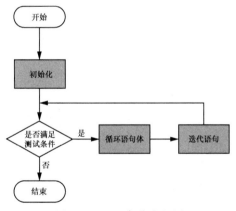

图 4-5　for 语句的流程图

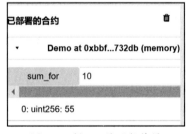

图 4-6　例 4-4 的运行结果

4.3.2　while 语句

while 语句的语法结构如下：

```
while (表达式) {
    循环语句体
}
```

while 语句的执行流程很简单，只要表达式成立，就一直循环执行循环语句体。因此，通常会在循环语句体里修改表达式的值，否则程序会一直循环执行。

while 语句的流程图如图 4-7 所示。

【例 4-5】使用 while 语句计算一组连续整数之和。

```solidity
pragma solidity ^0.5.1;
//声明合约
contract Demo{
    function sum_while(uint _max) public pure returns(uint) {
        uint _i=0;
        uint _sum =0;
        while(_i<=_max){
            _sum += _i;
            _i++;
        }
        return _sum;
    }
}
```

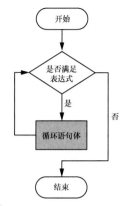

图 4-7　while 语句的流程图

在_max 相同的情况下，例 4-5 的运行结果与例 4-4 的相同。

4.3.3　do…while…语句

do…while…语句的语法结构如下：

```
do {
    循环语句体
} while (表达式);
```

do…while…语句与 while 语句很相似，只不过它是先执行循环语句体，然后判断表达式是否成立。因此，使用 do…while…语句至少会执行一次循环语句体。do…while…语句的流程图如图 4-8 所示。

【例 4-6】使用 do…while…语句计算一组连续整数之和。

```solidity
pragma solidity ^0.5.1;
//声明合约
contract Demo{
    function sum_dowhile(uint _max) public pure returns(uint) {
        uint _i=1;
        uint _sum =0;
        do {
            _sum += _i;
            _i++;
        } while(_i<=_max);
        return _sum;
    }
}
```

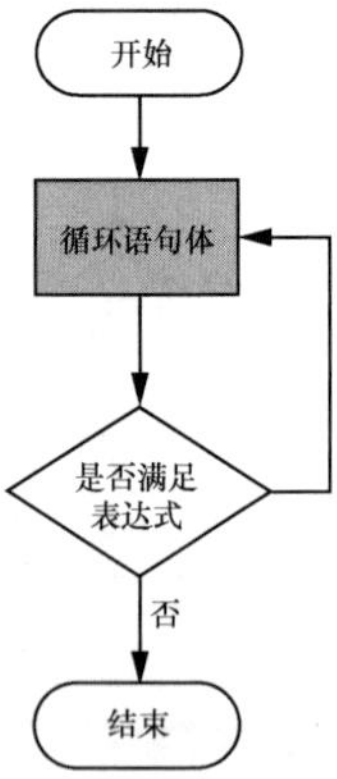

图 4-8　do…while…
语句的流程图

在_max 相同的情况下，例 4-6 的运行结果与例 4-4 的相同。

在循环语句中，可以使用 continue 语句跳回循环语句的开头，也就是跳过本次循环，开始下一轮循环。一旦执行 continue 语句，循环语句体中 continue 语句后面的语句在本次循环中将不会再被执行。可以在循环语句中使用 continue 语句跳过某些语句。

【例 4-7】在 for 语句中使用 continue 语句过滤奇数，计算指定整数以内的偶数之和。

```
pragma solidity ^0.5.1;
//声明合约
contract Demo{
    function sum_even(uint _max) public pure returns(uint) {
        uint _i;
        uint _sum=0;
        for(_i=1; _i<=_max; _i++){
            if(_i%2==1)
                continue;
            _sum+=_i;
        }
        return _sum;
    }
}
```

表达式_i%2==1 如果为 true，则说明变量_i 为奇数，此时执行 continue 语句，直接跳过后面的语句，即不会将此时的_i 追加到变量 sum 上。

部署并运行例 4-7，在文本框中输入 "10"，然后单击 "sum_even" 按钮，结果如图 4-9 所示。

可以看到，10 以内的偶数之和为 30。

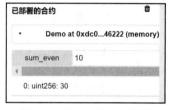

图 4-9　例 4-7 的运行结果

在循环语句中，可以使用 break 语句跳出循环语句体，也就是结束循环语句。

【例 4-8】对例 4-5 进行修改，使用 break 语句结束循环。

```
pragma solidity ^0.5.1;
//声明合约
contract Demo{
    function sum_break(uint _max) public pure returns(uint) {
        uint _i=0;
        uint _sum=0;
        while(true){
            if(_i>_max)
                break;
            _sum+=_i;
            _i++;
        }
        return _sum;
    }
}
```

在上面的代码中，while 语句的循环控制表达式是 true。也就是说，循环语句会一直运行。在循环语句体中当循环变量_i 大于_max 时使用 break 语句退出循环。

在_max 相同的情况下，例 4-8 的运行结果与例 4-5 的一样。

4.4 本章小结

本章介绍了 Solidity 的常用语句，包括赋值语句、分支语句和循环语句。

本章的主要目的是使读者了解使用 Solidity 语句的方法，以及通过 Solidity 语句控制程序执行流程的方法。

习题

一、选择题

1. 至少执行一次循环语句体的循环语句是（　　　）。
A. if 语句　　　　　　　　　　　　B. for 语句
C. while 语句　　　　　　　　　　 D. do…while…语句
2. （　　　）语句中通常需要定义一个循环控制变量，其可在初始化语句中声明。
A. if　　　　　　　　　　　　　　 B. for
C. while　　　　　　　　　　　　　D. do…while…

二、填空题

1. ___【1】___ 和 ___【2】___ 统称为流程控制语句。
2. Solidity 的循环语句包括___【3】___ 语句、___【4】___ 语句和___【5】___ 语句。
3. 在循环语句中，可以使用___【6】___ 语句跳出循环语句。

三、简答题

1. 试画出 if 语句的流程图。
2. 试画出 if…else if…else…语句的流程图。
3. 试画出 for 语句的流程图。
4. 试画出 while 语句的流程图。
5. 试画出 do…while…语句的流程图。

第5章 智能合约与函数

在第 3 章介绍的实例中，已经涉及智能合约与函数的概念以及基本应用。智能合约开发是本书的主题，而智能合约的主要功能是通过函数实现的。本章将对智能合约与函数编程的细节进行深入介绍。

5.1 智能合约编程基础

在第 3 章中，已经介绍了使用 contract 关键字定义智能合约的方法。本节将进一步介绍智能合约编程的更多技术细节。

构造函数和智能合约的继承

Solidity 的智能合约与面向对象编程语言的"类"很相似。每个智能合约都可以包含状态变量、函数、函数修饰符和事件等的声明，而且可以从其他智能合约继承。

5.1.1 状态变量的可见性

在一个 Solidity 文件中，可以定义多个智能合约。在定义状态变量时，可以指定在其他智能合约中是否可以访问它。这就是状态变量的可见性。

状态变量的可见性有如下 3 种选择。

- public：指定公有变量，也就是可以在其他智能合约中访问的状态变量。
- private：指定私有变量，也就是只能在定义它的智能合约中访问的状态变量，而在其他智能合约（包括派生的智能合约）中都不能访问它。
- internal：指定内部变量，也就是可以在定义它的智能合约及派生智能合约中访问的状态变量。

在前面的描述中提到了派生智能合约的概念。派生是面向对象编程语言中的机制，也可以说成是继承。假定有一个智能合约 A，由 A 派生一个新的智能合约 B，反过来则可以说是 B 继承了 A。

在 Solidity 中可以使用 is 关键字指定智能合约之间的派生关系。

例如，由 A 派生 B 的代码如下：

```
pragma solidity ^ 0.5.1;
contract A{
    uint a=10;
}
contract B is A{
    //……
}
```

对于公有变量，Solidity 提供了 getter 访问器，用于在智能合约外访问该变量。getter 访问器是与变量同名的函数，例如，状态变量 a 的 getter 访问器是 a()。使用 a() 可以获取状态变量 a 的值，但是不能设置 a 的值。

【例 5-1】 演示 getter 访问器如何访问公有变量。

```
pragma solidity ^ 0.5.1;
//声明合约
contract A{
    uint public data=10;
}

contract B{
    function getValue() public returns(uint){
        A a = new A();
        return a.data();
    }
}
```

上面的程序中定义了 2 个智能合约：A 和 B。在 A 中声明了状态变量 data，在 B 中声明了 getValue() 函数。在 getValue() 函数中，使用 a.data() 访问智能合约 A 中的状态变量 data。

在以太坊网络中，对智能合约中的状态变量进行修改是要收取 Gas 的。因为状态变量是记录在区块上的，是需要矿工记账的，所以要支付手续费。而且部署和执行智能合约都是要占用以太坊资源的，因此也是要收取 Gas 的。

当一个.sol 文件中包含多个智能合约时，在 Remix 中部署和执行智能合约的方法与之前介绍的方法稍微有所不同。

在 Remix 窗口右侧的开发工具面板中，选择"运行"选项卡，可以看到在"部署"按钮上面有一个选择智能合约的下拉列表框，如图 5-1 所示。

A 和 B 两个智能合约可以分别部署。单击"部署"按钮时，注意观察上面的"当前账号"中的数字，可以发现当前账号中的以太币减少了，如图 5-2 所示。

图 5-1　选择要部署的智能合约

图 5-2　部署智能合约时会扣减当前账号的以太币

当然，在开发环境中，扣减的并不是真正的以太币，而是以太坊虚拟机中的虚拟以太币。

分别部署 A 和 B 两个智能合约后，在窗口右侧的"运行"选项卡中"已部署的合约"区域中会出现 A 和 B 两个智能合约。单击"B"，在下面会出现一个粉色背景的"getValue"按钮。粉色背景的按钮表示单击此按钮所执行的函数会消耗 Gas。单击"getValue"按钮，注意观察"当前账号"中以太币的变化。同时，在窗口中间底部的控制台中会出现一个表格，记录执行 getValue() 函数的交易过程和交易结果，如图 5-3 所示。

status	0x1 Transaction mined and execution succeed
transaction hash	0x0ec9b680235a5d77eb4a320476ed725a84bd1dff3529838597dba849592e18fc
from	0xca35b7d915458ef540ade6068dfe2f44e8fa733c
to	B.getValue() 0xbbf289d846208c16edc8474705c748aff07732db
gas	3000000 gas
transaction cost	106094 gas
execution cost	84822 gas
hash	0x0ec9b680235a5d77eb4a320476ed725a84bd1dff3529838597dba849592e18fc
input	0x209...65255
decoded input	{}

decoded output	{
	    "0": "uint256: 10"
	}

logs	[]
value	0 wei

图 5-3　执行 getValue() 函数的交易过程和交易结果

具体说明如下。

- status：交易的状态为已经被矿工记账，执行成功。当然这是在虚拟机环境下运行的。
- transaction hash：交易的哈希摘要。
- from：支付 Gas 的以太坊账户。这里显示的是之前选择的"当前账号"。
- to：接收 Gas 的以太坊账户。这里显示的是 B.getValue() 0xbbf289d846208c16edc8474705c748aff07732db，说明是因为执行 B.getValue() 函数而消耗的 Gas。
- gas：显示智能合约的执行者愿意支付的 Gas 上限，因为智能合约可能有 bug，比如进入死循环而循环写入状态变量，此时如果不设置 Gas 上限，就可能会耗尽账户里的以太币。Gas 上限默认为 3 000 000 gas，可以在窗口右侧的"运行"选项卡中对其进行设置，如图 5-4 所示。
- transaction cost：交易所花费的总 Gas，本例中为 106 094 gas。
- execution cost：虚拟机执行计算所花费的 Gas，本例中为 84 822 gas。execution cost 包含在 transaction cost 中。
- hash：交易的哈希摘要，与 transaction hash 是一样的。
- input：经过编码的交易的输入数据。
- decoded input：解码后的交易的输入数据，本例没有输入数据。
- decoded output：解码后的交易的输出数据，本例的输出数据为一个 uint256 类型的数据 10。
- logs：交易的日志信息，本例并没有记录日志。

- value：交易金额。在窗口右侧的"运行"选项卡中可以设置执行者愿意支付的交易金额，如图 5-5 所示。在部署智能合约时，交易结果表格中的 value 字段会显示设置的交易金额。

图 5-4　设置 Gas 上限

图 5-5　设置交易金额

例 5-1 演示了在一个智能合约中调用另一个智能合约中公有变量的情形。关于 internal 的使用方法将在 5.1.3 小节结合智能合约之间的继承进行介绍。

5.1.2　智能合约的构造函数

Solidity 智能合约由状态变量和函数构成。状态变量的概念在第 3 章中已经进行了介绍，在前面的实例中也涉及了简单的函数用法。

本小节将介绍一种特殊的函数——构造函数。一个智能合约中只能有一个构造函数。构造函数在实例化智能合约时会自动被调用。通常可以通过构造函数为状态变量指定初始值。可以使用 constructor 关键字定义构造函数。例如，下面的代码首先定义了智能合约 A，其中包含状态变量 a，然后使用 constructor 关键字定义了构造函数，并通过构造函数为 a 赋初值：

```solidity
pragma solidity ^ 0.5.1;
//声明合约
contract A{
    uint a;

    constructor(uint _a) public {
        a = _a;
    }
}
```

【例 5-2】定义一个关于商品购买交易的智能合约 Purchase，其中包含 name、price 和 seller 这 3 个状态变量，它们分别表示商品名称、价格和卖家，代码如下：

```solidity
pragma solidity ^ 0.5.1;

contract Purchase{
    string public name;
    uint public price;
    address payable public  seller;

    constructor(string memory _name,uint _price) public {
        name = _name;
```

```
        price = _price;
        seller = msg.sender;
    }
}
```

例 5-2 中使用了全局变量 msg.sender 来代表构造函数调用者的地址。换言之，一个交易的发起者（创建智能合约 Purchase 的人）就是卖家。

5.1.3 智能合约之间的继承

在 5.1.1 小节中介绍了智能合约之间进行继承的基本情况，本小节将介绍继承的具体应用。

继承智能合约后，子合约会自然拥有父合约中的状态变量和公有函数，以及内部函数的访问权。

【例 5-3】定义一个智能合约 Animal，使其包含 name、price、age 和 owner 等状态变量，以及 setName()、getName()、setPrice()、getPrice() 和 buy() 等函数。然后定义一个智能合约 Dog，使其继承 Animal，代码如下：

```
pragma solidity ^0.5.1;

contract Animal{
    string public name;
    uint public price;
    uint internal age;
    address internal owner;

    function setName(string memory _name) public
    {
        name = _name;
    }

    function getName() public view returns(string memory)
    {
        return name;
    }

    function setPrice(uint _price) public
    {
        price = _price;
    }

    function getPrice() public view returns(uint)
    {
        return price;
    }

    function buy() public
    {
        owner = msg.sender;
    }

    function getOwner() public view returns(address)
    {
        return owner;
    }
```

```
    }

contract Dog is Animal{

    function setAge(uint _age) public
    {
        age = _age;
    }

    function getAge() public view returns(uint)
    {
        return age;
    }
}
```

在智能合约 Dog 的代码中可以访问其父合约的 internal 状态变量 age。

部署智能合约 Dog，然后单击部署后的 Dog 按钮，可以看到 Dog 能访问智能合约 Animal 的所有 public 和 internal 的状态变量与函数，如图 5-6 所示。Private 的状态变量 owner 是不可见的。

图 5-6　智能合约 Dog 从智能合约 Animal 继承的状态变量与函数

5.2　函数编程基础

前面的代码中已经涉及及了一些对函数的简单应用，本节将系统介绍定义和调用函数的方法。

5.2.1　定义函数

在 Solidity 中，定义函数的方法如下：

```
function 函数名(参数列表) 函数修饰符 returns(返回值类型列表) {
    函数体
    return  返回值;
}
```

可以看到，在函数的定义中包括函数名、参数列表、函数修饰符、函数体和返回值等部分。

【例 5-4】一个简单的函数定义示例。

```
pragma solidity ^0.5.1;
contract Demo{
    function add(uint _a, uint _b) public pure returns(uint) {
        return  _a + _b;
    }
}
```

函数 add() 有 2 个参数_a 和_b，它们的数据类型都是 uint。本书约定，所有函数的参数变量名都以_开头，表示其是函数内部的局部变量。函数返回_a 和_b 之和，该值也是 uint 类型的。

在开发工具面板中单击"运行"选项卡，然后单击"部署"按钮，在已部署的合约中会出现一条新的记录 Demo at 0x0dc…97caf(memory)。单击此条记录后，在下面会出现一个文本框和一个 add 按钮，如图 5-7 所示。在文本框中输入"1,2"，返回结果如下：

```
0: uint256: 3
```

也可以单击文本框后面的 ∨ 图标，此时会出现 2 个文本框，如图 5-8 所示。

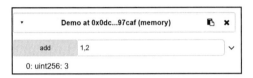

图 5-7　例 5-4 的运行结果

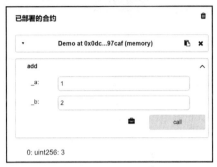

图 5-8　出现 2 个文本框

这 2 个文本框分别用于输入参数 _a 和 _b 的值。单击"call"按钮可以调用 add() 函数。

前面的函数都只有一个返回值。在 Solidity 中，函数可以有多个返回值，但是需要在 returns() 中指定多个返回值的类型，并用逗号（,）分隔。例如，指定返回 2 个 uint 类型返回值的代码如下：

```
returns(uint, uint)
```

【例 5-5】设计 swap() 函数，将 2 个无符号整数交换后返回。

```
pragma solidity ^0.5.1;
//声明合约
contract Demo{
    function swap(uint _x, uint _y) public pure returns(uint, uint) {
        return (_y, _x);
    }
}
```

部署程序，在参数文本框中输入"10,20"，然后单击"swap"按钮，则可得运行结果如图 5-9 所示。可以看到，返回结果将参数_x 和_y 交换了位置。

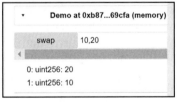

图 5-9　例 5-5 的运行结果

5.2.2　函数修饰符

定义函数时，在函数名和参数后面需要指定函数修饰符。函数修饰符包括可见性修饰符、状态性修饰符、payable 修饰符和函数修改器（自定义修饰符）等类型。

1．可见性修饰符

在 5.1.1 小节中介绍了状态变量的可见性，在函数定义中同样需要指定函数的可见性。除了 public、private 和 internal 外，还可以使用 external 修饰符指定可以从智能合约的外部调用该函数。

2．状态性修饰符

Solidity 的状态性修饰符包括 pure、view、constant 等。状态性修饰符用于指定函数是否允许修改或访问状态变量，具体情况如表 5-1 所示。

表 5-1　Solidity 的状态性修饰符

状态性修饰符	说明
pure	指定函数既不向区块链上写数据，也不从区块链上读数据。即在函数中只操作存储位置为 memory 的变量，而不访问区块链
view	指定函数不向区块链上写数据，但是可以从区块链上读数据
constant	与 view 的作用相同

使用这 3 个状态性修饰符定义的函数在执行时无须扣除 Gas，因为它们只在本地运行，而不会触发矿工验证。

3．payable 修饰符

payable 修饰符允许函数在被调用的同时接收以太币。接收的以太币会存储在智能合约的账户中，可以在函数的代码中将以太币转账到其他账户。

以太币、数据和智能合约代码都是存储在以太坊网络中的。因此，可以很方便地实现在调用函数时将以太币支付给另一个智能合约。例如，下面的代码定义了一个智能合约 OnlineStore，其中包含一个 payable 函数 buySomething()：

```
contract OnlineStore {
    function buySomething() external payable {
        require(msg.value == 0.001 ether);
        transferThing(msg.sender);
    }
}
```

require() 函数指定运行 buySomething() 函数需要支付 "0.001 ether" 到智能合约的账户。如果调用者的账户中没有足够的以太币，则将抛出异常，无法运行下面的代码。msg.value 代表调用者需要向智能合约的账户发送以太币的数量。transferThing() 在这里是一个虚拟的函数，代表实现转账和完成业务逻辑的代码。

external 关键字指定 buySomething() 函数是可以被外部调用的。

可以调用 transfer() 函数完成支付，方法如下：

```
账户地址.transfer(转账金额);
```

【例 5-6】设计智能合约 PayDemo，演示 payable 修饰符的使用方法。

```
pragma solidity ^ 0.5.1;

contract PayDemo{
    address payable Account1 = 0x14723A09ACff6D2A60DcdF7aA4AFf308FDDC160C;


    function pay() payable public {
        Account1.transfer(msg.value);
    }
```

```
function getAccount1Balance() view public returns (uint) {
        return Account1.balance;
}

// 读取合约发起方的余额
function getOwnerBalance() view public returns (uint) {

        address Owner = msg.sender;
        return Owner.balance;
}
}
```

代码说明如下。

- pay()函数：用 payable 修饰的函数，表明调用此函数时会向智能合约 PayDemo 的账户发送以太币；然后程序会调用 Account1.transfer(msg.value) 函数，将收到的以太币转账至账户 Account1。
- getAccount1Balance() 函数：返回账户 Account1 的余额。
- getOwnerBalance() 函数：返回智能合约发起方的账户余额。

程序中账户 Account1 被设定为 Remix 当前账户下拉列表框中的一个测试账户，假定为 0x14723A09ACff6D2A60DcdF7aA4AFf308FDDC160C。这里的地址中既包含小写字母也包含大写字母，这就是 EIP-55 格式的账户地址。EIP-55 格式的账户地址自带地址校验机制，将地址中的部分字母大写，与剩余的小写字母形成校验和，让地址拥有自校验的能力。这样，如果用户不小心填错了地址中的一个字母，程序就会及时发现该问题。访问 Etherscan 网站可以将给定的以太坊网络地址转换为 EIP-55 格式的账户地址。例如，例 5-6 中账户 Account1 的地址是按以下步骤得来的。

① 在 Remix 窗口右上部的"运行"选项卡中选择"当前账号"下拉列表框中的一个余额为 100ETH 的账户地址，单击后面的🗐图标，可以将选中的地址复制到剪贴板。这样可以得到一个全部都由小写字母和数字组成的账户地址，例如 0x14723a09acff6d2a60dcdf7aa4aff308fddc160c。

② 通过 Etherscan 网站得到 EIP-55 格式的账户地址，具体 URL 参见"本书使用的网址"文档。得到的 EIP-55 格式的账户地址为 0x14723A09ACff6D2A60DcdF7aA4AFf308FDDC160C，如图 5-10 所示。

图 5-10   借助 Etherscan 得到 EIP-55 格式的账户地址

选择一个不同于 0x14723A09ACff6D2A60DcdF7aA4AFf308FDDC160C 的账户，然后单击"部署"按钮，部署智能合约 PayDemo。之所以选择不同于 0x14723A09ACff6D2A60DcdF7aA4AFf308FDDC160C 的账户，是为了不从账户 Account1 中扣除金额。

再选一个既不是部署合约账户也不是 Account1 的、余额为 100ETH 的账户，在交易金额文本框中输入"2"，在后面的单位下拉列表框中选择 ether，指定调用 pay() 函数时要支付的金额。然后依次单击"pay"按钮、"getAccount1Balance"按钮和"getOwnerBalance"按钮，运行结果如图 5-11 所示。

如果在构造函数中使用 payable 修饰符，则部署此智能合约的账户会向智能合约账户转账。

图 5-11　例 5-6 的运行结果

4．函数修改器

函数修改器可以定义一个条件，只有当此条件被满足时，才会执行函数。定义函数修改器的方法如下：

```
modifier 修改器名 {
    条件体
    _;
}
```

在函数 a() 上应用函数修改器的方法如下：

```
function a() 修改器名 {
    函数体
}
```

【例 5-7】设计智能合约 ModifierDemo，并演示函数修改器的使用方法。

```
pragma solidity ^0.5.1;

/**
 * 权限控制
 */
contract ModifierDemo {
    address public owner = msg.sender;

    //检查必须是智能合约的所有者
    modifier onlyOwner {
        require (
            msg.sender == owner,
            "必须是智能合约的所有者"
        );
        _;
    }

    //改变智能合约的所有者身份
```

```
    //newOwner 是智能合约新的所有者的地址
    function changeOwner(address _newOwner) public onlyOwner {
        owner = _newOwner;
    }
}
```

require 的作用是检查输入是否满足要求，如果不满足要求，则抛出异常，并输出后面的字符串。占位符_的作用是指定后面还有代码，如果满足要求，则继续执行后面的代码。

【例 5-8】在电商智能合约中演示函数修改器的使用方法。

```
pragma solidity ^ 0.5.1;

contract modifierDemo{
    address seller;

    modifier OnlySeller(){
        require (
            msg.sender==seller,
            "必须是卖家"
        );
        _;
    }

    function OnSell() public{
        seller = msg.sender;
    }
    //取消交易
    function Abort() view public OnlySeller {

        //......
    }
}
```

代码说明如下。

- seller：用于保存卖家的账户地址。
- OnSell() 函数：模拟商品上架。将调用此函数的账户地址赋值到 seller 中。
- OnlySeller() 函数修改器：指定调用者必须是 seller，否则抛出异常。
- Abort() 函数：模拟商品下架，应用 OnlySeller() 函数修改器，指定调用者必须是 seller，否则抛出异常。

5.2.3　函数的参数

在定义函数时，可以通过指定的参数向函数中传递数据。

1．形参和实参

在定义函数时指定的参数被称为形参，在调用函数时指定的参数被称为实参。例如，在例 5-4 中，函数 add() 的 2 个参数_a 和_b 为形参。如果使用 add(1, 2) 调用函数，则 1 和 2 为实参。也可以使用变量作为实参。

2．值类型和引用类型

函数的参数可以分为值类型和引用类型两种。在调用函数时需要给值类型参数传递一个值，也就是将指定的值复制到值类型参数变量的地址中，值类型参数可以是整型、地址、定长字节数组和枚举类型。

在调用函数时需要给引用类型参数传递地址，也就是在函数中对参数进行操作，这相当于直接操作传递进来的变量。引用类型参数可以是不定长字节数组、字符串和结构体，这些数据类型的参数还需要使用 memory 或 storage 修饰符指定它们是值类型还是引用类型。memory 可指定参数为值类型，storage 可指定参数为引用类型。如果一个字符串参数不指定 memory 或 storage 修饰符，程序将无法通过编译。

【例 5-9】演示引用类型参数的使用。

```solidity
pragma solidity ^ 0.5.1;

contract ParameterDemo{
    string s ="test";

    function SetString(string storage _str) internal {
        bytes(_str)[0] = "T";
    }
    function SetStrTest() public returns(string memory){
        SetString(s);
        return s;
    }
    function GetS() public view returns(string memory){
        return s;
    }
}
```

智能合约 ParameterDemo 中定义了一个状态变量 s，其初始值为"test"。SetString()函数有一个引用类型的参数 _str，函数中将 _str 的第一个字符设置成了"T"。

函数 SetStrTest() 以状态变量 s 为参数来调用 SetString() 函数。函数 GetS() 返回状态变量 s 的值。

部署智能合约后，单击"SetStrTest"按钮，然后单击"GetS"按钮，可以看到返回结果为"Test"。这说明在 SetString() 函数中修改引用类型的参数 _str 的值会影响实参 s 的值。

5.3 函数的高级应用

Solidity 还提供了一些特殊的函数，比如自毁函数、内置函数等，以及一些特殊的函数用法，比如函数重载等。

5.3.1 自毁函数

自毁函数是一种特殊的函数，它有着固定的名称和固定的参数，可用于销毁当前的智能合约，并将当前智能合约账户中的余额发送到指定的地址。自毁函数的名称为 selfdestruct，它有且仅有一个 address 参数，用于指定接收当前智能合约账户余额的账户地址。自毁函数默认存在，不需要显式定义。

【例5-10】演示自毁函数的使用方法。

```
pragma solidity ^ 0.5.1;

contract selfdestructDemo{
    constructor() payable public {

    }

    function kill(address payable _add) public {
        selfdestruct(_add);
    }
}
```

智能合约 selfdestructDemo 的构造函数使用了 payable 修饰符，因此在部署时可以接收以太币。kill() 函数用于调用自毁函数，并指定一个接收当前智能合约账户余额的账户地址。

在 Remix 中部署智能合约 selfdestructDemo 时，向智能合约账户转账 1ETH；然后将另外一个账户（假定为 0xdd870fa1b7c4700f2bd7f44238821c26f7392148）的地址复制到"kill"按钮后面的文本框中，单击"kill"按钮；从当前账户下拉列表框中可以看到 0xdd870fa1b7c4700f2bd7f44238821c26f7392148 中的余额为 101ETH。也就是说，智能合约 selfdestructDemo 的余额已经转账至 0xdd870fa1b7c4700f2bd7f44238821c26f7392148 中。

5.3.2 内置函数

Solidity 中提供了一系列内置函数，借助这些函数可以获取区块和交易属性，同时这些函数中也有与数学和密码学相关的函数。

1．获取区块和交易属性的函数

在 Solidity 中，获取区块和交易属性的函数如表 5-2 所示。

表 5-2　获取区块和交易属性的函数

函数	说明
blockhash(uint blockNumber) returns (bytes32)	返回指定区块的哈希值
block.coinbase(address) returns (address)	返回当前区块的币基地址，也就是挖出当前区块的矿工地址
block.difficulty(uint) returns (uint)	返回当前区块的挖矿难度
block.getGasLimit() returns (uint)	返回当前区块的 Gas 上限
block.number() returns (uint)	返回当前区块的编号
block.timestamp returns (uint)	返回当前区块的时间戳
gasleft() returns (uint256)	返回剩余的 Gas
msg.sender()	返回消息的发送者，即调用函数的账户地址
msg.value()	返回随消息发送的以太币数量，单位为 wei
now()	block.timestamp 的别名
tx.gasprice()	返回交易的 Gas 价格
tx.origin()	返回交易的发起者

2．与数学和密码学相关的函数

Solidity 中与数学和密码学相关的函数如表 5-3 所示。

表 5-3　与数学和密码学相关的函数

函数	说明
addmod(uint x, uint y, uint k) returns (uint)	计算 $(x + y) \% k$
mulmod(uint x, uint y, uint k) returns (uint)	计算 $(x * y) \% k$
keccak256((bytes memory) returns (bytes32)	计算参数的 Keccak-256 哈希值
sha256(bytes memory) returns (bytes32)	计算参数的 SHA-256 哈希值
ripemd160(bytes memory) returns (bytes20)	计算参数的 RIPEMD-160 哈希值
ecrecover(bytes32 hash, uint8 v, bytes32 r, bytes32 s) returns (address)	利用椭圆曲线签名恢复与公钥相关的地址，如果出现错误则返回 0

5.3.3　函数重载

函数重载是指函数的命名相同，但是函数的参数定义不同。参数定义不同有以下 2 层含义：

（1）参数的数量不同；

（2）参数的类型不同。

如果 2 个同名函数的参数相同，只有返回值不同，就不能算作函数重载。

假设有一个智能合约 Overload，下面代码定义的 2 个 fun1() 函数并不是函数重载，因为它们完全相同：

```
contract Overload{
    //错误，重名方法
    function fun1() public{}
    function fun1() public{}
}
```

下面代码定义的 2 个 fun2() 函数也不是函数重载，因为它们只有返回值不同：

```
contract Overload{
    //错误，重名方法
    function fun2() public returns(uint){}
    function fun2() public returns(string){}
}
```

下面代码定义的 2 个 fun3() 函数在编译时被认为是函数重载，程序不会报错。但是在传入参数小于 256 时，程序会报错，因为无法匹配合适的函数（2 个函数都可以匹配，故无法进行选择）：

```
contract Overload{
    //错误，重名方法
    function fun3(uint _a) public{}
    function fun3(uint8 _a) public{}
}
```

【例 5-11】演示函数重载的情况。

```
pragma solidity ^ 0.5.1;

contract Overload {
    function func1() public pure returns(uint){
        return 0;
    }
```

```
function func1(uint _a) public pure returns(uint) {
    return _a;
}
}
```

部署智能合约后,可以看到 2 个"func1"按钮,其中一个后面有文本框,而另一个没有,如图 5-12 所示。可以看出,2 个 func1() 函数被识别为 2 个不同的函数,也就是函数重载。

图 5-12　例 5-11 的运行结果

5.4　外部函数

在其他 Solidity 文件中定义的函数被称为外部函数。

5.4.1　导入外部函数

在一个智能合约 Test 中定义一个测试函数 add(),代码如下:

```
pragma solidity ^ 0.5.1;
contract Test {
    constructor() payable public {

    }

    function add(uint _a, uint _b) public pure returns(uint){
        return _a + _b;
    }
}
```

将智能合约 Test 保存为 test.sol。

在另一个智能合约 ImportTest 中导入外部函数 add() 的方法如下。

① 首先使用 import 语句导入 test.sol,代码如下:

```
import "./test.sol";
```

② 然后直接定义外部智能合约 Test 的变量 t,并通过变量 t 调用外部函数 add(),代码如下:

```
import "./test.sol";            // 导入外部的.sol文件(智能合约Test)

pragma solidity ^ 0.5.1;

import "./test.sol";            // 导入外部的.sol文件(智能合约Test)

contract ImportTest {

    function test() public returns(uint){
        Test t = new Test();
        return t.add(1, 2);  // 调用智能合约Test中的add()函数
    }
}
```

将上面的代码保存为 ImportTest.sol。在 Remix 中部署 ImportTest 智能合约后，单击"test"
按钮，可以调用外部函数 add()。在
Remix 窗口的中下部控制面板中，可
以查看执行结果，如图 5-13 所示，
结果为 3（也就是 1+2 的结果）。

图 5-13　调用外部函数 add() 的执行结果

5.4.2　函数库

在 Solidity 中，函数库（Library）是函数的集合。它类似于智能合约，也对应一个地
址，但是函数库只能部署一次。

在智能合约中可以通过 DELEGATECALL 方式调用库中的函数，此时函数是在智能合
约的上下文环境中运行的。在函数库中，函数可以使用 this 指向调用它的智能合约，同时
其可以访问调用它的智能合约所明确提供的状态变量。

可以使用 library 关键字定义函数库，具体方法如下：

```
library <函数库名> {
        函数 1 的定义
        函数 2 的定义
        ……
        函数 n 的定义
}
```

可以使用 using A for B 指令将库 A 中定义的函数附着在类型 B 上。库 A 中的函数在被
类型 B 的实例调用时，会将该实例作为其第一个参数。这段描述有些不好理解，下面通过
一个例子具体演示。

【例 5-12】演示 using for 指令在调用库中函数时的应用。

假定有一个函数库 Math，其中定义了 add()、minus()、multiple() 和 divide() 等 4 个函
数，代码如下：

```
pragma solidity ^ 0.5.1;

library Math {
    function add(uint _x, uint _y) public pure returns(uint){
        return _x+_y;
    }
    function minus(uint _x, uint _y) public pure returns(uint){
        return _x-_y;
    }
    function multiple(uint _x, uint _y) public pure returns(uint){
        return _x * _y;
    }
    function divide(uint _x, uint _y) public pure returns(uint){
        return _x / _y;
    }
}
```

将函数库 Math 保存为 math.sol。创建智能合约 TestMath，并在其中调用函数库 Math，
代码如下：

```
pragma solidity ^ 0.5.1;
import "./math.sol";

contract TestMath {
    using Math for uint;
    function TestAdd() public pure returns(uint){

        uint a = 1;
        return a.add(2);
    }
    function TestDivide() public pure returns(uint){

        uint a = 10;
        return a.divide(2);
    }
    function TestMinus() public pure returns(uint){

        uint a = 10;
        return a.minus(2);
    }
    function TestMultiple() public pure returns(uint){

        uint a = 10;
        return a.multiple(2);
    }

}
```

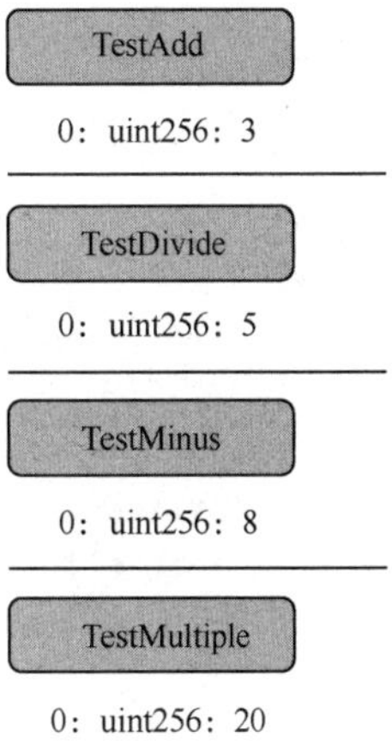

| TestAdd |
| 0：uint256：3 |

| TestDivide |
| 0：uint256：5 |

| TestMinus |
| 0：uint256：8 |

| TestMultiple |
| 0：uint256：20 |

图 5-14 例 5-12 的运行结果

程序使用 using for 指令将函数库 Math 附着在类型 uint 上，因此，可以直接使用 uint 变量调用函数库 Math 中的函数。

编译并部署智能合约 TestMath 后，可以看到有 4 个按钮，依次单击这些按钮，结果如图 5-14 所示。例 5-12 的计算过程如表 5-4 所示。

表 5-4　例 5-12 的计算过程

函数	调用函数库 Math 中的函数	计算过程	结果
TestAdd()	add(1, 2)	1+2	3
TestDivide()	divide(10, 2)	10 / 2	5
TestMinus()	minus(10, 2)	10−2	8
TestMultiple()	multiple(10, 2)	10*2	20

5.4.3　Fallback 函数

Fallback 函数也叫作回退函数。Fallback 函数没有函数名，也没有参数和返回值。一个智能合约只能包含一个 Fallback 函数。以下两种情况会调用 Fallback 函数。

① 调用智能合约时，没有匹配上任何一个函数。在编译的过程中，Solidity 会对程序的语法进行检查，因此，不可能显式地调用不存在的函数。但是可以使用 Solidity 提供的底层函数 address.call() 来模拟这种情况。

② 智能合约在接收以太币时。

1．在调用不存在的函数时

使用底层函数 address.call() 可以模拟调用一个不存在的函数的情形。使

Fallback 函数

用 address.call() 函数的方法如下：

```
address.call(<函数选择器，参数列表>)
```

函数选择器可以被看作函数的标识，具体情况将在第 6 章中介绍，这里只需要了解通过下面的方法可以得到函数选择器：

```
函数选择器 = abi.encodeWithSignature ("<函数名>(参数类型列表)"));
```

实际上就是对函数名及其参数类型列表进行哈希运算后取前 4 字节数据。

【例 5-13】演示调用一个不存在的函数时调用 Fallback 函数的情形。

假定有一个智能合约 ExecuteFallback，其中定义了一个 callNonExistFunc() 函数，在该函数中调用不存在的函数 functionNotExist()，代码如下：

```
pragma solidity ^ 0.5.1;

contract ExecuteFallback {
    function callNonExistFunc() public returns(bool){
        bytes memory funcIdentifier = abi.encodeWithSignature("functionNotExist()");
        (bool success, bytes memory returnData) = address(this).call(funcIdentifier);
        return success;

    }
  //Fallback 事件，会把调用的数据输出来
  event FallbackCalled(bytes data);
  //Fallback 函数，注意是没有名字、没有参数、没有返回值的
  function() external{
    emit FallbackCalled(msg.data);
  //触发事件
  }
}
```

程序定义了一个 Fallback 函数，并在其中通过 emit 语句触发事件 FallbackCalled，目的在于记录日志，以证明 Fallback 函数被调用。关于事件的概念和用法将在第 7 章中介绍，请读者参照理解。

部署项目后，单击"callNonExistFunc"按钮，可以在控制面板中单击"Debug"按钮后面的 图标，查看执行详情。在日志（logs）部分可以看到 FallbackCalled 事件被触发，这说明已经调用了 Fallback 函数，如图 5-15 所示。

图 5-15　例 5-13 的日志

2．智能合约在接收以太币时

智能合约在接收以太币时，会自动调用 Fallback 函数。一个没有定义 Fallback 函数的

智能合约，如果接收以太币，会触发异常，并返还以太币。

因此，如果智能合约要接收以太币，就需要定义 Fallback 函数，而且此时 Fallback 函数必须有 payable 修饰符。

【例5-14】演示智能合约在接收以太币时自动调用 Fallback 函数的情形。

假定有一个智能合约 SendFallback，其中定义了一个 sendEther() 函数，在该函数中调用 address(this).send(1) 函数给自己发送 1wei，代码如下：

```
//使用send()发送以太币，会触发Fallback函数
function sendEther() public{
    bool result = address(this).send(1);
    //从智能合约地址的余额中发送1wei给自己，因此其余额不会变，只是会消耗msg.sender账户的
    以太币用于支付Gas
    emit SendEvent(address(this), 1, result);
}
```

程序在调用 send() 函数后，会执行 emit 语句以触发 SendEvent 事件，目的是在事件中记录 send() 函数的返回值 result。

SendEvent 事件的定义代码如下：

```
event SendEvent(address to, uint value, bool result);
```

在智能合约 SendFallback 中定义一个 Fallback 函数，代码如下：

```
//Fallback函数及其事件
event FallbackTrigged(bytes data);
function() external payable{
//一定要将函数声明为payable，否则send()的执行结果将会始终为false
    emit FallbackTrigged(msg.data);
}
```

程序会触发 FallbackTrigged 事件以记录日志。关于 Solidity 事件编程将在第 7 章中介绍。

当智能合约账户中没有足够的以太币时，send() 函数就会返回 false，当然也不会调用 Fallback 函数。

为了方便查看智能合约账户的余额，在智能合约 SendFallback 中定义一个 getBalance() 函数，代码如下：

```
function getBalance() public view returns(uint){
    return address(this).balance;
}
```

编译并部署智能合约后，单击"getBalance"按钮，可以看到智能合约的账户余额为 0。然后单击"sendEther"按钮，此时由于智能合约的账户中没有足够的余额，send()函数会执行失败，当然也不会调用 Fallback 函数。在 Remix 窗口下部的控制面板中可以看到执行的日志如图 5-16 所示。

可以看到，程序触发了 SendEvent 事件，但其并没有调用 Fallback 函数，因为并没有触发 FallbackTrigged 事件。result 的值为 false，说明 send() 函数执行失败。

在智能合约 SendFallback 中定义一个 deposit() 函数用于接收以太币，代码如下：

```
function deposit() public payable{
}
```

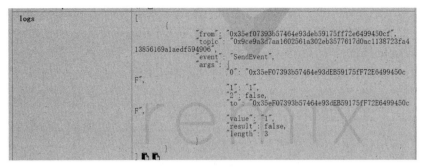

图 5-16　初始化时调用 sendEther() 函数的日志

deposit() 函数并没有定义任何函数体代码，只是使用了 payable 修饰符。因此在调用此函数时会向智能合约账户中转账，转账的金额取决于配置好的交易金额。

部署合约后，将交易金额设置为 5wei，单击 deposit 按钮，向合约中转账 5wei，然后单击"sendEther"按钮。此时由于智能合约账户中有足够的余额，因此 send() 函数会执行成功，然后调用 Fallback 函数。在 Remix 窗口下部的控制面板中可以看到执行的日志如图 5-17 所示。

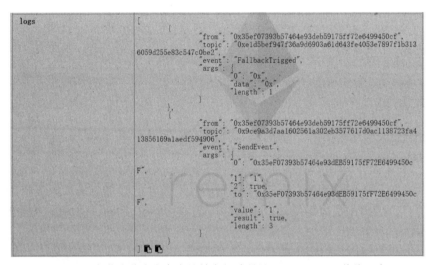

图 5-17　智能合约账户中有足够余额时调用 sendEther() 函数的日志

可以看到，程序触发了 SendEvent 事件，也调用了 Fallback 函数，因为触发了 FallbackTrigged 事件。result 的值为 true，说明 send() 函数执行成功。

5.5　抽象合约、接口和继承

抽象合约和接口都可以定义设计智能合约的规则，指定其子合约必须实现的函数。智能合约可以继承抽象合约与接口。

5.5.1　抽象合约

抽象合约指包含抽象函数的智能合约。抽象函数没有函数体，函数声明头以分号（;）结束。如下所示就是一个抽象合约的定义，其中包含一个抽象函数 cry()：

```
contract Pet {
    function cry() public returns (string memory);
}
```

抽象合约也可以包含非抽象函数。例如，抽象合约 Pet 中可以定义一个非抽象函数 run()，代码如下：

```
pragma solidity ^0.5.1;
contract Pet {
    function cry() public returns (string memory);
    function run() public returns (string memory) {
        return "run";
    }
}
```

单击抽象合约的"部署"按钮会弹出图 5-18 所示的对话框，说明抽象合约不能被部署。

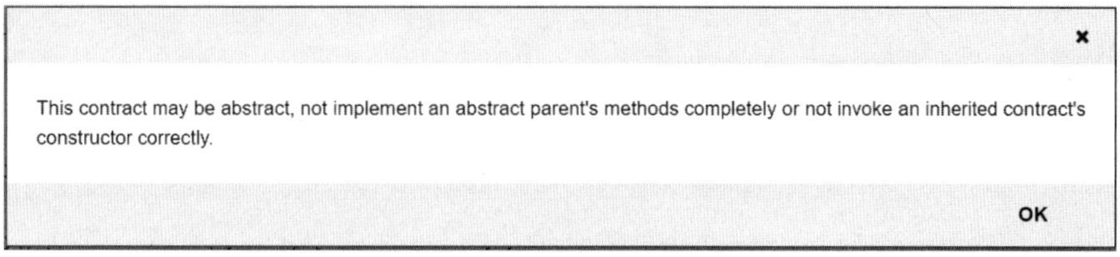

This contract may be abstract, not implement an abstract parent's methods completely or not invoke an inherited contract's constructor correctly.

OK

图 5-18　抽象合约不能被部署

5.5.2　接口

接口类似于抽象合约，其中也包含抽象函数，但是不包含非抽象函数，例如 5.5.1 小节中介绍的 run() 函数就不能包含在接口中。

接口具有以下特性。

- 接口不能继承其他智能合约和接口。
- 接口中不能定义变量。
- 接口中不能定义构造函数。
- 接口中不能定义结构体。
- 接口中不能定义枚举类型。

可以使用 interface 关键字定义接口。例如，下面的代码定义了一个接口 Pet：

```
interface Pet {
    function cry (string memory) public;
}
```

就像继承抽象合约一样，智能合约也可以继承接口。

5.5.3　继承

可以使用 is 关键字定义智能合约继承抽象合约与接口。

【例 5-15】定义一个智能合约 Cat 继承抽象合约 Pet。

```
contract Cat is Pet {
    function cry() public returns (bytes32) { return "miaow"; }
}
```

一个智能合约可以继承多个抽象合约与接口，只需要在 is 关键字后面用逗号（,）将抽象合约或接口分隔开即可。

【例 5-16】 演示多重继承的方法。

```
pragma solidity ^0.5.1;

contract Father{
    function LastName() public pure returns(string memory);
}

contract Mother{
    function FirstName() public pure returns(string memory);
}

contract Son is Father, Mother {
    function LastName() public pure returns(string memory){
        return "Jackson";
    }
    function FirstName() public pure returns(string memory){
        return "Mickle";
    }
}
```

程序定义了 Father 和 Mother 这 2 个抽象合约。Father 中定义了一个抽象函数 LastName()，Mother 中定义了一个抽象函数 FirstName()。智能合约 Son 继承自 Father 和 Mother，分别实现了 LastName() 函数和 FirstName() 函数。

5.6 异常处理函数

程序遇到异常是常见的情况，以太坊使用状态回退机制来处理异常。如果发生异常，则当前的消息调用和子消息调用所产生的所有状态变化都将被撤销，并且会返回调用者一个报错信号。Solidity 提供了 assert() 和 require() 两个函数来检查条件，在条件未被满足时会抛出一个异常；提供了 revert() 函数来标识错误，并恢复当前调用。

5.6.1 assert() 函数

assert() 函数通常用于检查变量和内部错误，其用法如下：

```
assert(<条件表达式>);
```

当不满足条件表达式时，程序会抛出异常。因此，上面的语句相当于下面的语句：

```
if(<条件表达式>不成立) { throw; }
```

throw 语句会抛出异常，但是 throw 语句已经被弃用。如果在程序中使用 throw，则会出现如下的错误信息：

```
yntaxError: "throw" is deprecated in favour of "revert()", "require()" and "assert()".
```

例如，如果某个函数只允许函数的创建者（owner）调用，则在函数中可以通过如下语句进行检查：

```
assert(msg.sender == owner);
```

5.6.2 require() 函数

require() 函数与 assert() 函数的用法相似，介绍如下：

```
require(<条件表达式>);
```

它与下面的语句是等效的：

```
assert(<条件表达式>);
```

require() 函数还有另外一种用法，介绍如下：

```
require{
        <条件表达式>,
        <返回的错误信息>
};
```

require() 可作为判断一个条件是否被满足的函数，如果条件表达式不成立，require() 函数会退回剩下的 Gas，而 assert() 函数会"烧掉"所有的 Gas。因此建议尽量使用 require() 函数。

以太坊给出了 require() 函数与 assert() 函数的应用场景，介绍如下。

- assert() 函数：通常用于测试内部错误和检查变量。
- require() 函数：通常用于确保正确的环境，比如输入或者合约状态变量是否符合要求，或者外部合约调用的返回值是否有效。

5.6.3 revert() 函数

revert() 函数用于标识错误，并恢复当前调用。revert() 函数的用法如下：

```
revert(<返回的错误信息>);
```

【例 5-17】演示 revert()函数的用法。

```
pragma solidity ^0.5.1;

contract VendingMachine {
    function buy(uint amount) public payable {
        if (amount > msg.value / 2 ether)
            revert("没有支付足够的以太币。");
        // 执行支付
    }
}
```

程序要求如果支付的金额（msg.value）小于商品价格（amount）的 2 倍，则回退并提示"没有支付足够的以太币。"；只有满足条件时才会继续执行支付。

也可以使用 require() 函数实现上面的功能，代码如下：

```
contract VendingMachine {
    function buy(uint amount) payable {

        require{
            amount <= msg.value /2 ether,
            "没有支付足够的以太币。"
        };
```

```
            // 执行支付
        }
    }
```

5.7 本章小结

本章介绍了 Solidity 的智能合约编程方法。智能合约的数据存储在状态变量中，功能通过函数实现。在简单介绍了状态变量的可见性后，本章重点讲解了 Solidity 的函数编程方法，涉及构造函数、定义函数、函数修饰符、自毁函数、函数重载、外部函数和异常处理函数等内容；此外，详细介绍了抽象合约与接口及智能合约继承它们的方法。

本章的主要目的是使读者了解使用 Solidity 智能合约编程的方法，以及如何通过 Solidity 函数实现存取区块数据和转账等功能。

习题

一、选择题

1. 下面不是用于选择状态变量可见性的是（　　）。
A. public   B. private   C. internal   D. external
2. 一个智能合约中可以有（　　）个构造函数。
A. 1   B. 2   C. 3   D. 无限制
3. 继承智能合约后，子合约不能访问父合约中的（　　）。
A. 私有函数   B. 状态变量   C. 公有函数   D. 内部函数
4. 导入外部函数的语句是（　　）。
A. library   B. import   C. interface   D. assert
5. （　　）用于标识错误，并恢复当前调用。
A. revert()   B. assert()   C. require()   D. throw

二、填空题

1. 函数的定义包括 ____【1】____ 、 ____【2】____ 、 ____【3】____ 、 ____【4】____ 和 ____【5】____ 等部分。
2. 函数修饰符包括 ____【6】____ 修饰符、 ____【7】____ 修饰符和 ____【8】____ 修饰符和 ____【9】____ 修饰符（函数修改器）等类型。
3. Solidity 的状态性修饰符包括 ____【10】____ 、 ____【11】____ 、 ____【12】____ 等。
4. ____【13】____ 函数没有函数体，函数声明头以分号（；）结束。

三、简答题

1. 简述函数形参和实参的区别。
2. 简述什么是自毁函数。
3. 简述什么是函数重载。

第6章 以太坊 JavaScript API——Web3.js

Web3.js 是以太坊提供的 JavaScript API。使用 Web3.js 可以使前端程序与以太坊节点进行通信，例如获取节点状态和账号信息、调用合约、监听合约事件等。

6.1 Web3.js 概述

本节介绍 Web3.js 的基本情况，包括 Web3.js 通信模型，安装和初始化 Web3.js 的方法，以及 Web3.js 编程的基本方法。

Web3.js 概述

6.1.1 什么是 Web3.js

在 Web 应用程序中，前端程序可以通过 Web3.js 与以太坊节点进行通信。Web3.js 通过 RPC 与以太坊区块链进行交互。Web3.js 通信模型如图 6-1 所示。

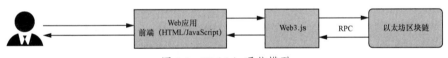

图 6-1   Web3.js 通信模型

Web3.js 是一个函数库，其中将函数按照特定功能划分为如下几个模块。

- web3-eth：包含与以太坊的区块链和智能合约相关的函数。本章介绍的函数大都属于此模块。
- web3-shh：包含与 Whisper 协议相关的函数。Whisper 协议是以太坊的分布式消息协议，可以实现智能合约间的消息互通。
- web3-bzz：包含与 Swarm 协议相关的函数。Swarm 协议是以太坊的分布式存储协议，可以提供去中心化的内容存储和分发服务。
- web3-utils：包含一些很实用的 helper 函数。

本章重点介绍 web3-eth 模块中包含的函数。

6.1.2 安装 Web3.js

本小节介绍在 2.3 节搭建的 CentOS 虚拟机上安装 Web3.js 的方法。可以选择使用 npm

安装 Web3.js。npm 是 Node.js 的包管理工具，可以用来安装 Node.js 的各种扩展应用。

在 CentOS 中安装 npm 的方法如下。

① 安装 GCC 和 gcc-c++（GCC 是由 GNU 开发的编程语言编译器，用于对 npm 的源码进行编译），命令如下：

```
yum install gcc gcc-c++
```

yum 是 CentOS 使用的 Shell 前端软件包管理器，可以从指定的服务器自动下载 RPM（Red-Hat Package Manager，红帽软件包管理器）包并且安装。

② 从国内镜像网站下载 Node.js，命令如下：

```
cd /usr/local/
wget https://npm.taobao.org/mirrors/node/v10.14.1/node-v10.14.1-linux-x64.tar.gz
```

读者可以自行搜索最新版本的下载链接。执行下面的命令可以安装 wget：

```
yum install wget
```

③ 解压缩下载的安装包，并将其重命名为 node，命令如下：

```
tar -xvf  node-v10.14.1-linux-x64.tar.gz
mv node-v10.14.1-linux-x64 node
```

④ 配置环境变量。首先执行下面的命令，编辑配置文件/etc/profile：

```
vi /etc/profile
```

然后在文件最后添加以下配置：

```
export NODE_HOME=/usr/local/node
export PATH=$NODE_HOME/bin:$PATH
```

保存并退出后，执行下面的命令应用配置：

```
source /etc/profile
```

⑤ 验证安装结果。执行下面的命令，可以查看 Node.js 和 npm 的版本号：

```
node -v
npm -v
```

如果输出结果与如下结果类似，则说明安装成功：

```
[root@server2 ~]# node -v
v10.14.1
[root@server2 ~]#
[root@server2 ~]# npm -v
6.4.1
[root@server2 ~]#
```

安装成功后，设置 npm 的国内镜像网址以提高下载速度，命令如下：

```
npm config set registry https://registry.npm.taobao.org
```

执行下面的命令将 npm 升级到最新版本：

```
npm install -g npm
```

cnpm 是 npm 国内镜像的客户端，可以大幅提高安装的速度和成功率。执行下面的命令可以安装 cnpm：

```
npm install -g cnpm --registry=registry.npm.taobao.org
```

执行下面的命令安装 Web3.js 和 BigNumber.js（BigNumber.js 是一个用于任意精度计算的 JS 库，在使用 Web3.js 时会用到 BigNumber.js）：

```
cnpm install web3@^0.20.0
cnpm install bignumber.js
```

6.1.3 第一个 Web3.js 的小实例

本小节介绍第一个 Web3.js 的小实例，使读者对 Web3.js 形成初步印象。

执行下面的命令，在/usr/local/目录下创建 web3 子目录，用于保存本章的实例：

```
cd /usr/local/
mkdir web3
```

在/usr/local/web3 目录下创建 connect.js，并在其中编写如下代码：

```
var Web3 = require('web3')
var web3 = new Web3(new Web3.providers.HttpProvider('http://192.168.1.101:8545'))
var version = web3.version.node;
console.log(version);
```

这段程序的作用是连接本地的以太坊私有链节点，节点的监听端口为 8545。代码中假定 192.168.1.101 是以太坊私有链节点的 IP 地址，注意将其替换为自己的 IP 地址。程序的具体说明如下。

- require('web3')：用于引入 Web3.js 脚本。
- Web3.providers.HttpProvider()：用于连接以太坊节点。当 Web3 连接到以太坊节点时需要指定服务提供器。Web3.providers.HttpProvider() 是常用的服务提供器，它通过 HTTP 连接到以太坊节点。
- web3.version.node：返回以太坊节点的版本号。
- console.log()：JavaScript 函数，用于在浏览器的控制台中输出日志信息。

Web3.js 是通过 RPC 连接以太坊节点的。为了能够接受 Web3.js 的连接，需要在启动以太坊私有链时启用 RPC，并在 8545 端口监听 RPC 连接。启动以太坊私有链的命令如下：

```
cd /usr/local/go-ethereum/build/bin
./geth --datadir ethchain --nodiscover console 2 -dev --dev.period 1 --password './
password.txt' --http.addr 192.168.1.101 --http.port 8545 --http.corsdomain "*" -http --http.api="db,
eth,net,web3,personal"
```

与 RPC 连接有关的参数说明如下。

- --http.addr 192.168.1.101：指定以太坊私有链节点的 IP 地址，这里为 CentOS 虚拟机的 IP 地址。
- --http.port 8545：在 8545 端口监听 RPC 连接。
- --http.corsdomain "*"：指定接受远程 RPC 连接的地址范围，*表示任意地址。
- -http：启用 RPC。
- --http.api="db,eth,net,web3,personal"：指定可以调用的 HTTP-RPC API，默认只有 eth、net 和 web3。

启动以太坊私有链后，打开一个新的 PuTTY 终端窗口，执行下面的命令：

```
cd /usr/local/web3/
node connect.js
```

通过 Node.js 运行 connect.js，并连接到以太坊私有链。运行结果如图 6-2 所示，可以从中看到以太坊私有链的版本信息。

图 6-2　运行 connect.js 的结果

6.1.4　在网页中使用 Web3.js

智能合约只是一段脚本程序，没有用户界面。要想真正地将智能合约"落地"，就要在 Web 应用中访问智能合约，从而为用户提供操作界面。

在 Web 应用中访问智能合约的关键是集成 Web3.js。首先需要下载 Web3.js 脚本。读者可以自行搜索下载网址，也可以从 SourceForge.net 下载，相关 URL 参见"本书使用的网址"文档。

编者在编写本书时下载的是 Web3.js.1.3.0.zip，读者在阅读本书时可能有了更高的版本。解压后在 dist 文件夹下可以找到 web3.min.js，使用时将其复制到存放 HTML 文件的目录下。在 HTML 文件中引用 web3.min.js 的代码如下：

```
<script src="web3.min.js"></script>
```

【例 6-1】演示在网页中使用 Web3.js 访问以太坊私有链的方法。

创建 sample6-1.html，并在其中编写如下代码：

```
<html>
  <head>
    <meta charset="UTF-8">
    <title>演示在网页中使用 Web3.js 访问以太坊私有链的方法</title>
        <script src=" https://ajax.aspnetcdn.com/ajax/jquery/jquery-3.5.1.min.js "></script>
    <script src="web3.min.js"></script>

    <script>
    $(function () {
        if (typeof web3 !== 'undefined') {
            web3 = new Web3(providers);
        } else {
            // 连接以太坊私有链
            web3 = new Web3(new Web3.providers.HttpProvider("http://192.168.1.101:8545"));
        }
    console.log(Web3.version);
    });
    </script>
  </head>
</html>
```

sample6-1.html 中引用了 web3.min.js，注意将这两个文件放在一个目录下。

typeof web3 !== 'undefined'用于判断是否已经加载了以太坊服务提供器。如果没有加载，则 typeof web3 等于"undefined"。此时，通过 new Web3.providers.HttpProvider("http://192.168.1.101:8545") 加载服务提供器，并连接以太坊私有链。

程序在浏览器的控制台中通过调用 Web3.version 属性输出 Web3.js 的版本信息。参照 6.1.3 小节启动以太坊私有链，然后在 Chrome 浏览器中访问 sample6-1.html。按"F12"键，可以看到 Web3.js 的版本信息，因为编者使用的是 Web3.js.1.3.0.zip，所以控制台中显示的版本号为 1.3.0，如图 6-3 所示。

图 6-3　在 Chrome 浏览器的控制台中查看 Web3.js 的版本信息

6.1.5　本章实例的执行环境

要运行本章实例，需要事先参照 2.3 节搭建测试环境。本章实例中 HTML 文件都部署在 CentOS 虚拟机的/var/www/html 目录下，并确保在 CentOS 虚拟机中已经安装并启动 Apache 服务。另外，在 CentOS 虚拟机中应参照 6.1.2 小节安装 Web3.js。本书假定虚拟机的 IP 地址为 192.168.1.101，读者练习时需要根据实际情况对其进行替换。

很多实例要求连接到以太坊私有链。这里假定在 CentOS 虚拟机中已经参照第 2 章部署了以太坊私有链 Geth。

在浏览实例网页之前，打开一个 PuTTY 终端并使其连接到 CerntOS 虚拟机，执行下面的命令启动以太坊私有链：

```
cd /usr/local/go-ethereum/build/bin
./geth --datadir ethchain --nodiscover console 2 -dev --dev.period 1 --password './
password.txt' --http.addr 192.168.1.101 --http.port 8545 --http.corsdomain "*" -http --http.api ="db,
eth,net,web3,personal"
```

6.1.6　JavaScript Promise 对象

Promise 是 JavaScript 异步编程的一种解决方法，在 Web3.js 中被大量使用。

1．手动创建 Promise 对象

Promise 代表将来要发生的事件，用来传递异步操作的消息。Promise 对象通常表示异步操作的结果，其有以下 3 种状态。
- pending：初始状态，表示待定状态，即不确定是成功还是失败。
- fulfilled：表示操作成功。
- rejected：表示操作失败。

只有异步操作的结果可以决定 Promise 对象当前处于哪种状态，其他任何操作都无法改变此状态。

在实例化 Promise 对象时可以指定一个回调函数，代码如下：

```
var promise = new Promise(function(resolve, reject) {
//异步处理，处理结束后调用 resolve 或 reject
```

回调函数有 2 个参数，即 resolve 和 reject，它们也是回调函数。因为是异步操作，所

以调用者不可能等待异步操作的返回结果，只能通过这 2 个回调函数传递数据。通常，如果异步操作成功，则会调用 resolve() 函数将操作的结果传递出来；如果异步操作失败，则会调用 reject() 函数将错误对象传递出来。下面是演示实例化 Promise 对象的代码：

```
var promise = new Promise( function(resolve, reject) {
    //异步操作的代码
    if(//异步操作成功){
        resolve(value);
    }else {
        reject(error);
    }
});
```

实例化 Promise 对象后，可以使用 then() 方法来指定 resolve() 函数和 reject() 函数，具体方法如下：

```
<promise 对象>.then(
    function(result){
        //操作成功
        ......
    },
    function(result){
        //操作失败
        ......
    });
```

可以看到，then() 方法中包含 2 个回调函数，第 1 个回调函数用于处理操作成功的返回结果，因此其为 resolve() 函数；第 2 个回调函数用于处理操作失败返回的错误对象，因此其为 reject() 函数。其中第 2 个回调函数是可选的。

【例 6-2】演示手动创建 Promise 对象的方法。

创建一个名为 sample6-2.html 的网页文件，并在其中编写如下代码：

```
<html>
  <head>
    <meta charset="UTF-8">
    <title>演示手动创建 Promise 对象的方法</title>
    <script>
    var myFirstPromise = new Promise(function(resolve, reject){
        setTimeout(function(){
            resolve("成功!");
        }, 10000);
    });

    myFirstPromise.then(function(successMessage){
        document.write("返回信息: " + successMessage);
    });
    </script>
  </head>
</html>
```

sample6-2.html 中创建了 Promise 对象，执行的异步操作是 setTimeout() 函数。setTimeout() 函数等待 10s 后调用 resolve() 函数，传递的数据为 "成功!"。在 myFirstPromise.then() 函

数中定义了 resolve() 函数的代码，实现在网页中输出传递回来的数据。

在 Chrome 浏览器中访问 sample6-2.html，等待 10s 后会在网页中显示"返回信息：成功!"，如图 6-4 所示。

图 6-4　例 6-2 的运行结果

2．作为异步操作的结果

在很多情况下，Promise 对象不需要手动创建，而是作为异步操作的结果返回。Web3.js 中有很多方法可以返回 Promise 对象，如 web3.eth.getChainId()，该方法可以返回节点的以太坊协议版本。

【例 6-3】以 web3.eth.getChainId() 方法为例演示在网页中异步操作返回 Promise 对象。

创建一个名为 sample6-3.html 的网页文件，并在其中编写如下代码：

```html
<html>
  <head>
    <meta charset="UTF-8">
    <title>web3.eth.getChainId</title>
    <script src="https://ajax.aspnetcdn.com/ajax/jquery/jquery-3.5.1.min.js"></script>
    <script src="web3.min.js"></script>

    <script>
    $(function () {
        if (typeof web3 !== 'undefined') {
            web3 = new Web3(providers);
        } else {
            web3 = new Web3(new Web3.providers.HttpProvider(http://192.168.1.101:8545));
        }
        web3.eth.getChainId().then(console.log);
    });
    </script>
  </head>
</html>
```

将 sample6-3.html 上传至 CentOS 虚拟机的/var/www/html 目录下，然后打开 Chrome 浏览器访问如下 URL：

```
http://192.168.1.101/sample6-3.html
```

按"F12"键，可以在 console 窗口中看到 web3.eth.getChainId() 方法的返回结果。编者得到的返回结果是 1337。

6.2　区块编程

本节介绍 Web3.js 区块编程的方法。

6.2.1　标识区块

在以太坊中，可以通过区块编号或者区块哈希来标识区块，也可以使用如下字符串来标识区块。

- "pending"：表示等待打包的区块。
- "genesis"：表示创世区块。
- "latest"：表示最新产生的区块。

在本章后面介绍的 Web3.js 方法中，很多方法会通过以上字符串来标识区块。

6.2.2　获取当前区块编号

调用 web3.eth.getBlockNumber() 方法可以返回当前区块编号，方法如下：

```
web3.eth.getBlockNumber([(function(error, result){
    console.log(result);
});]);
```

回调函数是可选的，其中包含 2 个参数，即 error 和 result。error 是错误对象，result 是查询到的区块编号。

web3.eth.getBlockNumber() 方法返回一个 Promise 对象。如果不使用回调函数，则可以通过 Promise 对象输出返回结果，方法如下：

```
web3.eth.getBlockNumber().then(console.log);
```

【例 6-4】演示在网页中使用 Web3.js 获取当前区块编号的方法。

创建一个名为 sample6-4.html 的网页文件，并在其中定义一个 id="current_block_number"的 a 元素，用于显示获取的当前区块编号。其定义代码如下：

```
<a id="current_block_number">获取当前区块编号…</a>
```

获取当前区块编号的代码如下：

```
<script>
$(function () {
    if (typeof web3 !== 'undefined') {
        web3 = new Web3(web3.currentProvider);
    } else {
        //连接以太坊私有链
        web3 = new Web3(new Web3.providers.HttpProvider("http://192.168.1.101:8545"));
    }

var currentBlock = "";
web3.eth.getBlockNumber(function(error, result){
        $("#current_block_number").text("当前区块编号: "+result);
    });
});
</script>
```

将 sample6-4.html 上传至 CentOS 虚拟机的 /var/www/html 目录下，然后打开浏览器，访问如下 URL：

```
http://192.168.1.101/sample6-4.html
```

运行结果如图 6-5 所示。

图 6-5　例 6-4 的运行结果

6.2.3 获取默认区块编号

可以通过 web3.eth.defaultBlock 属性设置和获取默认区块编号。可以使用 6.2.1 小节介绍的方法标识区块。web3.eth.defaultBlock 的默认值为"latest"。

6.2.4 获取指定区块详情

使用 web3.eth.getBlock() 方法可以返回指定编号或哈希所对应的区块详情，具体方法如下：

```
web3.eth.getBlock(<区块哈希或区块索引> [, <是否返回交易详情>] [, <回调函数>])
```

第 2 个参数如果设置为 true，则会返回区块中所有交易的详情；如果设置为 false，则会返回交易哈希。默认值为 false。

回调函数是可选参数，其中包含 2 个参数，即 error 和 result。error 表示错误对象，result 表示查询结果。

web3.eth.getBlock() 方法的返回结果是一个 Promise 对象。用户可以通过 Promise 对象来查询区块的交易详情。

【例 6-5】演示在网页中使用 Web3.js 获取最新区块详情的方法。

创建一个名为 sample6-5.html 的网页文件，在其中编写如下代码：

```html
<html>
  <head>
    <meta charset="UTF-8">
    <title>演示使用 web3.eth.getBlock()方法</title>
    <script src="https://ajax.aspnetcdn.com/ajax/jquery/jquery-3.5.1.min.js"></script>
    <script src="web3.min.js"></script>

    <script>
    $(function () {
        if (typeof web3 !== 'undefined') {
            web3 = new Web3(providers);
        } else {
            web3 = new Web3(new Web3.providers.HttpProvider("http://192.168.1.101:8545"));
        }
        web3.eth.getBlock("latest", true, function(error, result){
            if(error){
                console.log(error);
            }
            else{
                console.log(result);
            }
        })
    });
    </script>
  </head>
</html>
```

将 sample6-5.html 上传至 CentOS 虚拟机的/var/www/html 目录下，然后打开 Chrome 浏览器，访问如下 URL：

```
http://192.168.1.101/sample6-5.html
```

按"F12"键，在浏览器的 console 窗口中可以看到例 6-5 的运行结果，如图 6-6 所示。运行结果中包含的字段含义可以参照 2.2.6 小节加以理解。

6.2.5 获取指定叔区块

调用 web3.eth.getUncle() 方法可以返回指定区块的叔区块。一个区块的叔区块的父区块与它自己的爷爷区块（父区块的父区块）是同一个区块。

web3.eth.getUncle() 方法的语法如下：

```
web3.eth.getUncle(<区块编号或区块哈希>,
<叔区块的索引位置> [, <是否返回区块中的交易详情>]
[, <回调函数>])
```

回调函数是可选参数，其中包含 2 个参数，即 error 和 result。error 表示错误对象，result 表示查询结果。

web3.eth.getUncle() 方法的返回结果是一个 Promise 对象。用户可以通过 Promise 对象查询区块的交易详情。叔区块没有单独的交易信息，因为叔区块位于分叉上，其中的交易在区块链上已经存在了。

（图中机器数据）

sample6-5.html:21
{difficulty: "2", extraData: "0xd8830109188467657468886676f312e31
352e33856c696e75…4c240e7343febb0410ce559c2b044d835d8132c6a8d85f7
00", gasLimit: 8000000, gasUsed: 0, hash: "0xec4fe45841b9d7bc54f
f9160016de359933762a2922937ca7d0319d3f53cd903", …}
  difficulty: "2"
  extraData: "0xd8830109188467657468886676f312e31352e33856c696e7…
  gasLimit: 8000000
  gasUsed: 0
  hash: "0xec4fe45841b9d7bc54ff9160016de359933762a2922937ca7d03…
  logsBloom: "0x000000000000000000000000000000000000000000000000…
  miner: "0x0000000000000000000000000000000000000000"
  mixHash: "0x0000000000000000000000000000000000000000000000000…
  nonce: "0x0000000000000000"
  number: 119272
  parentHash: "0x850bc1fdf6e7913b400dd0c114d1763e5e9651e2c681f6…
  receiptsRoot: "0x56e81f171bcc55a6ff8345e692c0f86e5b48e01b996c…
  sha3Uncles: "0x1dcc4de8dec75d7aab85b567b6ccd41ad312451b948a74…
  size: 609
  stateRoot: "0x7318107ecd24cc1192352d76307acd2e1d873516c05e895…
  timestamp: 1610370838
  totalDifficulty: "238545"
  ▶ transactions: []
  transactionsRoot: "0x56e81f171bcc55a6ff8345e692c0f86e5b48e01b…
  ▶ uncles: []
  ▶ __proto__: Object

图 6-6　例 6-5 的运行结果

6.3 以太坊账户与交易编程

Web3.js 提供了一组属性和方法来实现以太坊账户与交易编程。本节只介绍这些属性和方法的基本用法，并在以太坊私有链上演示如何使用它们。本书第 9 章将结合以太坊测试网络介绍以太坊交易的完成过程。

6.3.1 获取账户列表

调用 web3.eth.getAccounts() 方法可以获取当前以太坊节点的账户列表，代码如下：

```
web3.eth.getAccounts(callback(error, result){ … })
```

在回调函数中，error 对象代表返回的错误对象，result 对象代表返回的查询结果。

【例 6-6】演示在网页中使用 Web3.js 获取当前以太坊节点账户列表的方法。

创建一个名为 sample6-6.html 的网页文件，并在其中编写如下代码：

```html
<html>
  <head>
    <meta charset="UTF-8">
    <title>演示在网页中使用 Web3.js 获取当前以太坊节点账户列表的方法</title>
    <script src="https://code.jquery.com/jquery-3.1.1.min.js"></script>
    <script src="web3.min.js"></script>
    <script>
    $(function () {
        if (typeof web3 !== 'undefined') {
            web3 = new Web3(providers);
```

```
        } else {
            // set the provider you want from Web3.providers
            web3 = new Web3(new Web3.providers.HttpProvider(http://192.168.1.101:8545 ));
        }
        web3.eth.getAccounts(callback(error, result){
            if(error){
                console.log(error);
            }
            else{
                console.log(result);
            }
        })
    });
    </script>
  </head>
</html>
```

将 sample6-6.html 上传至 CentOS 虚拟机的/var/www/html 目录下，然后打开 Chrome 浏览器，访问如下 URL：

```
http://192.168.1.101/sample6-6.html
```

按 "F12" 键，运行结果如图 6-7 所示。可以看到，控制台中显示了所有账户的数组，这些账户与第 2 章中创建的账户是一致的。

```
                                    sample6-6.html:21
  (3) ["0xd169d4387C2dcd1Ec4e6952bDdF0a22c1F8c2b2F", "0xcc130bc18d
▶ d3Abb060B1EA5451a5f09aBc2634cD", "0x95CBe01fAcEf44d754C6b2b7e9Ef
  6F8bAa28137B"]
```

图 6-7 例 6-6 的运行结果

6.3.2 默认账户和币基账户

使用 web3.eth.defaultAccount 属性可以获取和设置默认账户地址。在一些涉及交易的方法中如果不指定 from 参数，那么方法将会使用默认账户作为 from 参数值。

使用 web3.eth.getCoinbase() 方法可获取币基账户地址，也就是接收挖矿奖励的账户地址。具体方法如下：

```
web3.eth.getCoinbase([<回调函数>])
```

web3.eth.getCoinbase() 方法返回一个 Promise 对象，其可以被解析为 20 字节的地址字符串。

也可以通过 web3.eth.coinbase 属性获取币基账户地址。

【例 6-7】演示在网页中使用 Web3.js 获取币基账户地址的方法。

创建一个名为 sample6-7.html 的网页文件，并在其中定义一个 id="coinbase"的 a 元素，用于显示获取的币基账户地址。其定义代码如下：

```
<a id="coinbase">获取币基账户地址…</a>
```

获取币基账户地址的代码如下：

```
<script>
$(function () {
    if (typeof web3 !== 'undefined') {
        web3 = new Web3(providers);
    } else {
```

```
                   // set the provider you want from Web3.providers
                   web3 = new Web3(new Web3.providers.HttpProvider("http://192.168.1.101:8545"));
             }
       web3.eth.getCoinbase().then(function (result, error){
             if (error)
                   console.log(error)
             else
             {
                   $("#coinbase").text("币基账户地址: "+result);
             }

       });
});
</script>
```

将 sample6-7.html 上传至 CentOS 虚拟机的/var/www/html 目录下，然后打开浏览器，访问如下 URL：

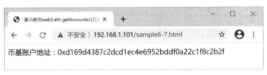

```
http://192.168.1.101/sample6-7.html
```

运行结果如图 6-8 所示。

图 6-8　例 6-7 的运行结果

6.3.3　获取账户余额

调用 web3.eth.getBalance() 方法可以获取指定账户的余额，具体方法如下：

```
web3.eth.getBalance(<账户地址>[, <默认区块>] [, <回调函数>])
```

默认区块是可选参数，如果指定了该参数，则它会覆盖 web3.eth.defaultBlock 属性值。回调函数中包含 2 个参数，第 1 个参数是错误对象 error，第 2 个参数是结果对象 result。

web3.eth.getBalance() 方法的返回值是一个 Promise 对象，可以从中解析出指定账户的余额。

【例 6-8】演示在网页中使用 Web3.js 获取币基账户余额的方法。本例假定从例 6-7 中获取币基账户的地址为 0xd169d4387c2dcd1ec4e6952bddf0a22c1f8c2b2f。

创建一个名为 sample6-8.html 的网页文件，并在其中定义一个 id="coinbase"的 a 元素，用于显示获取的币基账户余额。其定义代码如下：

```
<a id="coinbase">获取币基账户余额…</a>
```

获取币基账户余额的代码如下：

```
<script>
$(function () {
    if (typeof web3 !== 'undefined') {
        web3 = new Web3(providers);
    } else {
        web3 = new Web3(new Web3.providers.HttpProvider("http://192.168.1.101:8545"));
    }
    web3.eth.getBalance("0xd169d4387c2dcd1ec4e6952bddf0a22c1f8c2b2f").then(function
    (result, error){
```

```
            if (error)
                console.log(error)
            else
            {
                $("#coinbase").text("币基账户余额:"+result);
            }

        });
    });
    </script>
```

将 sample6-8.html 上传至 CentOS 虚拟机的/var/www/html 目录下，然后打开浏览器，
访问如下 URL：

```
http://192.168.1.101/sample6-8.html
```

运行结果如图 6-9 所示。

图 6-9   例 6-8 的运行结果

因为连接的是以太坊私有链获取币基账户，而且编者在编写本书时经常以开发者模式
运行以太坊私有链自动挖矿，所以币基账户中的余额很多，当然这是不能用于交易的。

6.3.4   获取指定区块中的交易数量

调用 web3.eth.getBlockTransactionCount() 方法可以返回指定区块中的交易数量，方法如下：

```
web3.eth.getBlockTransactionCount(<区块哈希或区块索引>[, 回调函数])
```

可以使用 6.2.1 小节介绍的方法来标识区块。回调函数是可选参数，其中包含 2 个参数，
即 error 和 result。error 用于返回错误对象，result 用于返回结果对象。

web3.eth.getBlockTransactionCount() 方法的返回结果是一个 Promise 对象，可以通过
Promise 对象查询区块的交易数量。

【例 6-9】演示在网页中使用 Web3.js 获取指定区块中交易数量的方法。

创建一个名为 sample6-9.html 的网页文件，在网页中定义一个 id="log"的 a 元素，用于
显示获取的当前区块编号。其代码如下：

```
<a id="log">获取区块中的交易数量…</a>
```

假定当前区块编号为 118 909（读者可以根据实际情况修改此值），这里遍历区块编号
在 110 000～118 910 的区块中的交易数量。定义一个 getBlockTransactionCount() 方法获取
并输出指定区块编号的区块中包含的交易数量，代码如下：

```
function getBlockTransactionCount(web3, blockno){
    console.log("enter getBlockTransactionCount");
    web3.eth.getBlockTransactionCount(blockno, function(error, result){
        if(error){
            console.log("web3.eth.getBlockTransactionCount 返回错误: " +error);
```

```
            }
        else{
                if(result>0){
                // alert("区块"+blockno+"的交易数量: "+result);
                    $("#log").html($("#log").html()+"区块"+blockno+"的交易数量:
                    "+ result+"<br>");


                }
            }
        });
    }
```

getBlockTransactionCount() 方法有以下 2 个参数。

- web3：表示连接到以太坊节点的 Web3 对象。
- blockno：用于指定区块编号。

程序调用 web3.eth.getBlockTransactionCount() 方法获取区块编号为 blockno 的区块所包含的交易数量，并在 ID 为 log 的 a 元素中显示结果。

在网页 sample6-9.html 中调用 getBlockTransactionCount() 方法的代码如下：

```
$(function () {
    console.log("enter");

    var sleep = function(time) {
        var startTime = new Date().getTime() + parseInt(time, 10);
        while(new Date().getTime() < startTime) {}
    };
    if (typeof web3 !== 'undefined') {
        web3 = new Web3(web3.currentProvider);
    } else {
        // set the provider you want from Web3.providers
        var web3 = new Web3(new Web3.providers.HttpProvider('http://192.168.1.101:8545'));
        console.log(web3);
    }

    var currentBlock = "";
    console.log("start");
    for(var i=110000;i< 118910;i++) {
    getBlockTransactionCount(web3, i);
        sleep(100);
    }
});
```

程序依次遍历区块编号在 110 000～118 910 的区块，并获取其中的交易数量。每调用一次 getBlockTransactionCount() 方法，程序即会调用一次自定义函数 sleep(100)，休息 100ms。休息的目的是防止给以太坊节点带来过大的访问压力。如果访问压力过大，可能会影响程序获取数据的结果。

将 sample6-9.html 上传至 CentOS 虚拟机的/var/www/html 目录下，然后打开浏览器，访问如下 URL：

```
http://192.168.1.101/sample6-9.html
```

运行结果如图 6-10 所示。

在访问 sample6-9.html 的过程中，按"F12"键，可以在 console 窗口中看到 enter getBlockTransactionCount 的日志输出。它前面有一个不断递增的数字，这个数字就是调用 getBlockTransactionCount() 方法的次数，如图 6-11 所示。因为完全打开网页用时很长，所以可以通过 console 窗口中的这个数字了解打开网页的进度。当数字达到 8 910 时网页会完全打开。

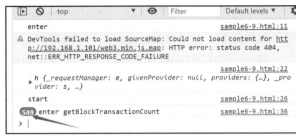

图 6-10　例 6-9 的运行结果

图 6-11　在 console 窗口中查看调用
getBlockTransactionCount() 方法的次数

使用 web3.eth.getTransactionCount() 方法可以获取指定区块中的交易数量，具体方法与 web3.eth.getBlockTransactionCount() 方法相似，这里不展开介绍。

6.3.5　获取指定区块中的交易详情

调用 web3.eth.getTransactionFromBlock() 方法可以获取指定区块中的交易详情，方法如下：

```
web3.eth.getTransactionFromBlock(<区块哈希或区块编号>, <交易索引位置> [, <回调函数>])
```

第 1 个参数与 getBlockTransactionCount() 方法中的用法一样。

如果区块中包含多个交易，则可以通过交易索引位置这一参数指定要获取详情的交易。

回调函数和返回结果的大体情况与 web3.eth.getBlockTransactionCount() 中的一样，只是返回结果的具体内容有所不同。

【例 6-10】演示在网页中使用 Web3.js 获取指定区块中交易详情的方法。

假定在例 6-9 中获取的区块 117 952 中包含 4 个交易，本例获取第 1 个交易的详情。

创建一个名为 sample6-10.html 的网页文件，在其中编写如下代码：

```html
<html>
  <head>
    <meta charset="UTF-8">
    <title>web3.eth.getTransactionFromBlock</title>
    <script src="https://ajax.aspnetcdn.com/ajax/jquery/jquery-3.5.1.min.js"></script>
    <script src="web3.min.js"></script>
    <script>
    $(function () {
        if (typeof web3 !== 'undefined') {
            web3 = new Web3(web3.currentProvider);
        } else {
            // set the provider you want from Web3.providers
            var web3 = new Web3(new Web3.providers.HttpProvider('http://192.168.1.101:8545'));
        }
        web3.eth.getTransactionFromBlock(117952, 0, function( error, result){
            if(error){
```

```
                    console.log("web3.eth.getTransactionFromBlock 返回错误: "+error);
                }
                else{
                    console.log(result);
                }
            });
        });
    </script>
    </head>
</html>
```

将 sample6-10.html 上传至 CentOS 虚拟机的/var/www/html 目录下，然后打开 Chrome 浏览器，访问如下 URL：

```
http://192.168.1.101/sample6-10.html
```

按"F12"键，可以在 console 窗口中查看 web3.eth.getTransactionFromBlock() 方法输出的日志，如图 6-12 所示。

可以看到，日志中显示了交易的详情，具体如下。

- blockHash：区块哈希。
- blockNumber：区块编号。
- from：发起交易的账户地址。
- gas：交易花费的 Gas 数量。
- gasPrice：交易花费的 Gas 价格。
- hash：交易的哈希值。
- input：交易的输入参数。
- nonce：随机数。
- r、s、v：交易的签名。
- to：交易的目标账户地址。
- transactionIndex：交易在区块中的位置索引。
- value：交易的金额。

图 6-12 在 console 窗口中查看 web3.eth.
getTransactionFromBlock() 方法输出的日志

6.3.6 根据交易哈希获取交易对象

使用 web3.eth.getTransaction() 方法可以根据交易哈希获取交易对象，方法如下：

```
web3.eth.getTransaction(<交易哈希>[, <回调函数>])
```

回调函数和返回结果的大体情况与 web3.eth.getBlockTransactionCount() 方法中的一样，只是返回结果的具体内容有所不同。

【例 6-11】演示在网页中使用 web3.eth.getTransaction() 方法根据交易哈希获取交易对象的方法。

假定在例 6-10 中获取的交易哈希值为 0xf3982b3798ace0953621ca7b415f94a0652805a8 26c72b93cb5e33e0aa961937。

创建一个名为 sample6-11.html 的网页文件，并在其中编写如下代码：

```
<html>
  <head>
    <meta charset="UTF-8">
    <title>web3.eth.getTransaction</title>
    <script src="https://ajax.aspnetcdn.com/ajax/jquery/jquery-3.5.1.min.js"></script>
    <script src="web3.min.js"></script>
    <script>
    $(function () {
        if (typeof web3 !== 'undefined') {
            web3 = new Web3(web3.currentProvider);
        } else {
            // set the provider you want from Web3.providers
            var web3 = new Web3(new Web3.providers.HttpProvider('http://192.168.1.101:8545'));
        }
        web3.eth.getTransaction("0xf3982b3798ace0953621ca7b415f94a0652805a826c72b93cb
5e33e0aa961937", function( error, result){
            if(error){
                console.log("web3.eth.getTransaction 返回错误: " +error);
            }
            else{
                console.log(result);
            }
        });
    });
    </script>
  </head>
</html>
```

将 sample6-11.html 上传至 CentOS 虚拟机的/var/www/html 目录下，然后打开 Chrome 浏览器，访问如下 URL：

```
http://192.168.1.101/sample6-11.html
```

按"F12"键，可以在 console 窗口中查看 web3.eth.getTransaction() 方法输出的日志，如图 6-13 所示。

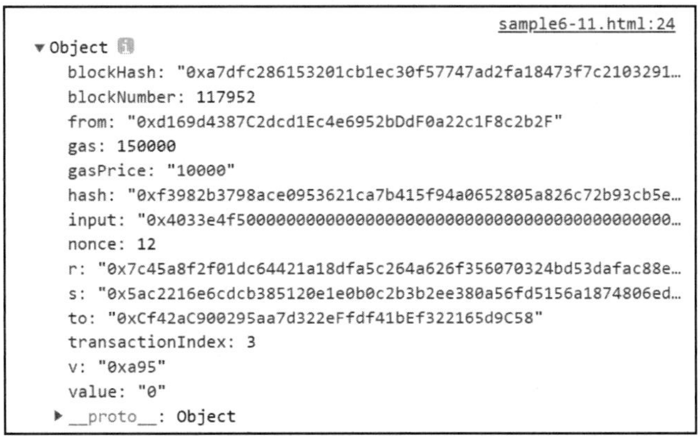

图 6-13　在 console 窗口中查看 web3.eth.getTransaction() 方法输出的日志

6.3.7　获取交易的收据对象

使用 web3.eth.getTransactionReceipt() 方法可以根据交易哈希获取交易的收据对象，方法如下：

```
web3.eth.getTransactionReceipt(<交易哈希>[,<回调函数>])
```

回调函数和返回结果的大体情况与 web3.eth.getBlockTransactionCount() 方法中的一样，只是返回结果的具体内容有所不同。

关于交易收据的概念可以参照 2.2.6 小节加以理解。

【例 6-12】演示在网页中使用 web3.eth.getTransactionReceipt() 方法根据交易哈希获取交易的收据对象的方法。

假定在例 6-10 中获取的交易哈希值为 0xf3982b3798ace0953621ca7b415f94a0652805a8 26c72b93cb5e33e0aa961937，读者需要根据实际情况对其进行替换。

创建一个名为 sample6-12.html 的网页文件，在其中编写如下代码：

```
<html>
  <head>
    <meta charset="UTF-8">
    <title>web3.eth.getTransactionReceipt</title>
    <script src="https://ajax.aspnetcdn.com/ajax/jquery/jquery-3.5.1.min.js"></script>
    <script src="web3.min.js"></script>
    <script>
    $(function () {
        var sleep = function(time) {
            var startTime = new Date().getTime() + parseInt(time, 10);
            while(new Date().getTime() < startTime) {}
        };
        if (typeof web3 !== 'undefined') {
            web3 = new Web3(web3.currentProvider);
        } else {
            // set the provider you want from Web3.providers
            var web3 = new Web3(new Web3.providers.HttpProvider('http://192.168.1.101:8545'));
        }
        web3.eth.getTransactionReceipt("0xf3982b3798ace0953621ca7b415f94a0652805a826c
        72b93cb5e33e0aa961937", function( error, result){
            if(error){
                    console.log("web3.eth.getTransactionReceipt 返回错误: " +error);
                }
                else{
                    console.log(result);
                }
            });
    });
    </script>
  </head>
</html>
```

将 sample6-12.html 上传至 CentOS 虚拟机的/var/www/html 目录下，然后打开 Chrome 浏览器，访问如下 URL：

```
http://192.168.1.101/sample6-12.html
```

按 "F12" 键，可以在 console 窗口中查看 web3.eth.getTransactionReceipt() 方法输出的日志，如图 6-14 所示。

图 6-14 在 console 窗口中查看 web3.eth. getTransactionReceipt() 方法输出的日志

在 web3.eth.getTransactionReceipt() 方法的返回结果中，主要的字段及其说明如表 6-1 所示。

表 6-1　web3.eth.getTransactionReceipt()方法返回结果中的主要字段及其说明

字段名	说明
blockHash	区块哈希
blockNumber	区块编号
contractAddress	合约地址
cumulativeGasUsed	交易所在区块中在指定交易完成时累计使用的 Gas 值
from	发起交易的账户地址
gasUsed	交易花费的 Gas
logs	交易的日志
logsBloom	用于快速搜索和判断一个日志中是否存在收据 MPT 中的数据
status	交易的状态
to	交易的目标账户地址
transactionHash	交易哈希
transactionIndex	交易索引

6.3.8　向以太坊网络提交交易

调用 web3.eth.sendTransaction() 方法可以向以太坊网络提交交易，具体方法如下：

```
web3.eth.sendTransaction(<交易对象> [, callback])
```

其中，交易对象包含如下字段。

- from：发起交易的账户地址。如果不设置该字段，则会使用 web3.eth.defaultAccount 属性值。
- to：交易的目标账户地址。
- value：交易的金额。
- gas：交易的 Gas 总量，未用完会退回。通常可以不指定。
- gasPrice：交易的 Gas 价格，单位为 wei。通常可以不指定。默认值为 web3.eth.gasPrice

属性值。

- data：可选参数，可以是包含合约方法数据的 ABI（Application Binary Interface，应用程序二进制接口）字符串。关于 ABI 的概念将在 6.4.1 小节介绍。
- nonce：可选参数，可以使用该字段覆盖使用相同 nonce 值的挂起交易。

【例 6-13】演示在网页中使用 Web3.js 向以太坊网络提交交易的方法。

① 首先参照 2.3.8 小节中例 2-1 的方法执行 web3.eth.accounts 命令，查看私有链中包含的账户。假定已经按照 2.3.6 小节中介绍的内容创建了私有链账户，选择一个非币基账户作为转入账户，这里假定其为 0xcc130bc18dd3abb060b1ea5451a5f09abc2634cd。读者可以根据实际情况选择转入账户。

参照 6.3.2 小节查看币基账户地址，本例假定其为 0xd169d4387c2dcd1ec4e6952bddf0a22c1f8c2b2f。

② 查看币基账户和 0xcc130bc18dd3abb060b1ea5451a5f09abc2634cd 账户的余额。假定币基账户的余额大于 1ETH，记录 0xcc130bc18dd3abb060b1ea5451a5f09abc2634cd 账户的余额，以便后面核对转账的结果。

③ 如果币基账户或 0xcc130bc18dd3abb060b1ea5451a5f09abc2634cd 账户被锁定，则执行 web3.personal.unlockAccount() 命令将其解锁。

④ 创建一个名为 sample6-13.html 的网页文件，并在其中编写如下代码：

```html
<html>
  <head>
    <meta charset="UTF-8">
    <title>web3.eth.getTransaction</title>
    <script src="https://ajax.aspnetcdn.com/ajax/jquery/jquery-3.5.1.min.js"></script>
    <script src="web3.min.js"></script>
    <script>
    $(function () {
        if (typeof web3 !== 'undefined') {
            web3 = new Web3(web3.currentProvider);
        } else {
            // set the provider you want from Web3.providers
            var web3 = new Web3(new Web3.providers.HttpProvider('http://192.168.1.101:8545'));
        }
        web3.eth.sendTransaction({
        from: '0xd169d4387c2dcd1ec4e6952bddf0a22c1f8c2b2f',
        to: '0xcc130bc18dd3abb060b1ea5451a5f09abc2634cd',
        value: '1000000000000000'
    })
    .then(function(receipt){
        console.log(receipt);
    });
    });
    </script>
  </head>
</html>
```

将 sample6-13.html 上传至 CentOS 虚拟机的/var/www/html 目录下，然后打开 Chrome 浏览器，访问如下 URL：

```
http://192.168.1.101/sample6-13.html
```

按"F12"键，可以在 console 窗口中查看 web3.eth.sendTransaction() 方法输出的日志，如图 6-15 所示。

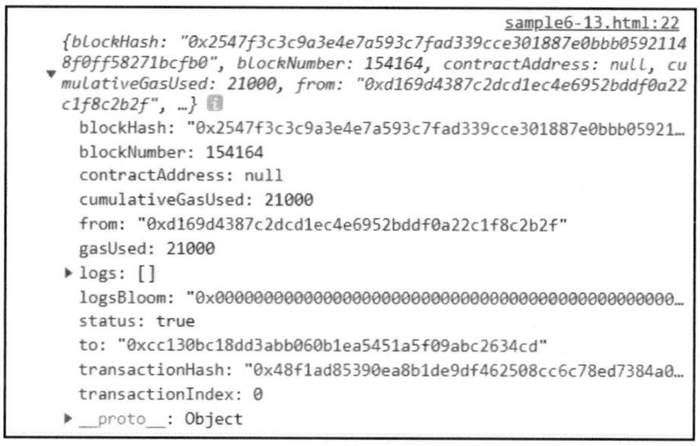

```
                                                    sample6-13.html:22
  {blockHash: "0x2547f3c3c9a3e4e7a593c7fad339cce301887e0bbb0592114
▼ 8f0ff58271bcfb0", blockNumber: 154164, contractAddress: null, cu
  mulativeGasUsed: 21000, from: "0xd169d4387c2dcd1ec4e6952bddf0a22
  c1f8c2b2f", …} 🛈
    blockHash: "0x2547f3c3c9a3e4e7a593c7fad339cce301887e0bbb05921…
    blockNumber: 154164
    contractAddress: null
    cumulativeGasUsed: 21000
    from: "0xd169d4387c2dcd1ec4e6952bddf0a22c1f8c2b2f"
    gasUsed: 21000
  ▶ logs: []
    logsBloom: "0x00000000000000000000000000000000000000000000000…
    status: true
    to: "0xcc130bc18dd3abb060b1ea5451a5f09abc2634cd"
    transactionHash: "0x48f1ad85390ea8b1de9df462508cc6c78ed7384a0…
    transactionIndex: 0
  ▶ __proto__: Object
```

图 6-15 在 console 窗口中查看 web3.eth.sendTransaction() 方法输出的日志

如果执行成功，则会输出交易哈希（transactionHash）。

6.3.9 估算交易的 Gas 用量

调用 web3.eth.estimateGas() 方法可以估算交易的 Gas 用量，具体方法如下：

```
web3.eth.estimateGas(<交易对象> [, <回调函数>])
```

【例 6-14】使用 web3.eth.estimateGas() 方法估算例 6-13 中交易的 Gas 用量。

创建一个名为 sample6-14.html 的文件，并在其中编写如下代码：

```html
<html>
  <head>
    <meta charset="UTF-8">
    <title>web3.eth.getTransaction</title>
    <script src="https://ajax.aspnetcdn.com/ajax/jquery/jquery-3.5.1.min.js"></script>
    <script src="web3.min.js"></script>
    <script>
    $(function () {
        if (typeof web3 !== 'undefined') {
            web3 = new Web3(web3.currentProvider);
        } else {
            // set the provider you want from Web3.providers
            var web3 = new Web3(new Web3.providers.HttpProvider('http://192.168.1.101:8545'));
        }
        addr = web3.eth.coinbase;
        web3.eth.estimateGas({
        from: '0xd169d4387c2dcd1ec4e6952bddf0a22c1f8c2b2f',
        to: '0xcc130bc18dd3abb060b1ea5451a5f09abc2634cd',
        value: '1000000000000000000'
        })
        .then(console.log);

        });
    </script>
  </head>
</html>
```

将 sample6-14.html 上传至 CentOS 虚拟机的/var/www/html 目录下，然后打开 Chrome 浏览器，访问如下 URL：

```
http://192.168.1.101/sample6-14.html
```

按 "F12" 键，可以在 console 窗口中查看 web3.eth.sendTransaction() 方法输出的日志，如图 6-16 所示。

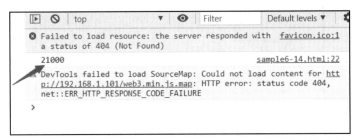

图 6-16　在 console 窗口中查看 web3.eth.sendTransaction() 方法输出的日志

可以看到例 6-13 中交易的 Gas 用量为 21 000 Gas，与图 6-15 中的交易详情数据是一致的。

6.4　智能合约编程基础

在 Web 应用中，可以通过 Web3.js 访问 Solidity 智能合约，进而与智能合约进行交互。本节介绍 Web3.js 智能合约编程的方法。

6.4.1　以太坊智能合约的 ABI

ABI 与 API 类似，也是程序与程序之间进行交互的接口，只不过 ABI 是与被编译成二进制代码后的程序进行交互。ABI 传递的是二进制格式的信息。在 Web3.js 中，可以通过 ABI 调用智能合约。

以太坊智能合约的 ABI 是一个数组，其中包含若干个 JSON（JavaScript Object Notation，JavaScript 对象简谱）字符串，这些 JSON 字符串可用来表示智能合约的函数或事件。

JSON 是一种轻量级的、以格式字符串来表示对象的方法。将对象转换为字符串的过程被称为序列化，这么做是因为结构化的数据对象无法直接在网络中传输，而通常可以使用对应的 JSON 字符串完成对象的传输。接收到数据后再将其从 JSON 字符串转换为对象，这个过程叫作反序列化。

JSON 字符串中包含如下特殊字符。

- 左方括号（[）：标识一个数组的开始。
- 左花括号（{）：标识一个对象的开始。
- 右方括号（]）：标识一个数组的结束。
- 右花括号（}）：标识一个对象的结束。
- 冒号（:）：标识属性名与属性值之间的分隔。
- 逗号（,）：标识属性名-值对之间的分隔。

下面是一个与 JSON 字符串相关的例子，其展示了一个 User 对象序列化的结果，

username 属性值为 zhangsan，name 属性值为张三，age 属性值为 18。

```
{"username":"zhangsan","name":"张三","age":18}
```

在以太坊智能合约 ABI 中，函数共包含如下 7 个参数。

- name：函数名。
- type：函数类型，可以是 function、constructor 或 fallback。
- inputs：函数的输入参数。inputs 是一个数组，数组元素的属性如表 6-2 所示。
- outputs：函数的返回值。与 inputs 一样，outputs 也是一个数组。
- payable：如果为 true，则表示函数可以接收以太币。默认为 false。
- constant：一个布尔值，如果为 true，则表示函数不会修改合约字段的状态变量。
- stateMutability：一个字符串，指定函数的状态类型，其可取值如表 6-3 所示。

表 6-2　inputs 参数中数组元素的属性

可取值	类型	具体说明
name	字符串	参数名
type	字符串	参数的数据类型
components	数组	输入参数为 struct 时才会有此参数，用于描述 struct 中包含的参数类型

表 6-3　stateMutability 参数的可取值

可取值	具体说明
pure	指定函数不读取区块链状态
view	指定函数只查看状态变量，而不修改状态变量的值
nonpayable	指定函数不可以接收以太币
payable	指定函数可以接收以太币

假定有一个简单的智能合约文件 demo.sol，其中的代码如下：

```
pragma solidity ^0.5.1;
//声明合约
contract Demo{
    function sum_for(uint _max) public pure returns(uint) {
        uint _i;
        uint _sum =0;
        for(_i=0; _i<=_max; _i++){
            _sum += _i;
        }
        return _sum;
    }
}
```

demo.sol 对应的 ABI 的代码如下：

```
[
    {
        "constant": true,
        "inputs": [
```

```
                {
                    "name": "_max",
                    "type": "uint256"
                }
            ],
            "name": "sum_for",
            "outputs": [
                {
                    "name": "",
                    "type": "uint256"
                }
            ],
            "payable": false,
            "stateMutability": "pure",
            "type": "function"
        }
    ]
```

上述代码中包含的主要属性、属性值及其具体说明如表 6-4 所示。

表 6-4   demo.sol 对应的 ABI 代码说明

属性	属性值	具体说明
name	sum_for	指定函数名
type	function	指定 sum_for 的类型为函数
stateMutability	pure	指定 sum_for() 函数不访问区块链

inputs	"inputs": [
	　　　{
	　　　　　"name": "_max",
	　　　　　"type": "uint256"
	　　　}
	　　],
		指定 sum_for() 函数的输入参数,本例中只有一个输入参数_max,其类型为 uint256

outputs	[{"name":"","type":"uint256"}]	指定 sum_for() 函数的返回值,本例中只有一个 uint256 类型的返回值

手动编写 ABI 代码很麻烦,而且很容易出错。读者可以借助 Solidity 的编译器 solc 自动生成智能合约的 ABI 代码。执行下面的命令可以通过 npm 安装 solc:

```
cnpm install -g solc
```

安装成功后可以执行下面的命令来查看 solc 的版本:

```
solcjs -V
```

上述命令在编者的虚拟机上运行时,返回结果如下:

```
0.7.5+commit.eb77ed08.Emscripten.clang
```

solcjs 的默认安装位置为/usr/local/node/lib/node_modules/solc/solcjs,安装时系统会创建与该位置对应的软链接/usr/local/node/bin/solcjs。

在/usr/local/web3 下创建 demo.sol,代码如前文所示。执行下面的命令可以生成 demo.sol 的 ABI 代码:

```
cd /usr/local/web3/
solcjs demo.sol -abi
```

需要注意的是，前面安装的 solc 版本是 0.7.5，因此它只能编译 0.7.5 版本的 Solidity 程序。否则，生成 ABI 代码时会出现如下错误信息：

```
ParserError: Source file requires different compiler version (current compiler is
0.7.5+commit.eb77ed08.Emscripten.clang) - note that nightly builds are considered
to be strictly less than the released version
pragma solidity ^0.5.1;
^---------------------^
```

以上信息的大意是源文件与编译器的版本不对应。

将源码的版本改为 0.7.5 即可，代码如下：

```
pragma solidity ^0.7.5;
```

生成的 ABI 代码保存在 demo_sol_Demo.abi 文件中，且可以执行如下命令来查看其内容：

```
cat demo_sol_Demo.abi
```

在 Remix 中也可以生成智能合约的 ABI 代码，只需要在右侧的"编译"选项卡中单击"详情"按钮后面的 ABI 图标，即可将当前智能合约的 ABI 代码复制到剪贴板中，如图 6-17 所示。

图 6-17　在 Remix 中生成智能合约的 ABI 代码

在 6.5.2 小节介绍调用智能合约的函数时，会使用 ABI 代码通知 Web3.js 智能合约中所包含的函数和参数。

6.4.2　以太坊智能合约的字节码

要调用智能合约中的函数，只有 ABI 是不够的，因为 ABI 只是智能合约的定义，还需要智能合约的可执行代码，即字节码。字节码有 2 种应用场景，一种是智能合约定义的字节码，在部署合约时会用到它；另一种字节码在调用合约时会被用到，其由函数选择器和参数编码 2 个部分组成。

1．函数选择器

函数选择器是对函数的编码。编码的规则是对"函数名+参数类型"得到的字符串进行 SHA-3（Keccak-256）哈希运算之后取前 4 字节数据。

可以通过如下代码生成函数选择器：

```
const Web3 = require('web3')
const web3 = new Web3()
console.log(web3.sha3(<函数名(参数类型)>))
```

在 Solidity 中，参数类型有一些别名。例如，uint 可以用 uint256 表示，数组 bytes[1] 可以用 bytes1 表示。在生成函数选择器时，如果选择不同的参数类型，得到的结果是不同的，这会影响调用智能合约的效果。如何选择标准的参数类型？这就涉及 6.4.1 小节中介绍的以太坊智能合约 ABI。

使用 web3.sha3() 方法可以对给定的字符串进行 SHA-3 哈希运算。

这里以例 4-4 中使用的 sum_for() 函数为例。由于篇幅所限，这里不重复介绍例 4-4 的代码，请参照 4.3.1 小节。生成 sum_for() 函数选择器的过程如下。

① 查看 sum_for() 函数的 ABI 代码，具体如下：

```
[
    {
        "constant": true,
        "inputs": [
            {
                "name": "_max",
                "type": "uint256"
            }
        ],
        "name": "sum_for",
        "outputs": [
            {
                "name": "",
                "type": "uint256"
            }
        ],
        "payable": false,
        "stateMutability": "pure",
        "type": "function"
    }
]
```

可以看到，函数 sum_for() 有 1 个参数，参数名为_max，参数类型为 uint256，因此需要根据 sum_for(uint256) 生成函数选择器。

② 在 CentOS 虚拟机中执行如下命令，启动以太坊私有链并启用 RPC，然后在 8545 端口上监听 RPC 连接：

```
cd /usr/local/go-ethereum/build/bin
./geth --datadir ethchain --nodiscover console 2 -dev --dev.period 1 --password './
password.txt' --http.port 8545 --http.corsdomain "*" -rpcaddr 192.168.1.101 -http --http.api =
"db,eth,net,web3,personal"
```

③ 打开另一个终端，使其连接到 CentOS 虚拟机。在/usr/local/web3 目录下创建 funcselector.js 文件，并在其中添加如下代码：

```
const Web3 = require('web3')
const web3 = new Web3()
console.log(web3.sha3('sum_for(uint256)'))
```

执行下面的命令，运行 funcselector.js 文件：

```
cd /usr/local/web3/
node funcselector.js
```

得到的结果如下：

```
0x82412b00582deaf25e31ac0b9f73cbd06fc532b2e629f411c462efd8f0d8ee0c
```

1 字节数据相当于 2 个十六进制字符，因此前 4 字节数据为 0x82412b00，此即 sum_for (uint256)的函数选择器。

2．参数编码

不同类型的参数对应的编码方式也有所不同。参数类型可以分为固定类型和动态类型两种。

固定类型又分为整型、地址类型、布尔类型和字节/字符串类型等。固定类型参数的编码很简单，直接将参数值转成 32 字节长度的十六进制字符即可。如果编码不足 32 字节，则参照表 6-5 指定的方式处理。

表 6-5　固定类型参数编码不足 32 字节的处理方式

参数类型	编码不足 32 字节的处理方式
整型	如果是正数，则高位补 0；如果是负数，则高位补 1
地址类型	等价于 unit160，高位补 0
布尔类型	高位补 0
字节/字符串类型	低位补 0

【例 6-15】演示生成智能合约字节码的方法。

假定有一个智能合约 Foo，其中包含一个函数 baz()，代码如下：

```
pragma solidity ^ 0.5.1;
//声明合约
contract Foo{
    function baz(uint32 x, bool y) public pure returns (bool r) {
        r = x > 32 || y;
    }
}
```

假设 baz()函数的参数如下：

```
baz(69, true)
```

生成调用智能合约 Foo 字节码的过程如下。

① 参照前面的方法计算 baz(uint32,bool) 的函数选择器，得到 0xcdcd77c0。

② 计算 69 的参数编码。

将十进制数 69 转换为十六进制数 45。读者可以通过常用的浏览器搜索"十进制转十六进制"，找到在线进制转换的网站方便地实现此功能。因为 45 是正数，所以前面使用 0 将其补齐至 32 字节，得到：

```
0x0000000000000000000000000000000000000000000000000000000000000045
```

第 2 个参数布尔类型 true 对应十六进制的 1，高位补 0，得到：

```
0x0000000000000000000000000000000000000000000000000000000000000001
```

因此，智能合约 Foo 中调用 baz(69, true) 函数对应的字节码如下：

```
0xcdcd77c00x0000000000000000000000000000000000000000000000000000000000000450x00
00000000000000000000000000000000000000000000000000000000000001
```

可以使用这个字节码并通过 Web3.js 调用 baz() 函数，具体方法将在本章后面介绍。

动态类型包括 bytes（动态分配大小的字节数组）、string（动态分配大小的 UTF-8 编码的字符串）、定长数组及不定长数组。

【例 6-16】演示定长数组参数的编码过程。

假定在智能合约 Foo 中定义了一个函数 bar()，代码如下：

```
function bar(bytes3 [2] memory arr) public pure returns(bytes3) {
    return arr[0];
}
```

假设 bar() 函数的参数如下：

```
bar(["abc", "def"])
```

生成调用 bar() 函数字节码的过程如下。

① 参照前面的方法计算 bar(bytes3 [2]) 的函数选择器，得到 0xfce353f6。

② 对于固定长度的动态类型数据，计算参数编码的过程很简单，只需要依次计算每个元素的编码即可。本例中只需要分别计算"abc"和"def"的编码即可。"abc"对应的十六进制数为 616263，不足 32 字节的低位用 0 补齐，得到：

```
0x6162630000000000000000000000000000000000000000000000000000000000
```

"def"对应的十六进制数为 646566，不足 32 字节的低位用 0 补齐，得到：

```
0x6465660000000000000000000000000000000000000000000000000000000000
```

注意：在线执行字符串转十六进制数据时不要输入字符串两端的双引号，只输入字符串（如 abc 或 def）即可。

因此，以["abc", "def"]为参数调用 bar() 函数对应的字节码如下：

```
0xfce353f60x61626300000000000000000000000000000000000000000000000000000000000x64
65660000000000000000000000000000000000000000000000000000000000
```

动态类型的不定长数组参数的编码比较复杂。不定长变量包括不定长数组、字符串、字节数组、映射等类型。因为不定长变量占用的存储空间是不固定的，所以在计算不定长变量时需要计算偏移量。在对动态类型的参数进行编码时，先使用偏移量占位，然后在偏移量指向的位置存储具体的动态参数值。

【例 6-17】演示不定长数组参数的编码过程。

假定在智能合约 Foo 中定义了一个函数 f()，代码如下：

```
function f(uint _a, uint32[] _arr, bytes10 _b1, bytes _b2) public pure
{
}
```

假设调用函数的参数如下：

```
f(0x123, [0x456, 0x789], "1234567890", "Hello, world!")
```

对应的字节码格式如下：

```
函数选择器（4 字节）
第 1 个参数（0x123）的值（32 字节）
第 2 个参数（[0x456, 0x789]）的偏移量（32 字节）
第 3 个参数（"1234567890"）的值（32 字节）
第 4 个参数（"Hello, world!"）的偏移量（32 字节）
第 2 个参数（[0x456, 0x789]）的值
第 4 个参数（"Hello, world!"）的值
```

生成调用 f() 函数字节码的过程如下。

① 参照前面的方法计算 f(uint, uint32[], bytes10, bytes) 的函数选择器，得到 0x8be65246。

② 第 1 个参数（0x123）的值如下：

```
0x0000000000000000000000000000000000000000000000000000000000000123
```

③ 计算第 2 个参数（[0x456, 0x789]）偏移量（32 字节）的公式如下：

第 2 个参数的偏移量 = 第 1 个参数（0x123）的值占用的空间（32 字节） + 第 2 个参数（[0x456, 0x789]）的偏移量本身所占用的空间（32 字节） + 第 3 个参数的值占用的空间（32 字节）+ 第 4 个参数的偏移量所占用的空间（32 字节）

因此第 2 个参数的偏移量为 4×32 字节=128 字节，将其转换为 32 字节的十六进制数如下：

```
0x0000000000000000000000000000000000000000000000000000000000000080
```

④ 第 3 个参数（"1234567890"）的值如下：

```
0x3132333435363738393000000000000000000000000000000000000000000000
```

0x3132333435363738393 是字符串"1234567890"对应的十六进制数据，低位用 0 补足。

⑤ 计算第 4 个参数（"Hello, world!"）的偏移量的公式如下：

第 4 个参数的偏移量 = 第 2 个参数的偏移量 + 第 2 个参数所占用的空间 = 4×32 + 3×32 = 7×32 =224 字节

224 转换为十六进制数等于 e0，高位补 0，得到：

```
0x00000000000000000000000000000000000000000000000000000000000000e0
```

⑥ 计算第 2 个参数（[0x456, 0x789]）的编码。首先计算元素的个数，然后计算每个元素的编码，具体如下：

```
0x0000000000000000000000000000000000000000000000000000000000000002
0x0000000000000000000000000000000000000000000000000000000000000456
0x0000000000000000000000000000000000000000000000000000000000000789
```

这就是为什么在计算第 4 个参数（"Hello, world!"）的偏移量时，第 2 个参数所占用的空间等于 3×32 字节的原因。

⑦ 计算第 4 个参数的编码。首先计算元素的个数，然后计算每个元素的编码，具体如下：

```
0x000000000000000000000000000000000000000000000000000000000000000d
0x48656c6c6f2c20776f726c6421000000000000000000000000000000000000000
```

第 4 个参数"Hello, world!"的长度为 13，转换为十六进制数为 0d。0x48656c6c6f2c
20776f726c6421 是参数"Hello, world!"对应的十六进制数。

汇总起来，例 6-17 中调用函数的参数编码如下：

```
0x8be65246
  0000000000000000000000000000000000000000000000000000000000000123
  0000000000000000000000000000000000000000000000000000000000000080
  3132333435363738393000000000000000000000000000000000000000000000
  00000000000000000000000000000000000000000000000000000000000000e0
  0000000000000000000000000000000000000000000000000000000000000002
  0000000000000000000000000000000000000000000000000000000000000456
  0000000000000000000000000000000000000000000000000000000000000789
  000000000000000000000000000000000000000000000000000000000000000d
  48656c6c6f2c20776f726c6421000000000000000000000000000000000000000
```

生成调用合约的字节码很烦琐，好在 Web3.js 对其进行了封装，具体方法将在 6.5 节介绍。

另外，本小节并没有介绍部署合约所使用的合约字节码，相关内容将在 6.4.3 小节和
6.4.4 小节中介绍。

6.4.3　在 Visual Studio Code 中生成智能合约的 ABI 和字节码

在 Visual Studio Code 中可以很方便地生成智能合约的 ABI 和部署合约时所要使用的字节
码。要在 Visual Studio Code 中进行 Solidity 智能合约开发，需要创建一个项目文件夹，保存应
用程序的所有代码。在项目文件夹下，src 目录用于保存智能合约文件，例如 test.sol。如果有要
引用的库，建议读者保存在 lib 子目录下。生成的 ABI 和字节码会被自动保存在 bin 子目录下。

首先参照 3.1.3 小节在 Visual Studio Code 中安装和配置 Solidity 插件，然后运行 Visual
Studio Code，在菜单中依次选择"File"→"Folder"；打开准备好的项目目录，在 src 子
目录下创建 demo.sol，其代码与 6.4.1 小节中介绍的一致；按"F5"键，在 OUTPUT 窗格
中提示"Compilation completed successfully!"，即表示编译成功，如图 6-18 所示。

图 6-18　编译成功

切换到项目目录下的 bin/src 子目录，可以看到生成的 ABI 文件（Demo.abi）和字节码
文件（Demo.bin），如图 6-19 所示。

图 6-19　Visual Studio Code 生成的 ABI 文件和字节码文件

6.4.4 JSON-RPC

JSON-RPC 是一种无状态的、轻量级的远程过程访问协议，可使用 JSON 作为其数据格式。可以通过 curl 命令来调用 JSON-RPC，具体方法如下：

```
curl --data <JSON 字符串> <以太坊区块链服务器地址>
```

1．获取币基账户地址

首先启动 CentOS 虚拟机，执行如下命令以启动之前搭建好的以太坊私有链：

```
cd /usr/local/go-ethereum/build/bin
./geth --datadir ethchain --nodiscover console 2 -dev>>1.log --dev.period 1 --password './
password.txt' --http.port 8545 --http.corsdomain "*" -http --http.api="db,eth,net,web3,personal"
```

然后开启另一个终端，并使其连接到 CentOS 服务器。执行以下命令可以调用以太坊的 JSON-RPC 接口，获取以太坊节点的币基账户地址：

```
curl -H 'Content-Type: application/json' --data '{"jsonrpc":"2.0","method":"eth_
coinbase", "id":1}' localhost:8545
```

命令中的参数说明如表 6-6 所示。

表 6-6　使用 **curl** 命令调用以太坊中的 **JSON-RPC** 接口的参数说明

参数	具体说明
-H 'Content-Type: application/json'	指定请求中的媒体类型为 JSON。如果不指定此参数，则会报错
--data	指定 JSON 字符串格式的命令
"jsonrpc":"2.0"	指定 JSON-RPC 的版本号为 2.0
"method":"eth_coinbase"	指定在以太坊私有链上执行的方法。eth_coinbase 用于获取币基账户的地址
"id":1	标识当前命令的编号。在返回结果中也有一个同样的 ID 与命令匹配
localhost:8545	以太坊网络私有链的地址

上面命令的执行结果如下：

```
{"jsonrpc":"2.0","id":1,"result":"0xd169d4387c2dcd1ec4e6952bddf0a22c1f8c2b2f"}
```

可以看到，返回结果也是 JSON 格式的。当前以太坊私有链的币基账户地址为 0xd169d4387c2dcd1ec4e6952bddf0a22c1f8c2b2f。

2．获取指定账户的余额

在 CentOS 虚拟机中启动以太坊私有链后，开启另一个终端，并使其连接到 CentOS 服务器。执行以下命令可以调用以太坊中的 JSON-RPC 接口，获取指定账户的余额：

```
curl -H 'Content-Type: application/json' --data '{"jsonrpc":"2.0","method":"eth_getBalance",
"params": ["0xd169d4387c2dcd1ec4e6952bddf0a22c1f8c2b2f", "latest"], "id":2}' localhost:8545
```

0xd169d4387c2dcd1ec4e6952bddf0a22c1f8c2b2f 是第 2 章中创建的以太坊私有链中的币基账户地址。

3．部署合约

利用 JSON-RPC 可以将智能合约部署在以太坊网络中，命令如下：

```
curl -H 'Content-Type: application/json' --data '{"jsonrpc":"2.0","method": "eth_
sendTransaction","params": [{"from":<发起该笔交易的账户地址>, "gas": <部署交易可用的 Gas
值>,"data":<智能合约字节码字符串>}], "id": <命令 ID>}' <以太坊节点的 URL>
```

eth_sendTransaction 用于创建一个新的消息调用交易。如果 data 字段中包含代码，则创建一个合约，即部署合约。部署合约需要做如下准备。

① 准备一个发起该笔交易的账户地址，该账户中必须有足够支付 Gas 的以太币。建议使用第 2 章搭建的以太坊私有链中的币基账户，这里假定其地址为 0xd169d4387c2dcd1ec4e6952bddf0a22c1f8c2b2f。

② 设定一个执行交易花费的 Gas 值，默认为 90 000。

③ 生成智能合约的字节码，这是部署智能合约的关键。可以在 Remix 中获取智能合约的字节码。在 Remix 窗口的"编译"选项卡中成功编译智能合约后，单击"详情"按钮后面的 📋 字节码 图标，即可将当前智能合约的字节码复制到剪贴板中，格式如下：

```
{
    "linkReferences": {},
    "object": "60806040523480156100105760008fd5b5060cc8061001f6000396000f3fe60
806040526004361061003957600035 7c0100000000000000000000000000000000000000000
000000000000000900480637716 02f714603e575b600080fd5b34801560495760008fd5b5060
7d600480360360408110156 05e57600080fd5b81019080803590602001909291908035906020
0190929190505050506093565b6040518082815260200191505060405180910390f35b600081
830190509291505056fea165627a7a72305820d6dfcda0d555fae53cf7439a93a6cb15aaf90
b73fe660b6741ec2ae43ca545300029",
    "opcodes": "PUSH1 0x80 PUSH1 0x40 MSTORE CALLVALUE DUP1 ISZERO PUSH2 0x10 JUMPI
PUSH1 0x0 DUP1 REVERT JUMPDEST POP PUSH1 0xCC DUP1 PUSH2 0x1F PUSH1 0x0 CODECOPY
PUSH1 0x0 RETURN INVALID PUSH1 0x80 PUSH1 0x40 MSTORE PUSH1 0x4 CALLDATASIZE LT
PUSH1 0x39 JUMPI PUSH1 0x0 CALLDATALOAD PUSH29 0x10000000000000000000000000000
00000000000000000000000000000 00000 SWAP1 DIV DUP1 PUSH4 0x771602F7 EQ PUSH1 0x3E
JUMPI JUMPDEST PUSH1 0x0 DUP1 REVERT JUMPDEST CALLVALUE DUP1 ISZERO PUSH1 0x49
JUMPI PUSH1 0x0 DUP1 REVERT JUMPDEST POP PUSH1 0x7D PUSH1 0x4 DUP1 CALLDATASIZE
SUB PUSH1 0x40 DUP2 LT ISZERO PUSH1 0x5E JUMPI PUSH1 0x0 DUP1 REVERT JUMPDEST
DUP2 ADD SWAP1 DUP1 DUP1 CALLDATALOAD SWAP1 PUSH1 0x20 ADD SWAP1 SWAP3 SWAP2 SWAP1
DUP1 CALLDATALOAD SWAP1 PUSH1 0x20 ADD SWAP1 SWAP3 SWAP2 SWAP1 POP POP POP PUSH1
0x93 JUMP JUMPDEST PUSH1 0x40 MLOAD DUP1 DUP3 DUP2 MSTORE PUSH1 0x20 ADD SWAP2
POP POP PUSH1 0x40 MLOAD DUP1 SWAP2 SUB SWAP1 RETURN JUMPDEST PUSH1 0x0 DUP2 DUP4
ADD SWAP1 POP SWAP3 SWAP2 POP POP JUMP INVALID LOG1 PUSH6 0x627A7A723058 KECCAK256
0xd6 0xdf 0xcd LOG0 0xd5 SSTORE STATICCALL 0xe5 EXTCODECOPY 0xf7 NUMBER SWAP11
SWAP4 0xa6 0xcb ISZERO 0xaa 0xf9 SIGNEXTEND PUSH20 0xFE660B6741EC2AE43CA5453
00029000000000000000 ",
    "sourceMap": "28:115:0:-;;;;8:9:-1;5:2;;;30:1;27;20:12;5:2;28:115:0;;;;;;;"
}
```

其中 object 部分就是智能合约的字节码。

【例 6-18】演示部署智能合约的过程。

假定有一个简单的智能合约 Test，其中包含一个 add() 函数，代码如下：

```
pragma solidity ^ 0.5.1;

contract Test {
    function add(uint _a, uint _b) external pure returns(uint){
        return _a + _b;
    }
}
```

在 Remix 中得到其对应的字节码如下：

"0x608060405234801561001057600080fd5b5060cc8061001f6000396000f3fe608060405260043
6106039576000357c01000000000000000000000000000000000000000000000000000000090048
063771602f714603e575b600080fd5b348015604957600080fd5b50607d600480360360408110156
05e57600080fd5b81019080803590602001909291908035906020019092919050505060093565b604
0518082815260200191505060405180910390f35b600081830190509291505056fea165627a7a723
05820d6dfcda0d555fae53cf7439a93a6cb15aaf90b73fe660b6741ec2ae43ca545300029"

注意字节码开头的 0x 需要手动添加。

在 CentOS 虚拟机中启动以太坊私有链后，开启另一个终端，并使其连接到 CentOS 服务器。执行以下命令可以调用以太坊中的 JSON-RPC 接口，部署智能合约 Test：

```
curl -H 'Content-Type: application/json' --data '{"jsonrpc":"2.0","method": "eth_
sendTransaction","params": [{"from" : "0xd169d4387c2dcd1ec4e6952bddf0a22c1f8c2b2f",
"data" : "0x608060405234801561001057600080fd5b5060cc8061001f6000396000f3fe6080604
0526004361060039576000357c01000000000000000000000000000000000000000000000000000
00090048063771602f714603e575b600080fd5b348015604957600080fd5b50607d6004803603603604
0811015605e57600080fd5b81019080803590602001909291908035906020019092919050505060609
3565b6040518082815260200191505060405180910390f35b600081830190509291505056fea1656
27a7a72305820d6dfcda0d555fae53cf7439a93a6cb15aaf90b73fe660b6741ec2ae43ca545300029"}],
"id": 5}' localhost:8545
```

执行结果如下：

```
{"jsonrpc":"2.0","id":5,"result":"0x4c6364f684dde39fdb81995e0917fcc12b769d5b3ded
df57591c751f8e7a608e"}
```

result 是本次交易的哈希值。

使用 eth_getTransactionReceipt 可以查看指定交易的收据，参数为交易的哈希值。执行下面的命令可以获取本次交易的合约地址。

```
curl -H 'Content-Type: application/json' --data '{"jsonrpc":"2.0","method": "eth_
getTransactionReceipt","params": ["0x4c6364f684dde39fdb81995e0917fcc12b769d5b3de
ddf57591c751f8e7a608e"], "id": 6}' localhost:8545
```

返回结果如下：

```
{"jsonrpc":"2.0","id":6,"result":{"blockHash":"0xf2814b7ba7851a30533404c2fe9f898
5e58031e9fd4434d80506af0a717de9da","blockNumber":"0xd4e3","contractAddress":"0x9
c719a1c6d0bfdcd440aa5f80984d481f319e781","cumulativeGasUsed":"0x17ba1","from":"0
xd169d4387c2dcd1ec4e6952bddf0a22c1f8c2b2f","gasUsed":"0x17ba1","logs":[],"logsBl
oom":"0x0000000000000000000000000000000000000000000000000000000000000000000000000
0000000000000000000000000000000000000000000000000000000000000000000000000000000
0000000000000000000000000000000000000000000000000000000000000000000000000000000
0000000000000000000000000000000000000000000000000000000000000000000000000000000
0000000000000000000000000000000000000000000000000000000000000000000000000000000
0000000000000000000000000000000000000000000000000000000000000000000000000000000
0000000000000000000000000000000000000000","status":"0x1","to":null,"transactionH
ash":"0x4c6364f684dde39fdb81995e0917fcc12b769d5b3deddf57591c751f8e7a608e","trans
actionIndex":"0x0"}}
```

其中 contractAddress 就是部署合约的地址，本例中为 0x9c719a1c6d0bfdcd440aa5f80984d
481f319e781。

智能合约的地址很重要，因为调用合约中的函数时会用到智能合约的地址。

4．调用合约中的函数

在 JSON-RPC 中，可以使用 eth_call 调用合约中的函数，命令格式如下：

```
curl -H 'Content-Type: application/json' --data '{"jsonrpc":"2.0","method":
"eth_call", "params": [{"from": <调用函数的账户>, "to": <智能合约地址>, "data": <智能
合约的字节码>},"latest"], "id": <命令 ID>}' <以太坊节点的 URL>
```

参数 data 指定调用智能合约所要使用的字节码,包括函数选择器和参数编码 2 个部分。生成智能合约字节码的方法请参照 6.4.2 小节的内容加以理解。参数 data 中的"latest"指定从最新的区块开始查找合约。

【例 6-19】演示调用智能合约函数（如调用例 6-18 中的 add() 函数）的过程。

参照如下步骤为调用智能合约函数做准备。

① 准备调用函数的账户,该账户的地址在智能合约中将体现为 msg.sender。同时该账户还应该有足够的以太币,以支付调用智能合约的 Gas。这里使用以太坊私有链中的币基账户,假定其地址为 0xd169d4387c2dcd1ec4e6952bddf0a22c1f8c2b2f。

② 准备智能合约的地址。假定在例 6-18 中部署的智能合约的地址为 0x9c719a1c6d0bfdcd 440aa5f80984d481f319e781。

③ 准备调用智能合约的字节码。假设调用函数的代码如下:

```
add(1, 2)
```

生成调用智能合约 Test 字节码的过程如下。

① 参照 6.4.2 小节介绍的方法计算 add(uint256,uint256) 的函数选择器,得到 0x771602f7。

② 计算 1 的参数编码,得到:

```
0x0000000000000000000000000000000000000000000000000000000000000001
```

③ 计算 2 的参数编码,得到:

```
0x0000000000000000000000000000000000000000000000000000000000000002
```

因此,智能合约 Test 中调用 add(1, 2) 函数所对应的字节码如下:

```
0x771602f70000000000000000000000000000000000000000000000000000000001000000
0000000000000000000000000000000000000000000000000000000002
```

调用 add(1, 2) 函数的命令如下:

```
curl -H 'Content-Type: application/json' --data '{"jsonrpc":"2.0","method": "eth_
call", "params": [{"from": "0xd169d4387c2dcd1ec4e6952bddf0a22c1f8c2b2f", "to": "0x9c719
a1c6d0bfdcd440aa5f80984d481f319e781", "data": "0x771602f700000000000000000000000000
00000000000000000000000000000000000001000000000000000000000000000000000000000000000000
0000000000000000000002"},"latest"], "id": 8}' localhost:8545
```

返回结果如下:

```
{"jsonrpc":"2.0","id":8,"result":"0x0000000000000000000000000000000000000000000
0000000000000000000003"}
```

result 字段值为调用 add(1,2)函数的结果。0x00000000000000000000000000000000000000000 00000000000000000000000003 转换为十进制数就是 3。

5. 在 Java 语言中通过 JSON-RPC 与以太坊智能合约进行交互

JSON-RPC 是与语言无关的开发接口,可以使用任何编程语言通过 JSON-RPC 与以太坊智能合约进行交互。本小节以比较流行的 Java 语言为例,介绍在高级编程语言中通过

JSON-RPC 与以太坊智能合约进行交互的方法。其他高级语言（如 C#、Python、Go 等）也都可以通过 JSON-RPC 接口实现类似的功能。

本小节实例采用 Spring Boot 开发框架，开发工具为 IDEA。学习本小节内容需要具备基本的 Java 编程和使用 Spring Boot 开发框架的基础知识。由于篇幅所限，本书不介绍 Java 编程的基础知识，请读者查阅相关资料对其进行学习、了解。

在 Spring Boot 项目的 pom.xml 中引入 GSon 依赖，即可方便地解析调用 JSON-RPC 接口所返回的结果。引入 GSon 依赖的代码如下：

```xml
<dependency>
    <groupId>com.google.code.gson</groupId>
    <artifactId>gson</artifactId>
</dependency>
```

为了能够以 POST 方法提交 JSON-RPC 调用请求，需要定义一个 doJsonPost() 方法，代码如下：

```java
public static String doJsonPost(String urlPath, String Json) {
String result = "";
BufferedReader reader = null;
try {
    URL url = new URL(urlPath);
    HttpURLConnection conn = (HttpURLConnection) url.openConnection();
    // 以 POST 方法提交数据
    conn.setRequestMethod("POST");
    conn.setDoOutput(true);
    conn.setDoInput(true);
    conn.setUseCaches(false);
    conn.setRequestProperty("Connection", "Keep-Alive");
    conn.setRequestProperty("Charset", "UTF-8");
    // 设置 Content-Type 为 JSON 类型
    conn.setRequestProperty("Content-Type","application/json; charset=UTF-8");
    // 设置接收类型，否则返回 415 错误
    //conn.setRequestProperty("accept","*/*")此处为采用暴力方法设置接收所有类型，
    以防范返回 415 错误
    conn.setRequestProperty("accept","application/json");
    // 向服务器发送数据
    if (Json != null && !StringUtils.isEmpty(Json)) {
        byte[] writebytes = Json.getBytes();
        // 设置文件长度
        conn.setRequestProperty("Content-Length", String.valueOf(writebytes.length));
        OutputStream outwritestream = conn.getOutputStream();
        outwritestream.write(Json.getBytes());
        outwritestream.flush();
        outwritestream.close();
        System.out.println( "doJsonPost: conn"+conn.getResponseCode());
    }
    if (conn.getResponseCode() == 200) { // 提交数据成功
        reader = new BufferedReader(
                new InputStreamReader(conn.getInputStream()));
        result = reader.readLine();
    }
```

```
        } catch (Exception e) {
            e.printStackTrace();
        } finally {
            if (reader != null) {
                try {
                    reader.close();
                } catch (IOException e) {
                    e.printStackTrace();
                }
            }
        }
    }
    return result;
}
```

doJsonPost() 方法有 2 个参数，介绍如下。

- urlPath：提交数据连接的目标服务器的 URL。
- Json：提交 JSON 字符串。

doJsonPost() 方法返回服务器的响应内容字符串，具体内容请参照注释加以理解。

【例 6-20】创建 Spring Boot 项目 jsonrpc，演示通过 JSON-RPC 与以太坊智能合约交互的方法。

在 com.example.demo.Utils 包下创建 HttpUtils 类。HttpUtils 类中只包含一个 doJsonPost() 方法，代码如前所示。

在 com.example.demo.entity 包下创建 JsonRpcResult 类，代码如下：

```
public class JsonRpcResult {
private  String jsonrpc;
private  String id;
private  String result;

public String getResult() {
    return result;
}

public void setResult(String result) {
    this.result = result;
}

public String getId() {
    return id;
}

public void setId(String id) {
    this.id = id;
}

public String getJsonrpc() {
    return jsonrpc;
}

public void setJsonrpc(String jsonrpc) {
    this.jsonrpc = jsonrpc;
}
```

JsonRpcResult 类用于保存经过解析的以太坊私有链节点的响应内容，其中包含 3 个字段，即 jsonrpc、id 和 result。

项目的 main() 函数的代码如下：

```
public static void main(String[] args) {
    SpringApplication.run(JsonrpcDemoApplication.class, args);

    String url="http://192.168.1.101:8545/";
    String paramJson="{\"jsonrpc\":\"2.0\",\"method\":\"eth_call\",\"params\":[{\"from\":
    \"0xd169d4387c2dcd1ec4e6952bddf0a22c1f8c2b2f\",\"to\":\"0x9c719a1c6d0bfdcd440
    aa5f80984d481f319e781\",\"data\":\"0x771602f700000000000000000000000000000000
    00000000000000000000000000000001000000000000000000000000000000000000000000000
    0000000000000002\"},\"latest\"],\"id\":8}";
    String result = HttpUtils.doJsonPost(url,paramJson);
    Gson gson = new Gson();
    JsonRpcResult jpr = gson.fromJson(result, JsonRpcResult.class); // 解析调用 JSON-RPC
    接口所返回的结果
    System.out.println(jpr.getResult()) ;
}
```

程序通过调用 HttpUtils.doJsonPost() 方法来调用 http://192.168.1.101:8545/的 JSON-RPC
接口。发送的消息中指定执行 eth_call，调用智能合约 Test 中的 add() 函数，其参数为 1 和
2。关于智能合约字节码的生成方法，可以参照例 6-19 加以理解。

运行项目的过程如下。

① 首先参照 6.1.3 小节介绍的命令启动以太坊私有链。

② 为了防止宿主机与虚拟机之间存在通信问题，可以将项目构建成 JAR（Java Archive，
Java 归档文件）包，包名为 demo-0.0.1-SNAPSHOT.jar。利用 WinSCP 将 demo-0.0.1-
SNAPSHOT.jar 上传至 CentOS 虚拟机的/usr/local/web3/目录下。执行如下命令运行 demo-
0.0.1-SNAPSHOT.jar：

```
cd /usr/local/web3/
java -jar demo-0.0.1-SNAPSHOT.jar
```

在执行命令前，请确认已经在 CentOS 虚拟机中安装了 JDK。执行命令的结果如下：

```
  .   ____          _            __ _ _
 /\\ / ___'_ __ _ _(_)_ __  __ _ \ \ \ \
( ( )\___ | '_ | '_| | '_ \/ _` | \ \ \ \
 \\/  ___)| |_)| | | | | || (_| |  ) ) ) )
  '  |____| .__|_| |_|_| |_\__, | / / / /
 =========|_|==============|___/=/_/_/_/
 :: Spring Boot ::        (v2.3.0.RELEASE)

2020-12-06 21:13:02.717 WARN 1906 --- [main] o.s.boot.StartupInfo Logger: InetAddress.
getLocalHost().getHostName() took 5017 milliseconds to respond. Please verify your
network configuration.
2020-12-06 21:13:12.742  INFO 1906 --- [main] com.example.demo.Jsonrpc DemoApplication:
Starting JsonrpcDemoApplication v0.0.1-SNAPSHOT on centos1 with PID 1906 (/usr/local/
web3/demo-0.0.1-SNAPSHOT.jar started by root in /usr/local/web3)
2020-12-06 21:13:12.742  INFO 1906 --- [main] com.example.demo.JsonrpcDemo Application:
No active profile set, falling back to default profiles: default
2020-12-06 21:13:13.513  INFO 1906 --- [main] com.example.demo.JsonrpcDemo Application:
Started JsonrpcDemoApplication in 26.28 seconds (JVM running for 26.775)
doJsonPost: conn200
0x0000000000000000000000000000000000000000000000000000000000000003
```

上述结果中前面的部分是 Spring Boot 框架启动的日志，最后 2 行是实例的输出结果，可以看到调用智能合约中 add() 函数的输出结果为 3。

6.5 在 Web3.js 中与智能合约进行交互

使用 JSON-RPC 与智能合约进行交互的过程比较复杂，需要手动生成字节码并构建参数的 JSON 字符串。Web3.js 封装了 JSON-RPC，可以很方便地与以太坊智能合约进行交互。

在 Web3.js 中调用以太坊智能合约函数的过程如下。

① 连接到以太坊节点，获得 Web3 对象。

② 根据 ABI 和合约地址创建合约对象。

③ 使用创建的合约对象调用合约函数。

6.5.1　创建合约对象

要在 Web3.js 中与智能合约进行交互，首先要创建合约对象。创建合约对象的过程如下：

（1）连接到以太坊节点，获得 Web3 对象，这是 Web3.js 编程的基础；

（2）使用 Web3 对象根据 ABI 和合约地址创建合约对象。

1．连接到以太坊节点，获得 Web3 对象

连接到以太坊节点并获得 Web3 对象的方法已经在 6.1.3 小节进行了介绍，代码如下：

```
var Web3 = require('web3')
var web3 = new Web3(new Web3.providers.HttpProvider(以太坊节点 URL))
```

在上面的代码中，web3 就是建立连接后获得的 Web3 对象。以后就可以通过 web3 与以太坊节点进行交互了。

2．使用 Web3 对象根据 ABI 和合约地址创建合约对象

要调用智能合约中的函数，首先需要创建合约对象。可以根据智能合约的 ABI 和合约地址创建合约对象，方法如下：

```
var <合约对象> = web3.eth.Contract(abi[,address][,options] );
```

参数说明如下。

- abi：智能合约的 ABI 定义，可以参照 6.4.1 小节对其加以理解。
- address：可选参数，智能合约的地址。在部署智能合约时可以得到合约地址。
- options：可选参数，指定合约的配置对象，其具体的配置项如表 6-7 所示。

表 6-7　合约配置对象的具体配置项

配置项	数据类型	说明
from	String	交易发送方的地址
gasPrice	Number	交易的 Gas 价格，单位为 wei
gas	Number	交易的 Gas 上限，即 GasLimit
data	String	合约的字节码

web3.eth.Contract 类简化了与以太坊区块链上智能合约的交互。使用 ABI 创建合约对象后，只需要指定相应智能合约的 JSON 接口，Web3 就可以自动地将所有的调用转换为底层基于 RPC 的 ABI 调用。

【例 6-21】部署例 6-18 所示的智能合约 Test，然后创建对应的合约对象，方法如下。

① 在 Remix 窗口中得到合约 Test 的 ABI 代码如下：

```
[
    {
        "constant": true,
        "inputs": [
            {
                "name": "_a",
                "type": "uint256"
            },
            {
                "name": "_b",
                "type": "uint256"
            }
        ],
        "name": "add",
        "outputs": [
            {
                "name": "",
                "type": "uint256"
            }
        ],
        "payable": false,
        "stateMutability": "pure",
        "type": "function"
    }
]
```

② 在例 6-18 中已经部署了合约 Test，其地址为 0x9c719a1c6d0bfdcd440aa5f80984d481f319e781。

③ 启动以太坊私有链的命令如下：

```
cd /usr/local/go-ethereum/build/bin
./geth --datadir ethchain --nodiscover console 2 -dev --dev.period 1 --password './
password.txt' --http.addr 192.168.1.101 --http.port 8545 --http.corsdomain "*" -http -- http.api =
"db,eth,net,web3,personal"
```

注意：要将 192.168.1.101 替换为读者自己的以太坊私有链节点的 IP 地址。

④ 创建一个 sample6-21.html 文件，并在其中编写如下代码：

```
<html>
  <head>
    <meta charset="UTF-8">
    <title>演示使用 Web3.js 创建合约对象的方法</title>
    <script src="web3.min.js"></script>
    <script src="https://ajax.aspnetcdn.com/ajax/jquery/jquery-3.5.1.min.js"></script>

    <script>
    $(function () {
        if (typeof web3 !== 'undefined') {
```

```
                web3 = new Web3(web3.currentProvider);
        } else {
                // set the provider you want from Web3.providers
                web3 = new Web3(new Web3.providers.HttpProvider("http://192.168.1.101:8545"));
        }

        web3.eth.defaultAccount = web3.eth.accounts[0];

        var myContract =new web3.eth.Contract([
        {
                "constant": true,
                "inputs": [
                        {
                                "name": "_a",
                                "type": "uint256"
                        },
                        {
                                "name": "_b",
                                "type": "uint256"
                        }
                ],
                "name": "add",
                "outputs": [
                        {
                                "name": "",
                                "type": "uint256"
                        }
                ],
                "payable": false,
                "stateMutability": "pure",
                "type": "function"
        }
        ], web3.eth.defaultAccount);
        console.log(myContract);
        });
        </script>
    </head>
</html>
```

上述程序创建了合约 Test 的对象 myContract，并在浏览器的控制台面板中输出了 myContract 对象的信息。

将 sample6-21.html 上传至 CentOS 虚拟机的/var/www/html 目录下，然后打开浏览器，访问如下 URL：

```
http://192.168.1.101/sample6-14.html
```

使用 Chrome 浏览器查看程序运行结果。按 "F12" 键，切换到控制台面板，可以看到 myContract 对象的信息，其中包含一个 add() 函数，如图 6-20 所示。

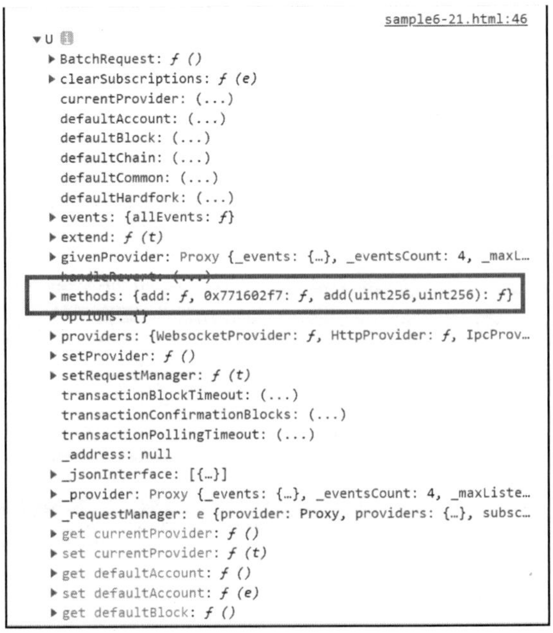

图 6-20　在 Chrome 浏览器中查看 myContract 对象的信息

6.5.2　调用合约函数

可以通过合约对象的 methods 对象调用合约函数。

1．在以太坊网络中读/写数据的区别

在以太坊网络中，从网络读取数据和向网络写入数据是有本质区别的。这种区别在智能合约的编程方法上也有体现。

通常向以太坊网络写入数据被称为"交易"。因为写入数据会占用区块的空间和矿工的算力，所以需要支付 Gas。从网络读取数据被称为"调用"。交易和调用的本质区别在于：交易会改变网络的状态。在以太坊网络中，可以触发交易的操作包括：

- 在账户之间完成转账；
- 调用向区块链中写入数据的函数；
- 部署智能合约。

通常发起交易并不会立即返回处理结果，而是会返回一个交易 ID，然后通过交易 ID 获取交易详情。这是因为交易需要经过矿工挖矿才能被记录在区块链上。概括地说，交易具有如下特点：

- 需要花费 Gas，也就是以太币；
- 会改变以太坊网络的状态；
- 不会立即被处理（挖矿需要时间）；
- 不会立即返回处理结果（只返回交易 ID）。

与交易相比，调用具有如下特点：

- 免费，不需要花费 Gas；
- 不会改变以太坊网络的状态；
- 会立即被处理；
- 会立即返回处理结果。

2．"调用"编程

调用 pure 和 view 类型合约函数的方法很简单，因为函数的执行不会修改状态变量的值，所以无须支付 Gas。调用的具体方法如下：

```
myContract.methods.<合约函数>(<函数的实参>).call()
.then(function(result, error){
// error 返回错误，result 是调用函数返回的处理结果
});
```

【例 6-22】演示通过 call() 方法调用不修改状态变量值的合约函数的方法。

① 定义一个智能合约 MyContract，代码如下：

```
pragma solidity ^ 0.5.1;

contract MyContract {
    string public val = "Hello World!";

    function GetVal() public view returns(string memory){
```

```
            return val;
    }
    function SetVal(string memory _val) public{
        val = _val;
    }
}
```

MyContract 中定义了一个状态变量 val，其初始值为"Hello World!"。GetVal() 函数用于返回状态变量 val 的值，SetVal() 函数用于设置状态变量 val 的值。

② 参照 6.4.4 小节部署智能合约 MyContract，假定其地址为 0x912cbd69ae5bb70e4879810597cc6667e7fdcfb7。

③ 在 Remix 窗口中获得智能合约 MyContract 的 ABI，其代码如下：

```
[
    {
        "constant": true,
        "inputs": [],
        "name": "val",
        "outputs": [
            {
                "name": "",
                "type": "string"
            }
        ],
        "payable": false,
        "stateMutability": "view",
        "type": "function"
    },
    {
        "constant": false,
        "inputs": [
            {
                "name": "_val",
                "type": "string"
            }
        ],
        "name": "SetVal",
        "outputs": [],
        "payable": false,
        "stateMutability": "nonpayable",
        "type": "function"
    },
    {
        "constant": true,
        "inputs": [],
        "name": "GetVal",
        "outputs": [
            {
                "name": "",
                "type": "string"
            }
        ],
        "payable": false,
        "stateMutability": "view",
```

```
            "type": "function"
        }
    ]
```

④ 创建 sample6-22.html 文件，在网页中调用智能合约 MyContract 的 GetVal() 函数，具体代码如下：

```html
<html>
  <head>
    <meta charset="UTF-8">
    <title>演示使用 Web3.js 创建合约对象的方法</title>
    <script src="https://ajax.aspnetcdn.com/ajax/jquery/jquery-3.5.1.min.js"></script>
    <script src="web3.min.js"></script>
    <script>
    $(function () {
        if (typeof web3 !== 'undefined') {
            web3 = new Web3(web3.currentProvider);
        } else {
            // set the provider you want from Web3.providers
            web3 = new Web3(new Web3.providers.HttpProvider("http://192.168.1.101:8545"));
        }

        var myContract =new web3.eth.Contract([
        {
            "constant": true,
            "inputs": [],
            "name": "val",
            "outputs": [
                {
                    "name": "",
                    "type": "string"
                }
            ],
            "payable": false,
            "stateMutability": "view",
            "type": "function"
        },
        {
            "constant": false,
            "inputs": [
                {
                    "name": "_val",
                    "type": "string"
                }
            ],
            "name": "SetVal",
            "outputs": [],
            "payable": false,
            "stateMutability": "nonpayable",
            "type": "function"
        },
        {
            "constant": true,
            "inputs": [],
            "name": "GetVal",
```

```
                    "outputs": [
                        {
                            "name": "",
                            "type": "string"
                        }
                    ],
                    "payable": false,
                    "stateMutability": "view",
                    "type": "function"
                }
        ],"0xfb292b7dbf487ca448373e84b2502713cdc8c6a1", {
            from: '0xd169d4387c2dcd1ec4e6952bddf0a22c1f8c2b2f'
        });
        //console.log(myContract);
        myContract.methods.GetVal().call()
            .then(function(result, error){
                if(error== undefined)
                    $("#result").text(result);
                });
        });

    </script>
    </head>
    <body>
        <h2 id="result">result</h2>
    </body>
</html>
```

调用 GetVal() 的结果 result 被设置到 ID 为 result 的 H2 元素中。将 sample6-22.html 上传至 CentOS 虚拟机的/var/www/html 目录下，然后打开浏览器，访问如下 URL：

```
http://192.168.1.101/sample6-22.html
```

运行结果如图 6-21 所示。可以看到，网页中显示了调用 GetVal() 的结果。

3."交易"编程

如果需要在合约函数中修改状态变量的值，则调用它时需要指定支付 Gas 的账户地址，具体方法如下：

图 6-21　例 6-22 的运行结果

```
<合约对象>.methods.<函数名>(<函数参数>).send({from: <支付 Gas 的账户地址>})
.then(function(receipt){
    // receipt 是交易的收据，可以通过收据查看交易的详情，具体方法参见 6.4.4 小节
});
```

【例 6-23】在例 6-22 的基础上增加功能，演示通过 send() 方法调用修改状态变量值的合约函数的方法。

① 在网页的 body 中增加如下代码，定义一个输入 val 值的文本框和一个"提交"按钮：

```
<div id = "box">
  <a>输入 val 的值: <input id = "input_val" value="Hello World!"/> <br/>
  <button id="btnSave">提交</button>
</div>
```

② 单击"提交"按钮后所执行的代码如下：

```
$("#btnSave").click(function(){
    myContract.methods.SetVal($("#input_val").val()).send({ from:web3.eth.accounts[0]})
        .then(function(receipt){
            console.log("receipt: "+receipt);
            myContract.methods.GetVal().call()
                .then(function(result, error){
                    if(error== undefined)
                        $("#result").text(result);
                });
        });
});
```

程序以文本框的内容为参数调用 SetVal() 函数。web3.eth.accounts[0] 指定支付 Gas 的账户地址，账户中应该包含足够的以太币，否则调用会失败。

在执行 SetVal() 函数后的回调函数时，程序调用智能合约的 GetVal() 函数以获取状态变量 val 的值，并将结果显示在网页中。

③ 将 sample6-23.html 上传至 CentOS 虚拟机的/var/www/html 目录下，然后打开浏览器，访问如下 URL：

```
http://192.168.1.101/sample6-23.html
```

运行结果如图 6-22 所示。在文本框中输入"Hello Web3.js!"，单击"提交"按钮，稍等一会儿，可以看到在网页中显示了调用 GetVal()的结果。

图 6-22　例 6-23 的运行结果

6.6 Web3.js 开发实例："明日之星"在线投票

在线投票是 DApp 的经典应用之一。传统的中心化在线投票应用将投票数据集中存储在中心数据库中。这样，投票数据很容易被人修改，从而影响数据的公信力。

本节介绍一个基于以太坊网络开发的"明日之星"在线投票实例的实现过程。本实例的前端页面通过 Web3.js 访问以太坊私有链上的智能合约，投票数据存储在区块链上。由于仅用于演示，本实例部署于以太坊私有链上。

6.6.1 编写投票智能合约

设计一个智能合约 Voting，用于实现在线投票功能，代码如下：

```
pragma solidity ^0.5.1;

contract Voting {

    mapping (bytes32 => uint8) public votesReceived;
    bytes32[] public candidateList;
    mapping(address => bool) addressVotedMap;

    function addCandidate(bytes32 _candidate) public
    {
        if(!validCandidate(_candidate))
```

```
                candidateList.push(_candidate);
    }

    function removeCandidate(bytes32 _candidate) public
    {
        uint i;
            for(i=0;i<=candidateList.length;i++){
                if(candidateList[i] == _candidate){
                    delete candidateList[i];
                    return;
                }
            }
    }
    function getCandidateCount() public view returns(uint)
    {
        return candidateList.length;
    }

    function getCandidate(uint _index) public view returns(bytes32)
    {
        if(_index>=candidateList.length)
            return "";
        else
            return candidateList[_index];
    }
    function totalVotesFor(bytes32 candidate) view public returns (uint8) {
        require(validCandidate(candidate));
        return votesReceived[candidate];
    }
    function voteForCandidate(bytes32 candidate) public {
        require(validCandidate(candidate), "无效的投票");
        votesReceived[candidate] += 1;
        addressVotedMap[msg.sender] = true;
    }
    function validCandidate(bytes32 candidate) view public returns (bool) {
        for(uint i = 0; i < candidateList.length; i++) {
            if (candidateList[i] == candidate) {
                return true;
            }
        }
        return false;
    }
}
```

智能合约 Voting 中定义了下面 3 个状态变量。

- votesReceived：一个 mapping 变量，用于记录每个候选人的得票数。
- candidateList：byte32 数组，用于保存候选人名单。
- addressVotedMap：一个 mapping 变量，用于记录指定地址是否参与了投票。

智能合约 Voting 中定义的函数的具体说明如下。

- addCandidate((bytes32 _candidate)：添加候选人，参数 _candidate 用于指定参与投票的候选人。如果 _candidate 不在数组 candidateList 中，则将其添加到其中。
- removeCandidate(bytes32 _candidate)：删除候选人，参数 _candidate 用于指定要删

除的候选人；程序将_candidate 从数组 candidateList 中删除。

- getCandidateCount()：返回候选人数量。
- getCandidate(uint _index)：根据索引_index 返回获选人姓名。
- totalVotesFor(bytes32 candidate)：返回指定候选人的得票数，参数 candidate 是候选人的姓名。
- voteForCandidate(bytes32 candidate)：对指定候选人进行投票，参数 candidate 用于指定候选人的姓名。完成投票操作有一个前提条件：被投票人是有效的候选人，即被投票人的姓名在 candidateList 中。
- validCandidate (bytes32 candidate)：判断指定候选人是否有效，即姓名是否在 candidateList 中。

在 CentOS 虚拟机的/usr/local 目录下创建一个 voting 子目录，并在 voting 子目录下创建一个 voting.sol 文件以保存智能合约 Voting 的代码。

6.6.2 部署和测试投票智能合约

"明日之星"在线投票智能合约的部署

为了能够在 Web 应用中通过智能合约 Voting 实现在线投票的功能，首先需要部署智能合约。本小节介绍使用 JavaScript 脚本部署和测试投票智能合约的方法。

1．准备 ABI 和字节码

部署和测试智能合约需要使用到智能合约的 ABI 和字节码，因此需要事先做好如下准备。

① 参照 6.4.1 小节在 Remix 中获取智能合约 Voting 的 ABI。为了便于后面的程序使用，将其保存在 voting.abi 中。

② 参照 6.4.4 小节在 Remix 中获取智能合约 Voting 的字节码。

2．部署智能合约 Voting

参照 6.1.5 小节在 CentOS 虚拟机中启动以太坊私有链后，打开另一个终端，并使其连接到 CentOS 服务器。执行以下命令可以调用以太坊私有链中的 JSON-RPC 接口，部署智能合约 Test：

```
    curl -H 'Content-Type: application/json' --data '{"jsonrpc":"2.0","method":
"eth_sendTransaction","params": [{"from" : "0xd169d4387c2dcd1ec4e6952bddf0a22c1f8c2b2f",
"gas": "0x500000", "data" : "0x608060405234801561001057600080fd5b50610593806100206000396
000f3fe608060405260043610610088576000357c0100000000000000000000000000000000000000000000
0000000000000000900480630623230d6ed81461008d5780632f265cf7146100e0578063300a5634714610135
57806335b8e820146101605780633992e6678146101af5780637021939f14610202578063b13c744b1461
0257578063cc9ab267146102a6575b600080fd5b348015610099576000080fd5b506100c66004803603600
208110156100b057600080fd5b810190808035906020019092919050505006102e1565b604051808021515
1515815262020191505060405180910390f35b3480156100ec57600080fd5b506101191960048036036020
811015610137576000080fd5b810190808035906020019092919050505061033156506b604051808260ff16
60ff1681526020019150506040518091039f35b3480156101014157600080fd5b5061014a61036e565b60
4051808281526020019150506040518091039f35b34801561016c57600080fd5b5061019960048036036
0208110156101835760000fd5b81019080803590602001909291905050506b61037b565b604051808281
5260200191505060405180910390f35b3480156101bb57600080fd5b506101e860048036036020811015
6101d257600080fd5b810190808035906020019092919050505061036b565b604051808215151515815
620200191505060405180910390f35b3480156101020e57600080fd5b5061023b6004803603602081101561
022557600080fd5b810190808035906020019092919050505061040e565b604051808260ff1660ff1681
5260200191505060405180910390f35b34801561026357600080fd5b50610290600480360360200811015
```

```
61027a57600080fd5b810190808035906020019092919050505061042e565b6040518082815260200191
5050604051809103909f35b3480156102b257600080fd5b506102df600480360360208110156102c95760
0080fd5b8101908080359060200190929190505050610451565b005b60006102ec8261036b6565b151561
03275760018290806001815401808255809150906001820390600052602060002001600090919290909
190915055506001905061032c565b600090505b919050565b600061033c8261036b6565b15156103475760
0080fd5b6000808338152602001908152602001600020600090549060018054905091905056
5b6000600180549050905090565b600060018054905082101515610394576000905061030b1565b600182
815481101015156103a357fe5b906000526020600020015490505b919050565b60000600900905005090180
54905081101561040357826001828154811101515610db57fe5b9060005260206000200015414156103f6
576001915050610409565b80806001019150506103be565b50600090505b919050565b6000060205280600
00526040600020600009150549061010000a900460ff1681565b6001818154811101515610043d57fe5b9060
0052602060002001600009150905481565b61045a816103b6565b15156104ce576040517f08c379a000
000000000000000000000000000000000000000000000000000000081526004018080602001828103825
2601281526020018077fe697a0e69588e79a84e58099e98089e4baba00000000000000000000000081
5250602001915050604051809103909fd5b60016000808338152602001908152602001600020600082828
29054906101000a900460ff160192506101000a81548160ff021916908360ff160217905550600160026
0003373ffffffffffffffffffffffffffffffffffffffff1673ffffffffffffffffffffffffffffffffffff
ffffff1681526020019081526020016000206000610100a81548160ff0219169083151502179055050
56fea165627a7a72305820c8444dfdcb83f9d34462f44e4789f4fcbab316695cb37e71635c7b8626d8dd
160029"}], "id": 100}' 192.168.1.101:8545
```

其中 from 参数可以使用以太坊私有链的币基账户地址，data 参数是合约的字节码。假定执行结果如下：

```
{"jsonrpc":"2.0","id":100,"result": "0xcfdb5c63e38e18bbf2a24c2a4f339d454e09f6d351a2443
490f6c880799c6134"}
```

result 是本次交易的哈希值。

使用 eth_getTransactionReceipt 可以查看指定交易的收据，参数为交易的哈希值。执行下面的命令可以获取本次交易的合约地址：

```
curl -H 'Content-Type: application/json' --data '{"jsonrpc":"2.0","method": "eth_
getTransactionReceipt","params": ["0xcfdb5c63e38e18bbf2a24c2a4f339d454e09f6d351a2443490f
6c880799c6134"], "id": 101}' 192.168.1.101:8545
```

假定返回结果如下：

```
{"jsonrpc":"2.0","id":101,"result":{"blockHash":"0x84dd893ac687796733196ddca071a
4abf52ab97d55f2a87aa7fbd5e7eb4b37bd","blockNumber":"0x36001","contractAddress":"0x4b
001bd710d4dfaa185ca7a0d249bb441cedb15d","cumulativeGasUsed":"0x57fd0","from":"0xd169
d4387c2dcd1ec4e6952bddf0a22c1f8c2b2f","gasUsed":"0x57fd0","logs":[],"logsBloom":"0x0
0000000000000000000000000000000000000000000000000000000000000000000000000000000000
00000000000000000000000000000000000000000000000000000000000000000000000000000000000
00000000000000000000000000000000000000000000000000000000000000000000000000000000000
00000000000000000000000000000000000000000000000000000000000000000000000000000000000
00000000000000000000000000000000000000000000000000000000000000000000000000000000000
0000000","status":"0x1","to":null,"transactionHash":"0xcfdb5c63e38e18bbf2a24c2a4f339
d454e09f6d351a2443490f6c880799c6134","transactionIndex":"0x0"}}
```

其中 contractAddress 就是部署合约的地址，本例中为 0x4b001bd710d4dfaa185ca7a0d249bb
441cedb15d。此地址在本小节后面会用于智能合约的交互过程。

3. 测试智能合约 Voting

在/usr/local/voting 目录下创建一个测试脚本 test.js，并在其中编写如下代码：

```
let Web3 = require('web3');
let fs = require('fs');
var sleep = function(time) {
    var startTime = new Date().getTime() + parseInt(time, 10);
```

```
    while(new Date().getTime() < startTime) {}};

//初始化 web3 库
let web3 = new Web3(new Web3.providers.HttpProvider("http://192.168.1.101:8545"));
console.log('已完成初始化 web3 库。第一个账户是：'+ web3.eth.accounts[0]);

let abiDefinition = fs.readFileSync('voting.abi').toString();
console.log('已读取合约的 ABI 代码。');
let VotingContract = web3.eth.contract(JSON.parse(abiDefinition));
let address = "0x4b001bd710d4dfaa185ca7a0d249bb441cedb15d";
let contractInstance = VotingContract.at(address);
// 测试添加候选人
console.log("测试添加候选人小红");
contractInstance.addCandidate("小红", {from: web3.eth.accounts[0]});
console.log("测试添加候选人小明");
contractInstance.addCandidate("小明", {from: web3.eth.accounts[0]});
console.log("测试添加候选人小强");
contractInstance.addCandidate("小强", {from: web3.eth.accounts[0]});
console.log("等待中…");
sleep(5000); // 等待 5s
let count = contractInstance.getCandidateCount.call();
console.log("候选人数量: "+count);
// 测试投票接口
console.log("测试给小红投票");
contractInstance.voteForCandidate("小红", {from: web3.eth.accounts[0]});
console.log("测试给小明投票");
contractInstance.voteForCandidate("小明", {from: web3.eth.accounts[0]});
console.log("测试给小强投票");
contractInstance.voteForCandidate("小强", {from: web3.eth.accounts[0]});
sleep(5000); // 等待 5s
// 测试获取的得票数
let hongVote=contractInstance.totalVotesFor.call('小红');
let mingVote=contractInstance.totalVotesFor.call('小明');
let qiangVote=contractInstance.totalVotesFor.call('小强');
console.log("等待中…");
console.log("小红的得票数:  "+hongVote);
console.log("小明的得票数:  "+mingVote);
console.log("小强的得票数:  "+qiangVote);
```

程序的执行过程如下。

- 初始化 web3 库，测试获取并输出第一个账户。
- 从 voting.abi 中读取智能合约 Voting 的 ABI，然后根据 ABI 创建合约对象。
- 根据合约地址创建合约实例 contractInstance。后面的测试代码都是通过合约实例 contractInstance 与智能合约 Voting 进行交互的。注意将合约地址替换为自己环境中部署的地址。

- 调用 contractInstance.addCandidate 接口测试添加候选人。这里添加了小红、小明和小强 3 个候选人。
- 调用 contractInstance.voteForCandidate() 函数测试投票接口。因为投票要向区块链中写入数据，需要花费 Gas，所以通过 from 参数指定了支付 Gas 的账户。
- 调用 contractInstance.totalVotesFor 获取并显示小红、小明和小强的得票数。因为将投票数据记录在区块链上需要经过挖矿，所以程序调用自定义函数 sleep(5000) 等待 5s，然后获取得票数。

运行测试脚本的过程如下。

首先参照 6.1.5 小节启动以太坊私有链，然后打开另一个终端，并执行下面的命令以对智能合约 Voting 进行测试：

```
cd /usr/local/voting
node test.js
```

如果一切正常，则脚本的输出如下：

```
已完成初始化 web3 库。第一个账户是：0xd169d4387c2dcd1ec4e6952bddf0a22c1f8c2b2f
已读取合约的 ABI 代码。
测试添加候选人小红
测试添加候选人小明
测试添加候选人小强
等待中…
候选人数量：3
测试给小红投票
测试给小明投票
测试给小强投票
等待中…
小红的得票数：1
小明的得票数：1
小强的得票数：1
```

智能合约通过了测试，接下来需要实现在 Web 应用中与智能合约进行交互。

4．使用 Node.js 搭建 Web 服务器的运行环境

要在服务器端运行 Web 应用，首先需要搭建 Web 服务器。为了简化操作，本小节选择使用轻量级框架 Node.js 搭建 Web 服务器的运行环境。

通常，JavaScript 是运行在客户端的，而 Node.js 可以在服务器端搭建一个运行 JavaScript 的平台。

① 首先参照 6.1.2 小节安装 Node.js。执行下面的命令，确认 Node.js 和 npm 安装成功：

```
node -v
npm -v
```

② 使用 Node.js 构建一个由 Web 应用的所有资源组合在一起所构成的 Node 项目。Node 项目对应一个文件夹。

③ 创建一个空的 Node 项目文件夹，然后在该文件夹下执行下面的命令，可以初始化

Node 项目：

```
npm init -y
```

初始化 Node 项目时会在项目文件夹下创建一个 package.json 文件，该文件用于定义 Node 项目的详细信息。

默认的 package.json 文件中的代码如下：

```
{
    "name": "app",
    "version": "1.0.0",
    "description": "",
    "main": "index.js",
    "scripts": {
        "test": "echo \"Error: no test specified\" && exit 1"
    },
    "keywords": [],
    "author": "",
    "license": "ISC"
}
```

参数说明如下。

- name：项目名。
- version：项目的版本。
- description：项目描述。
- main：项目的入口文件。
- scripts：项目的脚本，即运行项目时执行的 JavaScript 脚本。
- keywords：项目的关键字。
- author：项目的作者。
- license：发行项目所需要的证书。

④ 在/usr/local/voting 文件夹下创建 app 子文件夹，作为本实例 Web 应用的项目文件夹。执行如下命令初始化 Node 项目：

```
cd /usr/local/voting/app
npm init -y
```

本实例的 package.json 文件中的代码如下：

```
{
    "name": "Voting",
    "version": "1.0.0",
    "description": "一个简易的在线投票 DApp",
    "main": "index.js",
    "dependencies": {
        "solc": "^0.5.1",
        "web3": "^0.20.0"
    },
    "devDependencies": {},

    "scripts": {
        "dev": "node index.js"
    },
```

```
    "keywords": [],
    "author": "Lixiaoli",
    "license": "ISC"
}
```

参数 dependencies 用于指定项目在生产环境中所依赖的组件，本实例中依赖 solc 0.5.1 以上版本和 Web3 0.20.0 以上版本；参数 devDependencies 用于指定项目在开发环境中所依赖的组件。

5. 使用 Node Express 框架搭建 Web 服务器

本实例通过 Node Express 启动一个 Web 服务器，用于运行前端应用。Node Express（简称 Express）是基于 Node.js 平台的一个 Web 开发框架，使用方法非常简单。首先执行如下命令安装 Express 框架：

```
npm install -g express
```

然后执行如下命令安装 Express 框架的命令行工具：

```
npm install -g express-generator
```

安装完成后，执行如下命令查看 Express 框架的版本号，并确认 Express 框架已经成功安装：

```
express --version
```

为了确保 Node 项目可以找到 Express 框架，在/usr/local/voting/app 目录下执行如下命令以安装 Express 框架：

```
npm install express
```

下面简单介绍使用 Express 框架搭建 Web 服务器的方法。

① 首先导入 express 组件，方法如下：

```
var express = require('express');
```

② 然后搭建一个 Web 服务器，方法如下：

```
var app = express();
var server = require('http').createServer(app);
```

③ 指定静态文件目录。在构建 Web 服务时，离不开静态资源文件。所谓静态资源文件，是指对不同用户而言内容不会发生变化的文件，通常包括图片文件、CSS（Cascading Style Sheets，层叠样式表）文件和 JavaScript 脚本文件。通过如下代码可以指定 Express 框架的静态文件目录，其中"."表示当前目录：

```
app.use(express.static());
```

④ 定义接口。Web 服务通常需要提供接口以供前端应用调用，进而获取或推送数据。调用接口的 HTTP 方法通常包括 GET 和 POST 两种，具体描述如下。

- GET：用于从指定资源请求数据。可以在 URL 中通过参数向资源提交少量数据的请求，具体大小取决于浏览器，但其通常小于 1MB。
- POST：用于向指定资源提交数据。POST 提交数据的大小可以在 Web 服务器上配置。Tomcat 的默认 POST 数据大小为 2MB。

在 Express 框架中，定义 GET 类型接口的方法如下：

```
Express 对象.get("/接口名", function(req, res) {
  //准备数据
  res.send(返回数据);
});
```

该程序利用 req 对象获取传入的参数数据，利用 res 对象返回数据。

利用 req 对象获取传入的参数数据的方法如下：

```
var 参数值 = req.query.参数名;
```

在 Express 框架中，定义 POST 类型接口的方法如下：

```
Express 对象.post("/接口名", function(req, res) {
  //准备数据
  res.send(返回数据);
});
```

该程序也利用 req 对象获取传入的参数数据，利用 res 对象返回数据。POST 类型接口获取传入的参数数据的方法与 GET 类型接口不同，具体如下：

```
var 数据= req.body.参数名;
```

⑤ 启动 Web 服务，并在指定端口监听访问请求，方法如下：

```
Web 服务对象.listen(端口号);
```

由于篇幅所限，这里只是简单地介绍了使用 Express 框架搭建 Web 服务器的方法。

6. 入口文件 index.js

之前创建了 Node 项目 Voting 智能合约，其入口文件 index.js 就是使用 Express 框架来搭建 Web 服务器并提供相关接口的，代码如下：

```
//创建 express 对象
var express = require('express');
var app = express();
//创建 Web 服务器
var server = require('http').createServer(app);
//指定 Express 框架的静态文件目录
app.use(express.static('.'));
//初始化 web3
let Web3 = require('web3');
let web3 = new Web3(new Web3.providers.HttpProvider("http://192.168.1.101:8545"));
console.log('已完成初始化 web3 库。第一个账户是: '+ web3.eth.accounts[0]);
//根据 ABI 创建合约对象
let fs = require('fs');
let abiDefinition = fs.readFileSync('../voting.abi').toString();
let VotingContract = web3.eth.contract(JSON.parse(abiDefinition));
//根据合约地址得到合约实例
let address = "0x77f9ff002e5f4f043ab42679634a3f7b83120f76";
let contractInstance = VotingContract.at(address);
//定义一个/totalVotesFor 接口，用于获取指定候选人的得票数
```

```
app.get("/totalVotesFor", function(req, res) {
    var voteName = req.query.voteName;
    var vote_num=contractInstance.totalVotesFor.call(voteName).toString();
    console.log(vote_num);
    res.send(vote_num);
});
//定义一个/voteForCandidate 接口，用于给指定候选人投票，并返回指定候选人的得票数
app.get("/voteForCandidate", function(req, res) {
    var voteName = req.query.voteName;
    contractInstance.voteForCandidate(voteName, {from: web3.eth.accounts[0]});
    var vote_num=contractInstance.totalVotesFor.call(voteName).toString();
    res.send(vote_num);
});
//在 10001 端口上启动 Web 服务
server.listen(10001);
console.log('Web 服务器已启动。访问 http://127.0.0.1:10001/index.html 浏览页面。');
```

请参照注释理解上述程序。

在 index.js 中定义了如下 2 个接口。

- /totalVotesFor 接口：程序调用智能合约 Voting 的 totalVotesFor.call() 方法，获取指定候选人的得票数。
- /voteForCandidate 接口：程序调用智能合约 Voting 的 voteForCandidate() 方法，给指定候选人投票；然后调用智能合约 Voting 的 totalVotesFor.call() 方法，返回指定候选人的得票数。

7. 首页文件 index.html

在使用 Express 框架搭建 Web 服务器时，指定 index.html 作为项目首页文件。由于篇幅所限，这里仅介绍 index.html 中的关键代码。

在 index.html 中，定义投票区的代码如下：

```
<div class="row vote-row">
    <div class="col-md-4 col-xs-4" >
      <div class="vote-person">
        <div class="text-center vote-name">小红</div>
        <div id="candidate-1" align="center"><img class="head" src="images/head1.
        png" width="80px"/></div>
        <div id="vote-num1"  class="text-center vote-num"></div>
        <a href="#" class="btn btn-primary vote-btn">为 TA 投票</a>
        </div>
    </div>
    <div class="col-md-4 col-xs-4">
    <div class="vote-person">
      <div class="text-center vote-name">小明</div>
      <div id="candidate-2" align="center"><img class="head" src="images/head2.
      png" width="80px"/></div>
      <div id="vote-num2"  class="text-center vote-num"></div>
      <a href="#" class="btn btn-primary vote-btn">为 TA 投票</a>
    </div>
    </div>
    <div class="col-md-4 col-xs-4">
```

```
    <div class="vote-person">
      <div class="text-center vote-name">小强</div>
      <div id="candidate-3" align="center"><img class="head" src="images/head2.
  png" width="80px"/></div>
      <div id="vote-num3"  class="text-center vote-num"></div>
      <a href="#" class="btn btn-primary vote-btn">为 TA 投票</a>
    </div>
  </div>
</div>
```

代码中使用 class="vote-person"的 div 元素定义了一个候选人区域, 其中包含以下 4 个子区域。

- 候选人姓名: class="vote-name"的 div 元素。
- 头像图片: id="candidate-1"、id="candidate-2"和 id="candidate-3"等 3 个 div 元素, 分别定义小红、小明和小强这 3 个候选人的头像。div 元素中包含 img 元素, 头像图片保存在 images 目录下。
- 候选人的得票数: class="vote-num"的 div 元素。
- "为 TA 投票"按钮: class="vote-btn"的 a 元素。

候选人区域的显示效果如图 6-23 所示。

8. App.js

在 index.html 中, 通过 App.js 实现网页中的事件处理。引用 App.js 的代码如下:

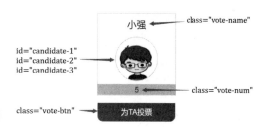

图 6-23　候选人区域的显示效果

```
<script src="./App.js"></script>
```

在 App.js 中定义了一个键值对数组, 用于保存候选人姓名和显示候选人得票数的 div 元素 ID 之间的对应关系, 代码如下:

```
let candidates = {"小红": "vote-num1", "小明": "vote-num2", "小强": "vote-num3"}
```

显示小红得票数的 div 元素 ID 为 vote-num1; 显示小明得票数的 div 元素 ID 为 vote-num2; 显示小强得票数的 div 元素 ID 为 vote-num3。

加载页面的代码如下:

```
$(document).ready(function() {
    //初始化得票数
    candidateNames = Object.keys(candidates);  //获取所有候选人姓名到candidateNames
    for (var i = 0; i < candidateNames.length; i++) { //每个候选人的得票数
        let voteName = candidateNames[i];
        addCandidate(voteName);               //添加候选人到区块链, 使其成为有效候选人
        totalVotesFor(voteName);              //获取候选人的总得票数
    }
    //初始化事件
    $(".vote-btn").click(function(){

        let voteName=$(this).prev().prev().prev().text();  //获取投票人姓名
        voteForCandidate(voteName);
    });
});
```

程序从数组 candidates 中获取候选人姓名，然后依次调用 addCandidate() 方法将每个候选人添加到区块链中，调用 totalVotesFore() 方法从以太坊网络中获取指定候选人的得票数，并将结果显示在网页中。

addCandidate() 方法的代码如下：

```
// 添加指定候选人
function addCandidate(voteName) {
    $.get("/addCandidate?voteName=" + voteName, function(data) {
        if(data == "Error") {
            alert('提示', '500');
        } else {
            console.log(data);
        }
    });
}
```

程序调用 index.js 中定义的/addCandidate 接口，将指定候选人添加到区块链中。如果该候选人已经存在，则不会再次添加。这是智能合约 Voting 中实现的功能。

totalVotesFor() 方法的代码如下：

```
// 获取指定候选人的得票数
function totalVotesFor(voteName) {
    $.get("/totalVotesFor?voteName=" + voteName, function(data) {
        if(data == "Error") {
            alert('提示', '500');
        } else {
            $("#"+candidates[voteName]).html(data);
        }
    });
}
```

程序调用 index.js 中定义的/totalVotesFor 接口，获取指定候选人的得票数。candidates[voteName]可以获取候选人对应得票数的 div 元素的 ID，并利用此 ID 在 div 元素中显示得票数。

单击候选人下面的"为 TA 投票"按钮会调用 voteForCandidate() 方法，为对应的候选人投票。voteForCandidate() 方法的代码如下：

```
function voteForCandidate(voteName) {
    $.get("/voteForCandidate?voteName=" + voteName, function(data) {
        if(data == "Error") {
            alert('提示', '500');
        } else {
            let div_id = candidates[voteName];
            console.log(data)
            var vote_num = totalVotesFor(voteName);
            $("#"+div_id).html(vote_num);//.fadeIn(800);
            // $("#"+div_id).html;//.fadeOut(400);
        }
    });
}
```

程序调用 index.js 中定义的/voteForCandidate 接口将指定候选人的得票数加 1，然后调用 totalVotesFor() 方法获取指定候选人的得票数，并将结果显示在对应的 div 元素中。

9．可以完善的功能点

本实例仅用于演示在 Web 应用中通过 Web3.js 与以太坊智能合约进行交互的方法，功能并未经过完善。如果进行实际应用，则可考虑从以下几点对其进行完善。

① 本实例的候选人由测试脚本添加，可以考虑开发后台管理程序，手动配置候选人。

② 在投票页面中，候选人是固定的，没有动态加载。

③ 为了便于测试，本实例没有限制重复投票。通常，在实际应用时，一个账户只能投一次票。实现限制重复投票功能很容易，只要在合约的 voteForCandidate() 方法中（使用 require() 函数）判断 addressVotedMap[msg.sender] 是否为 false 即可，如果不为 false，则拒绝其投票。

6.7 本章小结

本章介绍了使用 Web3.js 与以太坊节点进行通信的方法，包括区块编程、账户与交易编程等。本章还介绍了使用 Web3.js 进行智能合约编程的基本概念和方法，包括智能合约 ABI、字节码、JSON-RPC 编程，以及通过 Web3.js 调用智能合约函数等。为了便于读者理解，本章最后通过一个"明日之星"在线投票应用演示了 Web3.js 智能合约编程的方法。

本章的主要目的是使读者掌握在 Web 应用中与以太坊区块链进行交互的方法，为开发以太坊 DApp 奠定基础。

习题

一、选择题

1．Web3.js 中包含与以太坊区块链和智能合约相关函数的模块是（　　　）。

A．web3-eth　　　　　　　　　　　　B．web3-shh

C．web3-bzz　　　　　　　　　　　　D．web3-utils

2．（　　　）是 CentOS 使用的 Shell 前端软件包管理器，其可以从指定的服务器自动下载 RPM 包并安装。

A．yum　　　　　　　　　　　　　　B．npm

C．node　　　　　　　　　　　　　　D．gcc

3．Web3.providers.HttpProvider() 的作用是（　　　）。

A．引入 Web3.js 脚本　　　　　　　　B．连接以太坊节点

C．在浏览器的控制台中输出日志信息　　D．返回以太坊节点的版本号

4．在以太坊中，标识创世区块的字符串是（　　　）。

A．"pending"　　　　　　　　　　　　B．"genesis"

C．"latest"　　　　　　　　　　　　　D．"block0"

二、填空题

1. 通过 Web3.　　【1】　　属性可以输出 Web3.js 的版本信息。
2. 调用 web3.eth.　　【2】　　方法可以返回当前区块编号。
3. 通过 web3.eth.　　【3】　　属性可以设置和获取默认区块编号。
4. 一个区块的　　【4】　　的父区块与它自己的爷爷区块（父区块的父区块）是同一个区块。
5. 通过 web3.eth.　　【5】　　属性可以获取币基账户地址。
6. 调用 web3.eth.　　【6】　　() 方法可以获取指定账户的余额。
7. 调用 web3.eth.　　【7】　　() 方法可以返回指定区块中的交易数量。
8. 调用 web3.eth.　　【8】　　() 方法可以根据交易哈希获取交易对象。
9. 以太坊智能合约的 ABI 是一个数组，其中包含若干个 JSON 字符串。这些 JSON 字符串用来表示智能合约的　　【9】　　或　　【10】　　。
10. 可以借助 Solidity 的编译器　　【11】　　自动生成智能合约的 ABI 代码。
11. 字节码分为　　【12】　　和　　【13】　　2 个部分。

三、简答题

1. 简述函数选择器的编码规则。
2. 简述在生成智能合约字节码时固定类型参数编码不足 32 字节的处理方式。

四、练习题

1. 参照例 6-16 练习定长数组参数的编码过程。
2. 参照例 6-17 练习不定长数组参数的编码过程。
3. 练习使用 Visual Studio Code 和 Remix 生成智能合约的 ABI 和字节码。

第7章 事件与日志

事件是以太坊网络的基本功能，借助事件可以将数据记录为日志并保存在区块链上。事件还是智能合约与外部进行交互的渠道，例如与前端进行交互。本章将介绍 Solidity 事件与日志的基本情况。

7.1 事件

Solidity 的事件编程包括定义事件、触发事件和监听事件。其中定义和触发事件的功能在智能合约中实现，监听事件的功能可以通过 Web3.js 实现。

7.1.1 事件模型

事件模型在很多编程语言中被广泛应用。在操作系统中，用户的每一个操作都可以触发事件，例如单击鼠标、按键盘上的一个键、打开一个网页等。当然，也可以通过程序编码手动触发一个事件。事件模型提供了一种对事件进行监听和处理的机制。

在事件模型中，程序可以通过注册监听器对对象进行监听。注册监听器时通常需要指定如下元素：

- 被监听的对象；
- 监听的事件类型；
- 触发事件时执行的回调函数。

图 7-1 所示是一个简单的事件模型。事件中通常会包含一些与其相关的数据，而且在回调函数中可以对这些数据进行处理。

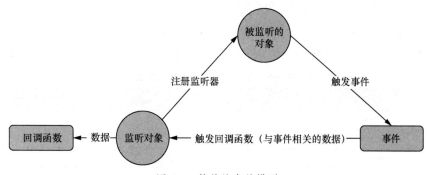

图 7-1　简单的事件模型

7.1.2　定义和触发事件

本小节介绍在智能合约中定义和触发事件的方法。

定义和触发事件

1. 定义事件

在智能合约中，可以使用 event 关键字来定义一个事件，方法如下：

```
event <事件名>(<事件的参数>);
```

例如下面的代码定义了一个名为 PersonInfoUpdate 的事件：

```
event PersonInfoUpdate(
    string name,
    uint age
);
```

事件 PersonInfoUpdate 包含 2 个参数，即 name 和 age。

2. 触发事件

定义事件后，可以通过事件名来触发事件和监听事件。在触发事件时需要按照定义事件时所指定的参数类型、参数数量和参数顺序来传递参数。

可以使用 emit 关键字来触发事件，具体方法如下：

```
emit <事件名>(<事件的实参>);
```

可以在任意函数中触发事件，例如：

```
function setInfo(string _fName, uint _age) public {
    fName = _fName;
    age = _age;
    emit PersonInfoUpdate(_fName, _age);
}
```

7.1.3　在 Web3.js 中监听事件

在 Web3.js 中可以监听事件，并对事件做出响应。对事件的监听也可以称为对事件的订阅。在触发事件时程序会通知事件的订阅者。

1. 以 WebSocket 方式连接到以太坊节点

要想在 Web3.js 中监听事件，首先要以 WebSocket 方式连接到以太坊节点。在启动以太坊私有链时，可以使用表 7-1 所示的选项以 WebSocket 方式（WS-RPC）启动以太坊私有链。

表 7-1　以 WebSocket 方式启动以太坊私有链的选项

选项	具体说明
--ws	启用 WS-RPC 服务器
--ws.addr <参数值>	指定 WS-RPC 服务器监听的地址
--ws.port <参数值>	指定 WS-RPC 服务器监听的端口
--ws.origins <参数值>	指定 WebSocket 请求允许的源。通常使用--ws.origins '*'表示允许所有的连接

可以通过如下命令启动以太坊私有链，并启用 WS-RPC 服务：

```
./geth --datadir ethchain --nodiscover console 2>>1.log --dev.period 1 --password './
password.txt' --http.port 8545 --http.corsdomain "*" --http.addr=192.168.1.101 -http --http.api =
"db, eth,net,web3,personal" --ws --ws.addr 192.168.1.101 --ws.port 7777 --ws.origins '*'
```

在 Web3.js 中，可以通过如下代码连接到 WS-RPC 服务：

```
web3 = new Web3(new Web3.providers.WebsocketProvider("ws://192.168.1.101:7777"));
```

这里使用的服务提供器是 Web3.providers.WebsocketProvider，而不是第 6 章中使用的 Web3.providers.HttpProvider。

【例 7-1】为了演示在 HTML 页面中通过 Web3.js 订阅合约事件的方法，首先创建 Person.sol，并在其中定义一个智能合约 Person，代码如下：

```solidity
pragma solidity ^0.5.1;

contract Person{
    string public name;
    uint public age;


    function SetInfo(string memory _name, uint _age) public {
        name = _name;
        age = _age;
        emit PersonInfoUpdate(_name, _age);
    }

    event PersonInfoUpdate(
        string name,
        uint age
    );
}
```

智能合约 Person 中定义了 name 和 age 这 2 个状态变量。SetInfo() 函数可以设置状态变量的值，然后触发 PersonInfoUpdate 事件。

参照 6.4.4 小节介绍的方法部署智能合约 Person，命令如下：

```
curl -H 'Content-Type: application/json' --data '{"jsonrpc":"2.0","method": "eth_
sendTransaction","params": [{"from" : "0xd169d4387c2dcd1ec4e6952bddf0a22c1f8c2b2f", "data" :
"0x60806040523480156100105760008bfd5b5061035b806100206000396000f3fe60806040526004361
0610051576000357c0100000000000000000000000000000000000000000000000000000900480630
6fdde0314610056578063262a9dff146100e65780634033e4f514610111575b600080fd5b348015610066
2576000080fd5b5061006b6101e3565b60405180806020018281038252838181518152602001915080519
0602001908083836000 5b838110156100ab57808201518184015260208101905061 0090565b505050509
05090810190601f1680156100d85780820380516001836020036101000a031916815260200191505b509
2505050560405180910390f35b3480156100f257600080fd5b506100fb610281565b60405180828152602
00191505056040518091039f35b34801561011d57600080fd5b506101e160048036036040811015013
457600080fd5b81019080803590602001906401000000008111561015157600080fd5b8201836020820
1111561016357600080fd5b8035906020019184600183028401116401000000008311171561018557600
080fd5b91908080601f016020809104026020016040519081016040528093929190818152602001838383
08284376000818401526011f19601f82011690508083019250505050505050509192919290803590602001 9
09291905050506102875560b005b6000805460018160011615610100020316600290048060 1f016020809
1040260200160405190810160405280929190818152602001828054600181600116156101000203166600
290048015610279578060 1f1061024e576101008083540402835291602001 91610279565b8201919060600
052602060002090 5b815481529060010190602001808311611625c5782900360 1f168201915b5050505050
081565b60015481565b7ff265c9474b1f5cd46b4b9c662eb362fe5279ea1bb23e81ebf5c160fe36788e3
782826040518080602001838152602001828103825284818151815260200191508051906020019080838
```

360005b838110156102f05780820151818401526020810190506102d5565b5050505090509081019060601
f16801561031d5780820380516001836020036101000a03191681526020019150b50935050505060405
180910390a1505056fea165627a7a7230582090c2639077ff0bfe0ce6364dafcd4fcea7a5232e475f191
bdbe78fb5030508b00029"}], "id": 20}' 192.168.1.101:8545

参数 from 指定发起交易的账户地址，通常可以使用币基账户地址，请读者根据实际情况进行替换。参数 data 中指定的合约字节码可以在 Remix 窗口中获得，注意需要在其开头添加 0x。执行结果如下：

```
{"jsonrpc":"2.0","id":20,"result":"0x4b1501ec48388f48f9cf987f52c6fd7d3fffddcdf9c
dfb96679adcea98613449"}
```

result 是本次交易的哈希值。使用 eth_getTransactionReceipt 可以查看指定交易的收据，参数为交易的哈希值。执行下面的命令可以获取本次交易的合约地址：

```
curl -H 'Content-Type: application/json' --data '{"jsonrpc":"2.0","method": "eth_get
TransactionReceipt","params": ["0x4b1501ec48388f48f9cf987f52c6fd7d3fffddcdf9cdfb96679
adcea98613449"], "id": 21}' 192.168.1.101:8545
```

返回结果如下：

```
{"jsonrpc":"2.0","id":21,"result":{"blockHash":"0xdc30bd518cf80fb5d73391e1409ce0
04c979c10f09bf4f3211cec86737dd3e0f","blockNumber":"0x1d088","contractAddress":"0xed2
d42ad9aa54e77fb5c35b7834aedc1171aef57","cumulativeGasUsed":"0x3a33a","from":"0xd169d
4387c2dcd1ec4e6952bddf0a22c1f8c2b2f","gasUsed":"0x3a33a","logs":[],"logsBloom":"0x00
0000000000000000000000000000000000000000000000000000000000000000000000000000000000000
0000000000000000000000000000000000000000000000000000000000000000000000000000000000000
0000000000000000000000000000000000000000000000000000000000000000000000000000000000000
0000000000000000000000000000000000000000000000000000000000000000000000000000000000000
0000000000000000000000000000000000000000000000000000000000000000000000000000000000000
0000000000000000000000000000000000000000000000000000000000000000000000000000000000000
000000","status":"0x1","to":null,"transactionHash":"0x4b1501ec48388f48f9cf987f52c6fd
7d3fffddcdf9cdfb96679adcea98613449","transactionIndex":"0x0"}}
```

其中 contractAddress 就是部署合约的地址。在本例中，该地址为 0xed2d42ad9aa54e77fb5c35b7834aedc1171aef57。

2．订阅合约事件

可以通过如下方法订阅合约事件：

```
<智能合约对象>.events.<事件名>([回调函数])
```

例如，订阅合约事件 PersonInfoUpdate 的代码如下：

```
myContract.events.PersonInfoUpdate(function(error, event){
    if(!error){
        console.log(event.returnValues.name);
        console.log(event.returnValues.age);
    }else{
    console.log(error);
    }
})
```

回调函数有 2 个参数，即 error 和 event。error 是错误对象，event 是返回的事件对象。event 包含如下属性。

- event：事件名。

- signature：事件签名。
- address：事件源地址。
- returnValues：事件的返回数据。例如，可以使用如下代码获取事件对象的参数值：

```
event.returnValues.<参数名>
```

- logIndex：事件在区块中的索引位置。
- transactionIndex：事件在交易中的索引位置。
- transactionHash：事件所在交易的哈希值。
- blockHash：事件所在区块的哈希值。
- blockNumber：事件所在区块的编号。
- raw.data：包含未索引的日志参数。
- raw.topics：事件的主题。

<智能合约对象>.events.<事件名>() 的返回值是一个事件发生器 EventEmitter。事件发生器可以触发如下事件。

- "data"：当接收到新的事件时触发。
- "changed"：当事件从区块链上移除时触发。
- "error"：当发生错误时触发。

可以通过如下方式响应这些事件：

```
<智能合约对象>.events.<事件名>([, 回调函数])
.on('data', function(event){              //当接收到新的事件时输出事件对象
    console.log(event);
})
.on('changed', function(event){
                                          //将事件从本地数据库删除
})
.on('error', console.error);              //当发生错误时输出错误对象
```

【例 7-2】演示在 HTML 页面中通过 Web3.js 订阅合约事件的方法。

创建 sample7-2.html，以 WebSocket 方式连接到以太坊私有链并创建合约对象，代码如下：

```
$(function () {
    if (typeof web3 !== 'undefined') {
        web3 = new Web3(web3.currentProvider);
    } else {
        // set the provider you want from Web3.providers
        web3 = new Web3(new Web3.providers.WebsocketProvider("ws://192.168.1.101:7777"));
    }

    var myContract =new web3.eth.Contract([
    {
        "constant": true,
        "inputs": [],
        "name": "name",
        "outputs": [
            {
                "name": "",
```

```
                    "type": "string"
                }
        ],
        "payable": false,
        "stateMutability": "view",
        "type": "function"
    },
    {
        "constant": true,
        "inputs": [],
        "name": "age",
        "outputs": [
            {
                    "name": "",
                    "type": "uint256"
            }
        ],
        "payable": false,
        "stateMutability": "view",
        "type": "function"
    },
    {
        "constant": false,
        "inputs": [
            {
                    "name": "_name",
                    "type": "string"
            },
            {
                    "name": "_age",
                    "type": "uint256"
            }
        ],
        "name": "SetInfo",
        "outputs": [],
        "payable": false,
        "stateMutability": "nonpayable",
        "type": "function"
    },
    {
        "anonymous": false,
        "inputs": [
            {
                    "indexed": false,
                    "name": "name",
                    "type": "string"
            },
            {
                    "indexed": false,
                    "name": "age",
                    "type": "uint256"
            }
        ],
        "name": "PersonInfoUpdate",
        "type": "event"
```

```
        }
], "0xed2d42ad9aa54e77fb5c35b7834aedc1171aef57");
```

使用合约对象 myContract 订阅合约事件 PersonInfoUpdate 的代码如下：

```
// 订阅事件
var eventUpdate = myContract.events.PersonInfoUpdate(function(error, event){
    if(!error){
        console.log(event.returnValues.name);
        console.log(event.returnValues.age);
    }else{
        console.log(error);
    }
})
.on('data', function(event){
    console.log(event);
})
.on('changed', function(event){

})
.on('error', console.error);
```

在 sample7-2.html 中定义以下 HTML 元素，用于输入智能合约 Person 的 name 和 age：

```
<span>
    姓名: <input type="text" id="name"></input><br/>
    年龄: <input type="text" id="age"></input><br/>
    <button id="btnSetInfo" >修改</button>
</span>
```

单击"修改"按钮，将调用智能合约 Person 的 SetInfo() 函数，设置 name 和 age 变量值，并触发 PersonInfoUpdate 事件，代码如下：

```
$("#btnSetInfo").click(function() {
    alert($("#name").val()+$("#age").val());
                myContract.methods.SetInfo($("#name").val(),
        $("#age").val()).send ({ from: "0xd169d4387c2dcd1ec4e6952bddf0a22c1f8c2b2f",
        gas: 150000, gasPrice:"10000"})
});
```

假定 0xd169d4387c2dcd1ec4e6952bddf0a22c1f8c2b2f 是以太坊私有链的币基账户地址。因为调用 SetInfo() 函数会修改合约的状态变量值，所以需要支付手续费，这里指定 Gas 为 150 000，gasPrice 为 10 000。手续费将从账户 0xd169d4387c2dcd1ec4e6952bddf0a22c1f8c2b2f 中扣除。

将 sample7-2.html 上传至 CentOS 虚拟机的/var/www/html/目录下，然后打开 Chrome 浏览器，访问如下 URL：

```
http://192.168.1.101/sample7-2.html
```

可以看到图 7-2 所示的网页。

在姓名和年龄文本框中输入测试数据，然后单击"修改"按钮，即可触发智能合约 Person 的 PersonInfoUpdate 事件。

按"F12"键，可以在控制台面板中看到事件 PersonInfoUpdate 的参数数据，其与输入的测试数据一致，如图 7-3 所示。

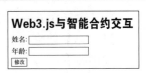

图 7-2　例 7-2 的运行结果

```
{address: "0xED2d42AD9AA54E77FB5c35B7834aEDC1171AeF57", blockNumber: 119216, transactionHash: "0x74da948eeead5224fa
▶5d765cb92d09d393a2dc78d2cc5dbf662c43e8198567b7", transactionIndex: 0, blockHash: "0xc2ac62bd8ceee44f446093213aa49fd
089866c050f06aefa52df6acac2550429", …}
```

sample7-2.html:108

张三
18

sample7-2.html:100
sample7-2.html:101

图 7-3　在控制台面板中查看事件 PersonInfoUpdate 的参数数据

如果在控制台面板中看到如下错误信息，则说明指定的 from 账户已被锁定：

```
web3.min.js:13 Uncaught (in promise) Error: Returned error: authentication needed:
password or unlock
```

可以通过如下方法解决上述问题。

① 在启动以太坊私有链时使用--allow-insecure-unlock 选项，具体命令如下：

```
./geth --datadir ethchain --nodiscover console 2>>1.log --dev.period 1 --password './
password.txt' --http.port 8545 --http.corsdomain "*" --http.addr=192.168.1.101 -http --http.api ="db,
eth,net,web3,personal" --ws --ws.addr 192.168.1.101 --ws.port 7777 --ws.origins '*' --allow-
insecure-unlock
```

② 执行 miner.stop() 命令停止挖矿，并执行 eth.mining 命令检查挖矿的状态。如果返回 false，则说明挖矿已被停止。

③ 执行下面的命令解锁第一个账户：

```
personal.unlockAccount(eth.accounts[0])
```

输入账户密码后，账户被解锁，如图 7-4 所示。

```
> personal.unlockAccount(eth.accounts[0])
Unlock account 0xd169d4387c2dcd1ec4e6952bddf0a22c1f8c2b2f
Passphrase:
true
```

图 7-4　解锁账户

日志

④ 执行 miner.start() 命令启动挖矿，然后例 7-2 就可以正常运行了。

7.2　日志

Solidity 没有提供 print 语句或 console.log() 函数来实现输出日志的功能，但是可以借助事件来记录日志。每个事件都会以 LOG 字节码的形式记录日志。日志是事件存储在区块链上的数据，日志比智能合约中状态变量的存储成本低很多。每存储 1 字节的日志消耗 8Gas，而每存储 32 字节的智能合约状态变量消耗 20 000Gas。虽然日志消耗的 Gas 较少，但是日志并不能被任何智能合约访问。

7.2.1　在 Remix 中查看日志数据

为了演示在 Remix 中查看日志数据的方法，本小节首先介绍触发事件的实例。

【例 7-3】创建一个智能合约 MetaCoin，并在其中定义一个 Transfer 事件。

代码如下：

```
event Transfer(address _from, address _to, uint256 _value);
```

Transfer 事件中包含转账的源地址、目的地址和转账金额等 3 个参数。

在智能合约 MetaCoin 中定义了一个映射 balances，用于保存各账户中的金额，定义代码如下：

```
mapping(address => uint256) balances;
```

智能合约 MetaCoin 的构造函数代码如下：

```
constructor () payable public {
        balances[msg.sender] = 100;
}
```

程序将当前账户的余额设置为 100。

定义一个 SendCoin() 函数，模拟账户间的转账，代码如下：

```
function SendCoin(address _receiver, uint256 _amount) public returns(bool sufficient){
        if(balances[msg.sender] < _amount)
            return false;
        balances[msg.sender] -= _amount;
        balances[_receiver] += _amount;
        //触发事件
        emit Transfer(msg.sender, _receiver, _amount);
        return true;
}
```

如果当前账户的余额不足，则返回 false；否则将映射 balances 的当前账户余额减少参数 _amount，并将指定的账户 _reciver 的余额增加参数 _amount。最后，程序触发事件 Transfer 并返回 true。

在部署智能合约 MetaCoin 后，单击图 7-5 中的▼图标，展开文本框。在 _reciver 文本框中输入账号列表中的一个地址，在 _amount 文本框中输入 1，如图 7-6 所示。

图 7-5　在 Remix 中查看已部署的合约　　　图 7-6　输入 SendCoin() 函数的参数

单击 "transact" 按钮，可以在 Remix 窗口下部的控制台面板中查看执行的情况。单击 "Debug" 按钮后面的▼图标，可以查看交易的具体信息，如图 7-7 所示。

在 logs 栏目中可以看到事件 Transfer 的日志，其中包括触发事件的账户地址（from）、事件主题（topic）、事件名（event）和参数。

7.2.2　底层日志接口

除了在触发事件时会记录日志，Solidity 还提供了一些底层日志接口。通过调用 log0()、log1()、log2()、log3()、log4() 等函数可以直接访问底层日志组件。log$i$() 函数可以有 i+1 个类型为 bytes32 的参数。例如，log0() 有 1 个参数，log1() 有 2 个参数，以此类推。其中第一个参数会被用来作为日志的数据部分，其他的会被作为日志的主题。

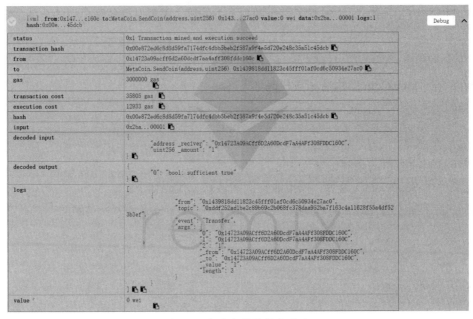

图 7-7　查看交易的具体信息

【例7-4】通过底层日志接口 log3() 函数记录例 7-3 的日志。

代码如下：

```solidity
pragma solidity ^0.5.1;

contract MetaCoin{
    event Transfer(address indexed _from, address indexed _to, uint256 _value);
    function recordLog() public payable {
        address addr = 0x14723A09ACff6D2A60DcdF7aA4AFf308FDDC160C;
        log3(
            bytes32(msg.value),
            bytes32(keccak256('Transfer(address,address,uint256)')),
            bytes32(bytes20(addr)),
            bytes32(bytes20(msg.sender))
        );
    }
}
```

智能合约 MetaCoin 中定义了一个事件 Transfer，其中包含 3 个参数，即_from、_to 和 _value。在 recordLog() 函数中，程序调用 log3() 函数记录日志。log3() 函数包含如下 4 个参数。

① msg.value：交易金额作为日志的数据部分。

② keccak256('Transfer(address,address,uint256)')：事件 Transfer 的 ABI 所定义的 Keccak-256 哈希。

③ addr：指定发送交易金额的账户地址。注意应使用 EIP-55 格式的账户地址，具体情况可以参照 5.2.2 小节。

④ msg.sender：调用 recordLog() 函数的账户地址。

这 4 个参数都需要转换为 bytes32 类型之后使用，address 数据需要先转换为 bytes20 类型，再转换为 bytes32 类型。

部署智能合约后单击"recordLog"按钮，然后在 Remix 窗口下部的控制台面板中查看日志信息，如图 7-8 所示。

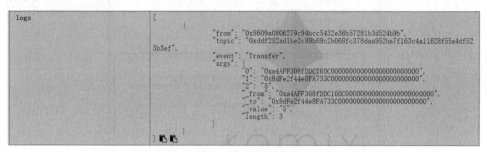

图 7-8　查看日志信息

7.2.3　检索日志

在 2.2.6 小节中介绍以太坊的数据结构时曾提及，收据中包含一些日志信息，因此可以通过获取交易收据来检索日志。

可以通过调用 web3.eth.getTransactionReceipt() 方法来获取交易的收据数据，方法如下：

```
web3.eth.getTransactionReceipt(<交易哈希> [, <回调函数>])
```

调用第 6 章介绍的 web3.eth.getTransactionFromBlock() 方法可以得到指定交易的交易哈希。回调函数是可选的，其包含 2 个参数，即 error 和 result。error 是错误对象，result 是查询到的结果。

【例 7-5】演示通过 web3.eth.getTransactionReceipt() 方法在交易收据中检索日志的方法。

假定例 6-10 中获取区块 117 952 中第 1 个交易的交易哈希为 0xf3982b3798ace0953621ca7b415f94a0652805a826c72b93cb5e33e0aa961937。本例根据此交易哈希获取交易中的日志信息。

创建一个名为 sample7-5.html 的网页文件，并在其中编写如下代码：

```
<script src="https://ajax.aspnetcdn.com/ajax/jquery/jquery-3.5.1.min.js"></script>
<script src="web3.min.js"></script>
<script>
$(function () {
    if (typeof web3 !== 'undefined') {
        web3 = new Web3(web3.currentProvider);
    } else {
        // set the provider you want from Web3.providers
        web3 = new Web3(new Web3.providers.WebsocketProvider("ws://192.168.1.101:7777"));
    }
    web3.eth.getTransactionReceipt("0xf3982b3798ace0953621ca7b415f94a0652805a826
    c72b93cb5e33e0aa961937").then(console.log);
});
</script>
```

将 sample7-5.html 上传至 CentOS 虚拟机的/var/www 目录下，然后打开浏览器，访问如下 URL：

```
http://192.168.1.101/sample7-5.html
```

按"F12"键，可以在浏览器的 console 窗口中查看交易的日志信息，如图 7-9 所示。

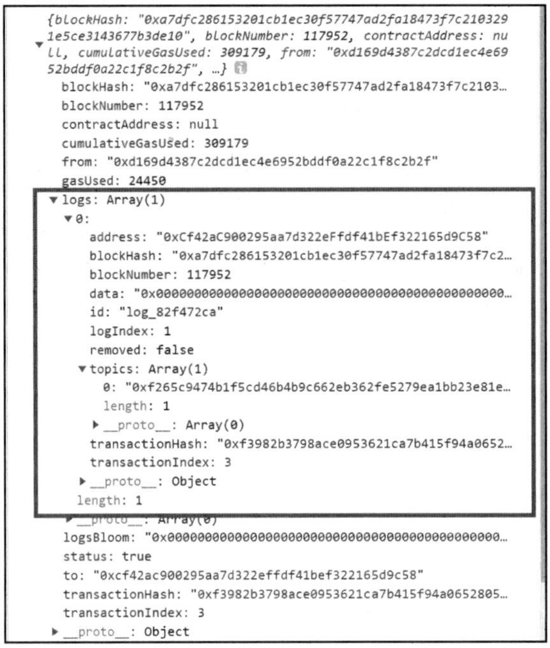

図 7-9　查看交易的日志信息

在 web3.eth.getTransactionReceipt() 方法的返回结果中，logs 数组中保存着交易的日志信息。交易日志中的字段说明如表 7-2 所示。

表 7-2　交易日志中的字段说明

字段	具体说明
address	日志记录交易中的相关地址
blockHash	日志所在区块的哈希
blockNumber	日志所在区块的编号
data	日志记录的数据
id	日志 ID
logIndex	日志索引
removed	标识日志是否被删除
topics	日志主题数组
transactionHash	日志记录的交易哈希
transactionIndex	日志记录的交易索引

7.3　本章小结

本章介绍了 Solidity 中的事件，包括事件模型、定义和触发事件，以及在 Web3.js 中监听事件等。事件会以 LOG 字节码的形式记录日志。本章还介绍了 Solidity 中的日志，包括在 Remix 中查看日志信息和底层日志接口，以及通过 Web3.js 检索日志等。

本章的主要目的是使读者掌握在 Solidity 中通过事件传递消息和记录日志的方法，为开发以太坊 DApp 奠定基础。

习题

一、选择题

1. 在 Solidity 中，可以使用（　　）关键字来定义事件。

A. event
B. emit
C. events
D. log0()

2. 在 Solidity 中，可以使用（　　）关键字来触发事件。

A. event
B. emit
C. events
D. log0()

3. 在以 WebSocket 方式启动以太坊私有链时，指定 WS-RPC 服务器监听端口的选项为（　　）。

A. --ws
B. --ws.addr value
C. --ws.port value
D. --ws.origins value

4. Solidity 还提供了一些底层日志接口，其中包含 2 个参数的是（　　）。

A. log()
B. log0()
C. log1()
D. log2()

二、填空题

1. 在事件模型中，程序可以通过＿＿【1】＿＿对对象进行监听。

2. 要想在 Web3.js 中监听事件，首先要以＿＿【2】＿＿方式连接到以太坊节点。

3. 调用 web3.eth.getTransactionReceipt() 方法可以获取交易的收据数据，在 web3.eth. getTransactionReceipt() 方法中通过＿＿【3】＿＿可以指定要查询的交易。

三、简答题

试绘制一个简单的事件模型。

第8章 以太坊 DApp 开发框架 Truffle

Truffle 是目前非常流行的基于以太坊虚拟机的开发框架之一。

8.1 Truffle 开发框架概述

本节介绍 Truffle 开发框架的基本特性，以及在 CentOS 虚拟机上安装 Truffle 开发框架的方法。

8.1.1 Truffle 开发框架的基本特性

Truffle 开发框架具有以下基本特性。
- 内置智能合约编译、链接、部署和二进制管理等功能。相关内容将在 8.2 节介绍。
- 自动进行智能合约测试，从而实现快速开发。相关内容将在 8.4 节介绍。
- 实现脚本化、可扩展的部署和迁移。相关内容将在 8.2.4 小节介绍。
- 通过网络管理实现将智能合约部署到任意数量的公有网络和私有网络。
- 利用 ethPM 和 npm 实现程序包管理。由于篇幅有限，此部分内容在本章中不具体介绍。
- 提供直接与智能合约通信的交互控制台，便于开发和调试。相关内容将在 8.3.2 小节介绍。
- 提供可配置的构建与发布一体化解决方案，实现自动构建与自动部署，无须每次修改都重新执行整个流程。
- 提供外部脚本运行器，即可以在 Truffle 环境中执行脚本。由于篇幅有限，此部分内容在本章中不具体介绍。

8.1.2 安装 Truffle 开发框架

安装 Truffle 需要 Node.js 5.0 以上版本。在 CentOS 虚拟机中执行如下命令可以安装 Truffle 开发框架：

```
npm config set strict-ssl false
npm install -g truffle --registry=https://registry.npm.taobao.org
```

第一条语句的作用是关闭 npm 强制使用 HTTPS（Hyper Text Transfer Protocol Secure，超文本传输安全协议）的选项，否则可能无法连接到目标地址。

安装完成后，执行如下命令可以查看 Truffle 的版本，从而确认 Truffle 开发框架已经成功安装：

```
truffle version
```

编者执行上述命令的结果如下：

```
Truffle v5.1.65 (core: 5.1.65)
Solidity v0.5.16 (solc-js)
Node v10.13.0
Web3.js v1.2.9
```

8.1.3　选择以太坊客户端

使用 Truffle 开发基于以太坊网络的 DApp 时，需要选择一款以太坊客户端。备选方案很多，读者可以根据开发或部署的实际情况对其进行选择。

1．开发时可以选择的以太坊客户端

在开发阶段，可以选择使用如下 2 种以太坊客户端之一。

① EthereumJS TestRPC：一个完整的运行于内存中的以太坊客户端，在其中每个开发人员都可以运行自己的以太坊区块链。EthereumJS TestRPC 可以在执行交易时实时返回，无须等待默认的出块时间，从而大大提高调试程序的效率。

② Ganache：可以在桌面环境下运行的、用于以太坊开发的客户端（个人区块链），是 Truffle 套件的组成部分。使用 Ganache 可以简化开发 DApp 的流程。用户可以很便捷地查看应用程序对区块链的影响，包括账户信息、账户余额、智能合约的创建及花费的 Gas 等。可以在 Windows、macOS 或 Linux 下安装 Ganache。

2．正式发布时可以选择的以太坊客户端

在正式发布时，有很多官方的或者第三方的以太坊客户端可供选择，举例介绍如下。

① Geth：Go 语言版本的以太坊客户端。本书在 2.3 节对 Geth 客户端进行了详细的介绍，其他章也多次使用由 Geth 搭建的以太坊私有链来演示实例。

② Hyperledger Besu：企业级的、基于 Java 的以太坊客户端，兼容以太坊主网络。其可以快速搭建企业的以太坊网络，并通过 JSON-RPC 与智能合约进行交互。

③ Parity：快速、轻量级的以太坊客户端。

④ Nethermind：使用.NET Core 开发的以太坊客户端，支持 Windows、macOS 和 Linux。

8.1.4　个人区块链 Ganache

Ganache 是 Truffle 家族中一款适用于快捷以太坊 DApp 开发的工具。它可以让每个开发者都拥有一个轻量级的、独享的以太坊区块链。开发者可以在整个开发周期使用 Ganache 在一个安全可控的环境中开发、测试和部署 DApp。本书后文中会将 Ganache 作为开发以太坊 DApp 的客户端。

Ganache

可以通过 Ganache UI 和命令行工具 ganache-cli 与 Ganache 区块链进行交互。Ganache UI 是一个同时支持以太坊和 Corda（一个开源的商用区块链项目）的桌面应用程序。ganache-cli 的前身是比较常用的以太坊测试链 TestRPC。

Ganache 的所有版本都同时支持 Windows、macOS 和 Linux。本小节介绍在 Windows 下使用 Ganache 的方法，在本章后面介绍 Truffle 开发框架时，还会在 CentOS 下使用 Ganache

搭建以太坊测试链。

1．下载和安装 Ganache

可以从 Truffle 官网中的 Ganache 主页下载 Ganache，URL 参见"本书使用的网址"文档。

在图 8-1 所示的 Ganache 主页中，单击"DOWNLOAD"按钮，可以下载 Windows 版本的 Ganache。编者在编写本书时下载的是 Ganachw-2.5.4-win-x64.appx，使用 Windows 应用安装程序打开它，并根据提示进行安装。

2．创建工作空间

启动 Ganache 后，其主界面如图 8-2 所示。单击"NEW WORKSPACE"按钮可以打开图 8-3 所示的窗口以创建 Ganache 工作空间。

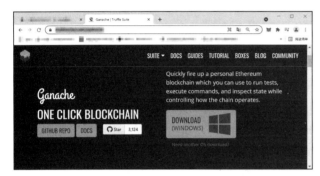

图 8-1　Ganache 主页

图 8-2　Ganache 的主界面

输入工作空间名称，然后单击"SAVE WORKSPACE"按钮即可创建工作空间。默认的工作空间名称为 wiggly-level。可以单击"ADD PROJECT"按钮选择一个 Truffle 项目并将其添加到工作空间中。

创建工作空间后，可以看到 Ganache 区块链的详情窗口，如图 8-4 所示。

图 8-3　创建 Ganache 工作空间

图 8-4　Ganache 区块链的详情窗口

详情窗口中默认显示一组 Ganache 区块链账号的信息。每个账号中有 100ETH，其是测试网络中的测试币，仅可用于开发和测试应用程序。

在详情窗口的顶部可以看到区块编号（CURRENT BLOCK）、Gas 价格（GAS PRICE）、Gas 上限（GAS LIMIT）、硬分叉版本（HARDFORK）、网络 ID（NETWORK ID）、挖

矿状态（MINING STATUS）和工作空间名称（WORKSPACE）等信息。

除了账号（ACCOUNTS）外，还可以切换查看区块信息（BLOCKS）、交易信息（TRANSACTIONS）、智能合约信息（CONTRACTS）、事件信息（EVENTS）和日志信息（LOGS）等。

本章后面内容的介绍都基于 Ganache。在 CentOS 虚拟机中选择使用命令行工具 ganache-cli。

图形界面的 Ganache 区块链默认使用 7545 端口，而运行命令行工具 ganache-cli 时启动的 Ganache 区块链使用 8545 端口。

8.2 Truffle 项目管理

要使用 Truffle 框架开发 DApp，首先需要创建 Truffle 项目，然后需要对项目进行配置。由于以太坊 DApp 是基于智能合约的，因此还需要编译和部署合约。本节介绍 Truffle 项目管理的方法。

8.2.1 创建项目

Truffle 项目是基于智能合约的应用中所有程序和资源的集合，因此开发 DApp 的第一步就是创建项目。可以选择创建一个空白的项目，也可以使用已有的模板创建一个包含示例应用的项目。

1. Truffle Boxes

在 Truffle 框架中项目模板被称为 Truffle Boxes。该框架中提供了一组很有用的项目模板。项目模板中包含一种类似 DApp 的基本框架。开发人员只需要关注应用的独特之处，共性的部分则由项目模板提供。

Truffle Boxes 提供的主要项目模板如表 8-1 所示。

表 8-1　Truffle Boxes 提供的主要项目模板

项目模板	热度	具体说明
react	379	由 Truffle、webpack 和 React 构成的模板
drizzle	161	包含 Drizzle 开发包的 React 应用，可以提供开发智能合约应用所需的各种功能。Drizzle 开发包由 drizzle（基础库）、drizzle-react（实现与 React 的兼容）和 drizzle-react-components（一组 React 组件）组成
DOkwufulueze/eth-vue	111	适合使用 Vue 框架进行 DApp 开发的用户
adrianmcli/truffle-next	110	使用 Next.js 快速开发以太坊 DApp 的示例项目模板。使用 Next.js 可以开发规模化的、生产级的 React 应用，可以实现零配置的自动编译和打包
pet-shop	108	官方的宠物商店教程示例项目模板，8.5 节中将以此项目模板为例介绍使用 Truffle 开发 DApp 的过程
endless-nameless-inc/cheshire	69	CryptoKitties DApp 的开发者所使用的沙箱（SandBox）。CryptoKitties 是曾经火爆一时的加密宠物猫以太坊应用，也曾一度造成以太坊网络拥堵。沙箱是一种技术。在沙箱内，软件运行在操作系统受限制的环境中
wespr/truffle-vue	62	作为所有 Truffle + Vue 实现 DApp 的底层基础，提供对 Vue.js、Vue Router、Vuex、JavaScript 和 Solidity 的支持

项目模板	热度	具体说明
Quintor/angular-truffle-box	49	使用 Angular 快速构建 DApp 的项目模板
tutorialtoken	45	提供使用 OpenZeppelin 框架开发代币教程的示例项目模板。OpenZeppelin Contracts 是一个用于开发安全智能合约的库
metacoin	44	代币智能合约示例项目模板
webpack	34	基于 webpack 的应用程序的项目模板

从热度上可以看出在开发 DApp 时技术框架的流行程度。前端框架的排名由高到低依次为 React（包含 Next.js）、Vue、Angular、webpack。

2．使用 webpack 项目模板创建 Truffle 项目

Truffle Boxes 中包含一个名为 webpack 的项目模板。webpack 是对前端资源进行加载和打包的工具。webpack 会根据模块的依赖关系对前端资源进行静态分析，然后按照指定的规则生成对应的静态资源，如图 8-5 所示。

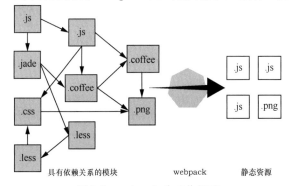

图 8-5　webpack 的工作原理

下面以 webpack 为例介绍使用 webpack box 创建 Truffle 项目的方法。

首先在 CentOS 虚拟机的/usr/local/目录下创建 truffle 子目录，用于保存本书所创建的 Truffle 项目。然后在/usr/local/truffle 目录下创建 MetaCoin 子目录，因为 webpack 项目模板中包含一个名为 MetaCoin 的项目模板。命令如下：

```
cd /usr/local/
mkdir truffle
cd truffle
mkdir MetaCoin
```

执行下面的命令可以下载（拆箱）项目模板 MetaCoin：

```
cd /usr/local/truffle/MetaCoin
truffle unbox webpack
```

下载项目模板的过程中需要访问 GitHub，因此很可能会由于网络原因而无法下载。解决方案是找到 GitHub 相关域名所对应的 IP 地址。其中，涉及的 GitHub 相关域名包括：

```
gist.github.c█m
github.c█m
www.github.c█m
avatars0.githubusercontent.c█m
avatars1.githubusercontent.c█m
avatars2.githubusercontent.c█m
avatars3.githubusercontent.c█m
avatars4.githubusercontent.c█m
avatars5.githubusercontent.c█m
avatars6.githubusercontent.c█m
avatars7.githubusercontent.c█m
```

```
avatars8.githubusercontent.com
camo.githubusercontent.com
cloud.githubusercontent.com
gist.githubusercontent.com
marketplace-screenshots.githubusercontent.com
raw.githubusercontent.com
repository-images.githubusercontent.com
```

这些域名多数是子域名,实际上只需要获取如下主域名的 IP 地址即可。

```
github.com
githubusercontent.com
```

通过 ipaddress.com 网站可以获取指定域名的 IP 地址。githubusercontent.com 的 IP 地址所使用的 URL 参见"本书使用的网址"文档。

在 Hostname Summary 栏目中,可以看到 githubusercontent.com 对应的 IP 地址,如图 8-6 所示。

以此类推,可以获得其他 GitHub 相关域名对应的 IP 地址。根据编者在编写本书时获得的 IP 地址,在/etc/hosts 中添加如下代码,即可配置 GitHub 相关域名对应的 IP 地址:

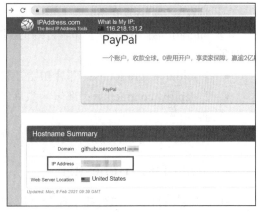

图 8-6 查看 githubusercontent.com 对应的 IP 地址

```
# GitHub Start
140.82.114.4 gist.github.com
140.82.114.4 github.com
140.82.114.4 www.github.com
199.232.96.133 avatars0.githubusercontent.com
199.232.96.133 avatars1.githubusercontent.com
199.232.96.133 avatars2.githubusercontent.com
199.232.96.133 avatars3.githubusercontent.com
199.232.96.133 avatars4.githubusercontent.com
199.232.96.133 avatars5.githubusercontent.com
199.232.96.133 avatars6.githubusercontent.com
199.232.96.133 avatars7.githubusercontent.com
199.232.96.133 avatars8.githubusercontent.com
199.232.96.133 camo.githubusercontent.com
199.232.96.133 cloud.githubusercontent.com
199.232.96.133 gist.githubusercontent.com
199.232.96.133 marketplace-screenshots.githubusercontent.com
199.232.96.133 raw.githubusercontent.com
199.232.96.133 repository-images.githubusercontent.com
# GitHub End
```

保存后,在/usr/local/truffle/MetaCoin 目录下执行 truffle unbox webpack 命令,即可成功下载 webpack 项目模板,但是这一过程可能比较耗时。

注意:读者在阅读本书时,应参照上述过程自行获取 IP 地址,因为上面列出的 IP 地址可能已经发生变化了。

3．webpack 项目模板的目录结构

webpack 项目模板中包含如下目录。

① app：保存一个通过 Truffle 框架与合约进行交互的前端应用实例。具体方法将在 8.3 节中介绍。

② contracts：保存 Solidity 智能合约。webpack 项目模板中包含如下智能合约。

- ConvertLib.sol：定义一个根据汇率计算金额的函数库。
- MetaCoin.sol：定义一个简易代币合约，其中包含转账功能。
- Migrations.sol：初始迁移合约，此合约包含特定接口。关于 Truffle 的合约迁移功能将在 8.2.4 小节介绍。

③ migrations：保存用于部署合约的脚本文件。MetaCoin 项目模板中包含如下部署合约的脚本文件。

- 1_initial_migration.js：部署初始迁移合约 Migrations.sol 的脚本。
- 2_deploy_contracts.js：部署函数库 ConvertLib.sol 和简易代币合约 MetaCoin.sol 的脚本。

④ test：保存测试脚本。在 Truffle 框架中测试合约的方法将在 8.4 节中介绍。

4．创建空白的 Truffle 项目

在一个空白目录下执行如下命令可以创建空白的 Truffle 项目：

```
truffle init
```

例如在/usr/local/truffle 目录下创建一个 myproj 子目录，并在其下执行 truffle init 命令，过程如下：

```
Starting init…
================

> Copying project files to /usr/local/truffle/myproj

Init successful, sweet!
```

与 truffle unbox 命令相比，truffle init 命令没有下载和安装模板的过程。

空白 Truffle 项目中也包含 contracts、migrations 和 test 等目录，在 contracts 目录下只有一个初始迁移合约 Migrations.sol，在 migrations 目录下包含 1_initial_migration.js 脚本，用于在 Truffle 中初始化合约迁移（部署）功能。

8.2.2　配置 Truffle 项目

在 Truffle 项目的目录下有一个 truffle-config.js 文件，这就是 Truffle 项目的配置文件。truffle-config.js 中使用 module.exports 语句导入代表项目配置的对象。在项目配置对象中可以使用 networks 节点定义项目的网络配置信息，使用 compilers 节点定义项目的编译器配置信息。

一个简单的 networks 节点定义如下：

```
module.exports = {
  networks: {
    development: {
      host: "127.0.0.1",
```

```
        port: 8545,
        network_id: "*"
      }
   }
};
```

参数说明如下。

- development：指定配置数据应用于开发环境。
- host：指定以太坊节点的 IP 地址或域名。
- port：指定以太坊节点的监听端口号。
- network_id：指定以太坊节点的网络 ID。设置为"*"表示可匹配任意网络。

Truffle 使用的默认编译器是 solc。在 truffle-config.js 中可以使用如下代码对编译器进行配置：

```
module.exports = {
  compilers: {
    solc: {
      version: "0.5.1",
    }
  }
}
```

参数 version 用于指定 solc 的版本。可以通过 solcjs --version 命令查看 solc 的版本。在对智能合约进行编译时，solc 的版本应与合约指定的编译器版本相匹配。

8.2.3 编译合约

在 Truffle 的项目目录下执行 truffle compile 命令，可以对 contracts 目录下的合约进行编译。第一次执行 truffle compile 命令时会对 contracts 目录下的所有合约进行编译；以后再执行 truffle compile 命令时，则只会对上次编译后被修改的合约进行编译。使用如下命令可以强制对所有合约进行编译：

```
truffle compile --compile-all
```

Truffle 有一个很方便的特性，就是可以根据合约的版本号自动下载对应的 solc 编译器。在 myproj 项目的目录下执行 truffle compile 命令的过程如图 8-7 所示。

程序首先获取本地 solc 的版本号，如果其与合约 Migrations.sol 的版本号不同，则自动下载与合约匹配的编译器，然后使用下载的编译器编译./contracts/Migrations.sol。编译的结果保存在/usr/local/truffle/myproj/build/contracts 目录下，输出是一个名为 Migrations.json 的文件，其内容是合约 Migrations.sol 的 ABI 代码。

不同版本的 solc 编译器只需要下载一次即可，下次编译合约时无须重复下载。例如，在 MetaCoin 项目模板的目录下执行 truffle compile 命令的过程如图 8-8 所示。

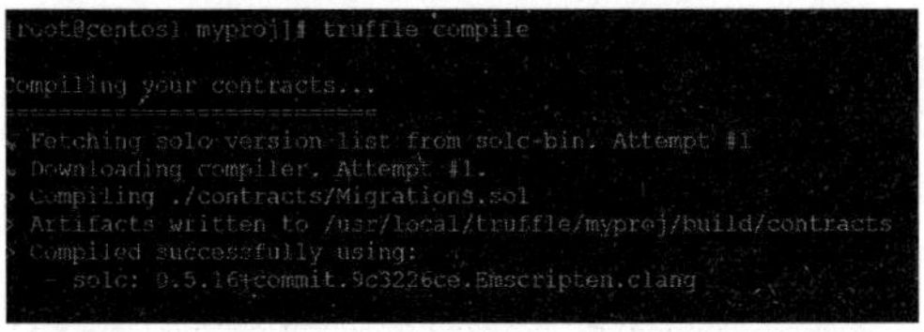

图 8-7　在 myproj 项目的目录下执行 truffle compile 命令的过程

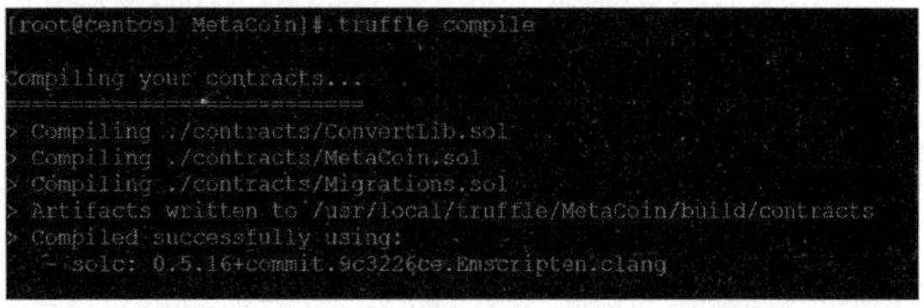

图 8-8　在 MetaCoin 项目模板的目录下执行 truffle compile 命令的过程

因为之前已经下载了 solc 0.5.16，所以这次不需要重复下载了。truffle compile 命令依次对 ConvertLib.sol、MetaCoin.sol 和 Migrations.sol 这 3 个合约进行编译，输出为 build/contracts/ 目录下的 3 个 JSON 文件。

8.2.4　部署合约

在 Truffle 框架中使用迁移（Migration）脚本将合约部署到以太坊网络上。迁移脚本是 JavaScript 文件，负责指定部署任务的不同阶段。设计迁移脚本的前提是假定部署的需求在将来是会发生变化的，因为项目本就不是一成不变的。迁移脚本会将项目的演变记录在区块链上。正如前面介绍的，Truffle 项目中包含一个初始迁移合约 Migrations.sol，它负责的任务就是将之前部署合约的历史记录在区块链上。

1．迁移合约的命令

在 Truffle 项目目录下执行下面的迁移命令，即可执行 Truffle 项目 migrations 目录下的迁移脚本：

```
truffle migrate
```

如果之前执行过迁移命令，则 truffle migrate 命令执行最新的迁移脚本。如果没有新的迁移脚本，则什么都不做。可以使用 --reset 选项从头开始执行所有的迁移脚本。

2．在测试区块链中部署合约

如果只是在本地测试部署，则需要确认已经安装并运行了测试区块链，例如 Ganache，然后才能执行 truffle migrate 命令。

在 CentOS 中执行如下命令，可以全局安装 ganache-cli：

```
npm install -g ganache-cli
```

执行 ganache-cli 命令可以在命令行中启动 Ganache 个人区块链，如图 8-9 所示。可以看到 Ganache 测试区块链中提供了 10 个测试账户，然后在 127.0.0.1:8545 端口对它们进行监听。

图 8-9　执行 ganache-cli 命令

为了能够在 Truffle 框架中使用 Ganache 进行开发和测试，将 Truffle 项目（这里以 MetaCoin 为例）的配置文件修改为如下代码：

```
module.exports = {
  networks: {
    development: {
      host: "127.0.0.1",
      port: 8545,
```

```
       network_id: "*"
    }
  }
};
```

然后打开另外一个终端，并在 MetaCoin 项目目录下执行 truffle migrate 命令以部署合约，结果如下：

```
Compiling your contracts…
===========================
> Everything is up to date, there is nothing to compile.

Starting migrations…
======================
> Network name:    'development'
> Network id:      1613317289421
> Block gas limit: 6721975 (0x6691b7)


1_initial_migration.js
======================

    Deploying 'Migrations'
    ----------------------

    ……

    > Saving migration to chain.
    > Saving artifacts
    -------------------------------------
    > Total cost:         0.0032835 ETH

2_deploy_contracts.js
======================

    Deploying 'ConvertLib'
    ----------------------

    ……
    Deploying 'MetaCoin'
    --------------------

    ……
    > Saving migration to chain.
    > Saving artifacts
    -------------------------------------
    > Total cost:         0.0076407 ETH
Summary
=======
> Total deployments:   3
> Final cost:          0.0109242 ETH
```

由于篇幅所限，上面的输出信息中省略了部分内容。在 Truffle 框架中部署合约的过程如下：

① 编译项目中的所有合约；

② 执行 1_initial_migration.js 脚本，部署合约 Migrations.sol；

③ 执行 2_deploy_contracts.js 脚本，部署函数库 ConvertLib.sol 和合约 MetaCoin.sol。

3．迁移脚本文件

在创建 Truffle 项目时会自动生成项目的迁移脚本文件。迁移脚本文件保存在项目的 migrations 目录下。MetaCoin 项目模板中包含 2 个迁移脚本文件：1_initial_migration.js 和 2_deploy_contracts.js。迁移脚本文件名以数字开头，后面则是描述文件作用的内容。数字用来标识迁移脚本。1_initial_migration.js 默认的代码如下：

```
const Migrations = artifacts.require("Migrations");
module.exports = function(deployer) {
  deployer.deploy(Migrations);
};
```

2_deploy_contracts.js 默认的代码如下：

```
const ConvertLib = artifacts.require("ConvertLib");
const MetaCoin = artifacts.require("MetaCoin");
module.exports = function(deployer) {
  deployer.deploy(ConvertLib);
  deployer.link(ConvertLib, MetaCoin);
  deployer.deploy(MetaCoin);
};
```

在最开始迁移脚本的时候，需要使用 artifacts.require() 方法指定要部署的合约。artifacts.require() 与 Node.js 的 require() 方法作用类似，但在这里它用于返回指定的合约交易对象，在后面的代码中可以利用此对象部署合约。artifacts.require() 方法的参数是要部署的合约名称。

迁移脚本中需要使用 module.exports 语法导出一个函数。导出的函数有一个 deployer 参数，用于组织实现部署合约的相关功能。deployer.deploy() 方法用于部署合约，deployer.link() 方法用于将已经部署的函数库链接到指定的合约，格式如下：

```
deployer.link(library, destinations)
```

library 用于指定已经部署的函数库；destinations 可以是一个合约，也可以是由多个合约组成的数组，例如：

```
deployer.link(LibA, [B, C, D]);
```

如果目标合约并不依赖其所链接的函数库，则函数库会被忽略。

4．初始化迁移

每个 Truffle 项目都有一个 Migrations.sol 合约，用于实现合约迁移功能。Migrations.sol 合约在第一次执行迁移命令时会被部署，以后不会被更新。在项目目录下执行 truffle init 命令可以创建 Migrations.sol 合约。默认的 Migrations.sol 合约的代码如下：

```
pragma solidity >=0.4.22 <0.9.0;

contract Migrations {
  address public owner = msg.sender;
  uint public last_completed_migration;

  modifier restricted() {
```

```
  require(
    msg.sender == owner,
    "This function is restricted to the contract's owner"
  );
  _;
}

function setCompleted(uint completed) public restricted {
  last_completed_migration = completed;
}
}
```

其中包含一个 setCompleted() 方法，用于设置部署合约的进度。只有部署合约的用户才能调用此方法。

在 Truffle 项目的 migrations 目录下，有一个初始化迁移脚本 1_initial_migration.js，其用于部署 Migrations.sol 合约，代码如下：

```
const Migrations = artifacts.require("Migrations");
module.exports = function (deployer) {
  deployer.deploy(Migrations);
};
```

Truffle 项目中可以有多个迁移脚本，而 1_initial_migration.js 是第一个，其他迁移脚本的前缀数字会依次递增。

总之，在 Truffle 项目中，合约的部署都由自动生成的迁移合约和迁移脚本来完成，而无须像之前介绍的那样考虑合约的 ABI 和字节码，即部署合约变得简单多了。

8.3 智能合约编程

使用 Truffle 框架可以很方便地实现智能合约编程，进而开发基于智能合约的应用。

8.3.1 与合约进行交互

在第 6 章中已经介绍了实现智能合约编程的基本方法。如果使用 JSON-RPC 与合约进行交互，就需要手动处理 ABI 和字节码。好在 Web3.js 封装了 JSON-RPC，其可以很方便地与以太坊智能合约进行交互。在 Truffle 框架中可以通过调用 Web3.js 很便捷地部署和调用合约。

1．合约抽象

Truffle 框架中包含合约抽象层，其可以实现在 JavaScript 中与以太坊智能合约进行交互。合约抽象层对"与合约的交互"进行了封装，使开发者可以忽略交互的一些底层实现细节（例如合约的 ABI 和字节码），进而使开发过程变得更容易、更人性化。

在 Truffle 模板项目 webpack 中，包含一个合约 MetaCoin，其代码如下：

```
// SPDX-License-Identifier: MIT
pragma solidity >=0.4.25 <0.7.0;

import "./ConvertLib.sol";
```

```
// This is just a simple example of a coin-like contract.
// It is not standards compatible and cannot be expected to talk to other
// coin/token contracts. If you want to create a standards-compliant
// token, see: https://github.com/ConsenSys/Tokens. Cheers!

contract MetaCoin {
        mapping (address => uint) balances;

        event Transfer(address indexed _from, address indexed _to, uint256 _value);

        constructor() public {
                balances[tx.origin] = 10000;
        }

        function sendCoin(address receiver, uint amount) public returns(bool sufficient) {
                if (balances[msg.sender] < amount) return false;
                balances[msg.sender] -= amount;
                balances[receiver] += amount;
                emit Transfer(msg.sender, receiver, amount);
                return true;
        }

        function getBalanceInEth(address addr) public view returns(uint){
                return ConvertLib.convert(getBalance(addr),2);
        }

        function getBalance(address addr) public view returns(uint) {
                return balances[addr];
        }
}
```

合约 MetaCoin 中包含 Transfer()、sendCoin()、getBalanceInEth() 和 getBalance() 这 4 个函数。执行 Transfer() 和 sendCoin() 需要发起交易,而执行 getBalanceInEth() 和 getBalance() 只需要进行函数调用。

可以在 Truffle 框架的控制台中查看合约抽象的详情,前提是已经参照 8.2 节将合约 MetaCoin 部署在了 Ganache 个人区块链中。首先执行 ganache-cli 命令,启动 Ganache 个人区块链;然后在 Truffle 项目目录下执行 truffle console 命令打开 Truffle 控制台,在>提示符后面可以通过 JavaScript 语句与合约进行交互。

在控制台中执行如下语句可以查看合约抽象的内容:

```
truffle(development)> let instance = await MetaCoin.deployed()
truffle(development)> instance
```

返回结果大致如下:

```
TruffleContract {
  constructor:
   { [Function: TruffleContract]
    _constructorMethods:
     { …… },
    _properties:
     { …… },
    _property_values: {},
    _json:
```

```
{ contractName: 'MetaCoin',
  abi: [Array],
  metadata:
  '{"compiler":{"version":"0.5.16+commit.9c3226ce"},"language":"Solidity",
  "output":{"abi":[{......}]',
  bytecode:
   '......',
  deployedBytecode:
   '......',
  immutableReferences: undefined,
  generatedSources: undefined,
  deployedGeneratedSources: undefined,
  sourceMap:
...... }
```

由于篇幅所限，这里省略了大部分的代码，其中包含合约的属性、方法、ABI、字节码、编译器版本、部署地址等，它们可以为与合约交互提供强大的底层支撑。

2．执行合约函数

使用合约的 deployed() 方法可以获得已经部署的合约实例，代码如下：

```
let instance = await MetaCoin.deployed()
```

然后可以通过合约实例来执行合约函数。如果被执行的合约函数需要向区块链写入数据（发起交易），则在执行该函数时需要指定支付 Gas 的账户。使用方法如下：

```
let 返回结果 = await 合约实例.合约方法(参数列表, {from:支付账户})
```

假定返回结果为 result，则发起交易时的 result 中包含如下信息。

- result.tx：一个字符串，表示交易的哈希。
- result.logs：一个数组，表示交易的日志。
- result.receipt：一个对象，表示交易的收据信息。

例如，在 Truffle 控制台中执行如下语句可以调用合约 MetaCoin 的 sendCoin() 函数：

```
let instance = await MetaCoin.deployed()
let accounts = await web3.eth.getAccounts()
instance.sendCoin(accounts[1], 10, {from: accounts[0]})
```

返回结果如下：

```
{ tx:
  '0xd1aa0e6e4d18d478bdd99eb5cfd67e8f7d2d0b765931b5bb4e4787b19b68f817',
 receipt:
  { transactionHash:
    '0xd1aa0e6e4d18d478bdd99eb5cfd67e8f7d2d0b765931b5bb4e4787b19b68f817',
    transactionIndex: 0,
    blockHash:
    '0x1039d3dc0889a04b90c992f521d64f5ce9d3d522a634fabb03c6039fc8791bb6',
    blockNumber: 6,
    from: '0x0007447cf7cfd4f068eb6e2d6e21f94632ff74f2',
    to: '0xf6cca9b0f9d852d6a856ce91487d2635502d836a',
    gasUsed: 51508,
    cumulativeGasUsed: 51508,
    contractAddress: null,
```

```
        logs: [ [Object] ],
        status: true,
        logsBloom:
         '0x0000000000000000008000000000000000000000000000000000000000000000
0000000000000000000002000000000000000000000000000000000000000000000080000
0000000000000000000000000002000000000000000000010000000000000000000000000
0000010000000000000000002000000000000080000000000080000000000000000000
0000000000000000080000000000000000000000000000000000000002000000000000000
0000000000000000000000000000000001000000000000000000000000000000000000000
00000000000000000000',
        rawLogs: [ [Object] ] },
     logs:
      [ { logIndex: 0,
          transactionIndex: 0,
          transactionHash:
           '0xd1aa0e6e4d18d478bdd99eb5cfd67e8f7d2d0b765931b5bb4e4787b19b68f817',
          blockHash:
           '0x1039d3dc0889a04b90c992f521d64f5ce9d3d522a634fabb03c6039fc8791bb6',
          blockNumber: 6,
          address: '0xF6cca9b0F9d852D6a856CE91487d2635502d836a',
          type: 'mined',
          removed: false,
          id: 'log_3d27b5ba',
          event: 'Transfer',
          args: [Result] } ] }
```

　　如果只是调用从区块链上读取数据的函数，则无须指定 from 参数。例如，在 Truffle 控制台中执行如下语句，可以调用合约 MetaCoin 的 getBalance() 函数：

```
let instance = await MetaCoin.deployed()
let balance = await instance.getBalance(accounts[0])
balance.toNumber()
```

　　程序返回第一个账户的余额。getBalance() 函数返回一个 BN 对象。在 JavaScript 中，BN 对象（本身不是数字）代表一个大数字。可以使用 toNumber() 将其转换成数字。

　　注意：在启动 Ganache 个人区块链后，需要执行 truffle migrate 命令部署合约，然后才能执行本小节的程序，否则会报错。

3. 部署合约

　　除了可以使用 truffle migrate 命令部署合约外，还可以在 JavaScript 程序中通过如下方法部署合约，并得到合约抽象：

```
let 合约抽象 = = await 合约名.new()
```

　　例如部署合约 MetaCoin 并查看合约地址的代码如下：

```
let Instance = await MetaCoin.new()
Instance.address
```

　　假定返回的合约地址如下：

```
'0xb43b5F844bAd1376b88a032672C7A0938A596d17'
```

　　在控制台中，智能合约的名字可被用作变量。因此应尽量避免合约名与节点的原生对象名冲突，例如不要将合约命名为 Buffer 或者 String。

在 JavaScript 程序中可以通过合约地址获取合约抽象，方法如下：

```
let 合约抽象= await 合约名.at(合约地址);
```

4．向合约发送以太币

可以通过如下 2 种方法向合约发送以太币。

① 调用合约抽象的 sendTransaction() 函数，方法如下：

```
instance.sendTransaction({…}).then(function(result) {
  // 处理交易结果
});
```

sendTransaction() 函数的参数是表示交易对象的 JSON 字符串。交易对象通常包含如下参数。

- from：发送以太币和支付 Gas 的账户。
- to：接收以太币的账户。
- gas：花费的 Gas 数量。
- gasPrice：Gas 的价格。
- value：支付的金额。
- data：数据。
- nonce：随机数。

向合约转账时无须指定参数 to，指定参数 from 即可。例如：

```
const instance = await MyContract.deployed();
const result = await instance.sendTransaction({from: accounts[0], web3.utils.toWei(1,
"ether")});
);
```

② 使用 instance.send() 函数。该函数的使用方法与 sendTransaction() 函数类似。

5．truffle-contract API

truffle-contract API 是 Truffle 框架基于 Node.js 和 Web3.js 封装的，用于更方便地与智能合约进行交互。

在 DApp 的 Web 应用目录下执行如下命令，可以安装 truffle-contract API：

```
npm install truffle-contract
```

这里在/usr/local/truffle/MetaCoin 目录下创建一个 app 子目录，用于保存 DApp 的 Web 应用。在 app 子目录下执行 npm init 以初始化 Node 项目，然后在 app 子目录下执行上面的命令。truffle-contract API 安装成功后，在 app/node_modules 目录下会出现一个 truffle-contract 目录和一系列以 web3 开头的目录，其中保存的是 truffle-contract API 和 Web3.js 库。

在 JavaScript 脚本中可以使用下面的代码导入 truffle-contract API：

```
var TruffleContract = require("truffle-Contract")
```

在使用 truffle-contract API 与智能合约进行交互之前，应在 Truffle 项目目录下执行 truffle migrate 命令以部署合约。部署完成后，会在 Truffle 项目目录下的 build/contracts/目录下生成合约对应的 JSON 文件，例如 MetaCoin.json，其中包含合约抽象的定义代码。在 JavaScipt

脚本中可以通过 truffle-contract API 对象 TruffleContract 得到合约抽象对象，代码如下：

```
var MetaCoinRegistry= TruffleContract(require("../build/contracts/MetaCoin.json"));
```

此时，合约抽象对象 MetaCoinRegistry 还没有关联到具体的以太坊网络。可以通过如下方法使其关联到指定的以太坊网络，比如 Ganache 个人区块链：

```
var provider = new Web3.providers.HttpProvider("http://127.0.0.1:7545");
MetaCoinRegistry.setProvider(provider);
MetaCoinRegistry .setNetwork(5777);//rpcport
```

获取合约实例的方法如下：

```
MetaCoinRegistry.deployed().then(function(instance) {
    // ……
}
```

instance 就是合约实例，接下来就可以使用 instance 来调用合约函数了。例如下面的代码通过调用合约 MetaCoin 的 sendCoin() 函数向账户 Account1 转账了 10ETH，并且令账户 Account2 支付了 Gas：

```
instance.sendCoin(Account1,10,{from: Account2});
```

8.3.2　Truffle Develop

与 Truffle Console 一样，Truffle Develop 也是 Truffle 开发框架提供的控制台工具。

1. Truffle Develop 与 Truffle Console 的区别

Truffle Develop 和 Truffle Console 的主要区别如下。
- Truffle Console 可以连接到任意指定的以太坊节点。
- Truffle Develop 内置了用于开发应用的测试区块链，且其默认连接至此区块链。

提供 2 个控制台工具主要是为了让用户可以根据需求选择更适合的工具。

在如下情形下应该选择 Truffle Console。
- 已经安装并使用了以太坊客户端，例如 Ganache 或 Geth。
- 想要将智能合约部署到测试网络或以太坊主网络。因为使用 Truffle Console 可以很方便地连接到指定的测试网络或以太坊主网络。关于测试网络的基本情况将在第 9 章中介绍。
- 需要使用特定网络的特定账户时，会使用 Truffle Console 进行手动配置以实现网络连接。

在如下情形下应该选择 Truffle Develop。
- 对项目进行测试，并且不急于部署项目。
- 不要求使用特定的账户，使用测试账户即可。
- 不需要安装和使用独立的区块链。

2. 使用 Truffle Develop 的方法

在 Truffle 项目的目录下执行 truffle develop 命令，可以运行 Truffle Develop 控制台工具，如图 8-10 所示。

可以看到，Truffle Develop 启动了一个测试区块链，地址如下：

```
http://127.0.0.1:9545/
```

可以在 Truffle 项目的配置文件 truffle-config.js 中指定项目连接的网络。具体方法请参照 8.2.2 小节。

3．Truffle 命令

Truffle Develop 和 Truffle Console 对大多数 Truffle 命令都提供支持，只是在执行 Truffle 命令时可以省略 truffle。例如，可以在 Truffle Develop 和 Truffle Console 中输入 migrate --reset 命令重新部署指定的合约，这相当于在命令

图 8-10　运行 Truffle Develop 控制台工具

行工具中执行 truffle migrate --reset 命令。Truffle Develop 和 Truffle Console 都具有如下特性。

- 所有经过编译的合约都可以被使用。
- 每次执行 Truffle 命令（例如 migrate --reset）时，合约都会被重新部署，因此可以立即使用新分配的合约地址和新部署的合约。
- 可以直接使用 Web3.js API 与已连接的以太坊客户端进行交互。

常用的 Truffle 命令如表 8-2 所示。

表 8-2　常用的 Truffle 命令

命令	具体说明
build	使用现有配置执行项目的构建命令
compile	编译智能合约
config	显示用户级别的配置选项
console	运行 Truffle Console 命令行工具
create	创建新的合约、迁移或测试，命令格式如下： `truffle create <artifact_type> <ArtifactName>` <artifact_type>指定要创建的对象的类型，可以是 contract、migration 或 test；<ArtifactName>指定要创建的对象名。 根据参数可知，使用 truffle create 命令会创建如下文件： - contracts/<ArtifactName>.sol - migrations/####_<artifact_name>.js：####是编号和迁移脚本的标识，例如 1_initial_migration.js 和 2_deploy_contracts.js - tests/<artifact_name>.js
debug	按已交互的方式调试区块链中的交易
deploy	migrate 命令的别名，即部署合约
develop	运行 Truffle Develop 命令行工具
exec	在 Truffle 开发环境中执行 JavaScript 模块
help	列出所有命令或指定命令的信息，格式如下： `truffle help [<command>]`

命令	具体说明
init	初始化一个新的空项目
migrate	运行迁移脚本以部署合约
networks	显示每个网络上部署的合约地址

8.3.3　Truffle 框架与智能合约 MetaCoin 交互的前端应用示例

本小节介绍项目模板 webpack 中内置的前端应用，其中使用 Truffle 框架与智能合约 MetaCoin 进行交互。本小节将介绍使用 Truffle 框架开发 DApp 的比较完整的过程。

webpack 项目中内置的前端应用保存在 app 目录下，其中包含的目录和文件如表 8-3 所示。

表 8-3　webpack 项目中内置的前端应用包含的目录和文件

项目名	类型	所在目录	具体说明
node_modules	目录	app	node_modules 目录被 Node.js 用于存放包管理工具和要安装的包
package.json	文件	app	Node.js 项目的配置文件
package-lock.json	文件	app	描述 node_modules 中所有模块的版本信息、模块来源及依赖的小版本信息
src	目录	app	保存前端应用的源码文件
webpack.config.js	文件	app	webpack 的配置文件
index.js	文件	app/src	index.html 中使用的 JavaScript 脚本
index.html	文件	app/src	前端应用实例的首页

下面介绍常用的文件及项目运行方法。

1. 项目配置文件 package.json

在默认情况下，package.json 的代码如下：

```
{
  "name": "app",
  "version": "1.0.0",
  "description": "",
  "private": true,
  "scripts": {
    "build": "webpack",
    "dev": "webpack-dev-server"
  },
  "devDependencies": {
    "copy-webpack-plugin": "^5.0.5",
    "webpack": "^4.41.2",
    "webpack-cli": "^3.3.10",
    "webpack-dev-server": "^3.9.0"
  },
  "dependencies": {
    "web3": "^1.2.4"
```

```
    }
  }
```

在开发环境下，项目依赖如下插件。

- copy-webpack-plugin：webpack 复制插件，用于将单个文件或整个目录复制到构建目录下。执行如下命令可以安装 copy-webpack-plugin 插件：

```
npm install copy-webpack-plugin --save-dev
```

- webpack：webpack 插件。
- webpack-cli：webpack 的命令行工具。
- webpack-dev-server：webpack 官方提供的一个小型 Express 服务器，可以为 webpack 打包生成的资源文件并提供 Web 服务。

在生产环境下，项目只依赖 Web3 插件。

2．webpack 配置文件 webpack. config. js

默认的 webpack.config.js 代码如下：

```
const path = require("path");
const CopyWebpackPlugin = require("copy-webpack-plugin");

module.exports = {
  mode: 'development',
  entry: "./src/index.js",
  output: {
    filename: "index.js",
    path: path.resolve(__dirname, "dist"),
  },
  plugins: [
    new CopyWebpackPlugin([{ from: "./src/index.html", to: "index.html" }]),
  ],
  devServer: { contentBase: path.join(__dirname, "dist"), compress: true },
};
```

webpack.config.js 的作用如下。

- 指定 webpack 打包文件的入口（entry）和出口（output）。本例中指定将./src/index.js 打包到 dist。
- 使用 CopyWebpackPlugin 插件将./src/index.html 复制到出口文件夹 dist 中。
- 使用 devServer 指定 webpack 的开发服务器，使用 contentBase 指定 devServer HTTP 服务器的根目录为 dist，使用 compress 指定是否启用 gzip 压缩。

3．index. js

index.js 的代码如下：

```
import Web3 from "web3";
import metaCoinArtifact from "../../build/contracts/MetaCoin.json";

const App = {
  web3: null,
  account: null,
```

```javascript
    meta: null,

    start: async function() {
        const { web3 } = this;

        try {
            // get contract instance
            const networkId = await web3.eth.net.getId();
            const deployedNetwork = metaCoinArtifact.networks[networkId];
            this.meta = new web3.eth.Contract(
              metaCoinArtifact.abi,
              deployedNetwork.address,
            );

            // get accounts
            const accounts = await web3.eth.getAccounts();
            this.account = accounts[0];

            this.refreshBalance();
        } catch (error) {
            console.error("Could not connect to contract or chain.");
        }
    },

    refreshBalance: async function() {
        const { getBalance } = this.meta.methods;
        const balance = await getBalance(this.account).call();

        const balanceElement = document.getElementsByClassName("balance")[0];
        balanceElement.innerHTML = balance;
    },

    sendCoin: async function() {
        const amount = parseInt(document.getElementById("amount").value);
        const receiver = document.getElementById("receiver").value;

        this.setStatus("Initiating transaction... (please wait)");

        const { sendCoin } = this.meta.methods;
        await sendCoin(receiver, amount).send({ from: this.account });

        this.setStatus("Transaction complete!");
        this.refreshBalance();
    },

    setStatus: function(message) {
        const status = document.getElementById("status");
        status.innerHTML = message;
    },
};

window.App = App;

window.addEventListener("load", function() {
  if (window.ethereum) {
```

```
      // use MetaMask's provider
      App.web3 = new Web3(window.ethereum);
      window.ethereum.enable(); // get permission to access accounts
    } else {
      console.warn(
        "No web3 detected. Falling back to http://127.0.0.1:8545. You should remove
        this fallback when you deploy live",
      );
      // fallback - use your fallback strategy (local node / hosted node + in-dapp
      id mgmt / fail)
      App.web3 = new Web3(
        new Web3.providers.HttpProvider("http://127.0.0.1:8545"),
      );
    }
}
App.start();
```

程序定义了如下几个接口。

① start：启动应用程序。执行过程如下。

- 使用 web3.eth.net.getId() 获取当前以太坊的网络 ID（networkId）。
- 根据 networkId，从 MetaCoin.json 中获取合约 MetaCoin 的网络对象，即 deployedNetwork。
- 根据合约 MetaCoin 的 ABI 和部署地址 deployedNetwork.address 得到合约实例 meta。
- 调用 web3.eth.getAccounts() 获取当前网络中的所有账户 accounts，然后设置 account 为其中第一个账户。
- 调用 const{getBalance}=this.meta.methods 语句获取合约中的 getBalance 方法，调用该方法获取 account 的余额，并将其显示在网页元素 balanceElement 中。

② refreshBalance：获取第一个账户 account 的余额。account 的值在 start 接口中设置。

③ sendCoin：根据用户的输入账户和余额实现账户间的转账。执行过程如下。

- 获取 ID 为 amount 的元素的值，将其赋值到 amount 变量中，作为转账的金额。
- 获取 ID 为 receiver 的元素的值，将其赋值到 receiver 变量中，作为接收转账的账户。
- 调用 setStatus() 方法在网页中显示 "Initiating transaction… (please wait)"。
- 调用合约 Meta 的 sendCoin() 函数，从账户 account 中转账 amount 个以太币到账户 receiver。
- 调用 setStatus() 方法在网页中显示 "Transaction complete!"。
- 调用 refreshBalance() 方法获取 account 的余额，并将其显示在网页元素 balance Element 中。

④ setStatus：在 ID 为 status 的元素中显示指定的信息 message。

4．index.html

index.html 是本例的页面，其主要代码如下：

```
<body>
    <h1>MetaCoin — Example Truffle DApp</h1>
    <p>You have <strong class="balance">loading…</strong> META</p>
```

```
<h1>Send MetaCoin</h1>

<label for="amount">Amount:</label>
<input type="text" id="amount" placeholder="e.g. 95" />

<label for="receiver">To address:</label>
<input
  type="text"
  id="receiver"
  placeholder="e.g. 0x93e66d9baea28c17d9fc393b53e3fbdd76899dae"
/>

<button onclick="App.sendCoin()">Send MetaCoin</button>

<p id="status"></p>
<p>
  <strong>Hint:</strong> open the browser developer console to view any
  errors and warnings.
</p>
<script src="index.js"></script>
</body>
```

页面中定义的关键 HTML（Hyper Text Markup Language，超文本标记语言）元素如表 8-4 所示。

表 8-4　页面中定义的关键 HTML 元素

元素类型	元素 ID	具体说明
input	amount	用于输入转账金额
strong	balance	用于显示账户 account 的余额
input	receiver	用于输入接收转账的账户
button	无，显示文本为"Send MetaCoin"	单击此按钮会调用 App.sendCoin()函数，实现从调用者账户向 receiver 账户转账 amount 个以太币

5．项目运行方法

参照以下步骤可以运行项目模板 webpack 中内置的前端应用。

① 打开另一个终端，运行 Ganache 个人区块链。

② 参照 8.2.2 小节设置 Truffle 项目配置文件 truffle-config.js 的内容。

③ 在 MetaCoin 项目模板目录下执行如下命令，编译并部署合约：

```
truffle compile
truffle migrate
```

注意：每次运行 Ganache 都需要重新部署合约。

④ 在/usr/local/truffle/MetaCoin/app 目录下执行 npm run dev 命令，运行项目模板 webpack 中的前端应用，过程如图 8-11 所示。

在 CentOS 虚拟机中进入桌面模式，打开 Firefox 浏览器，访问如下 URL：

```
http:// localhost:8080
```

项目模板 webpack 中前端应用的页面如图 8-12 所示。

```
[root@centos1 app]# npm run dev

> app@1.0.0 dev /usr/local/truffle/MetaCoin/app
> webpack-dev-server

[ info ]: Project is running at http://localhost:8080/
[ info ]: webpack output is served from /
[ info ]: Content not from webpack is served from /usr/local/truffle/MetaCoin/app/dist
[ info ]: Hash: 49146e4444c4c6fd4e0ff
Version: webpack 4.41.2
Time: 2810ms
Built at: 2021-03-14 9:11:01 AM
      Asset       Size   Chunks             Chunk Names
index.html    879 bytes          [emitted]
  index.js    2.43 MiB     main  [emitted]  main
Entrypoint main = index.js
[0] multi (webpack)-dev-server/client?http://localhost:8080 ./src/index.js 40 bytes {main} [built]
[../build/contracts/MetaCoin.json] 107 KiB {main} [built]
[./node_modules/ansi-html/index.js] 4.16 KiB {main} [built]
[./node_modules/html-entities/index.js] 231 bytes {main} [built]
[./node_modules/web3/src/index.js] 2.01 KiB {main} [built]
[./node_modules/webpack-dev-server/client/index.js?http://localhost:8080] (webpack)-dev-server/client?http://localhost:8080 4.29 KiB {main} [built]
[./node_modules/webpack-dev-server/client/overlay.js] (webpack)-dev-server/client/overlay.js 3.51 KiB {main} [built]
[./node_modules/webpack-dev-server/client/socket.js] (webpack)-dev-server/client/socket.js 1.53 KiB {main} [built]
[./node_modules/webpack-dev-server/client/utils/createSocketUrl.js] (webpack)-dev-server/client/utils/createSocketUrl.js 2.89 KiB {main} [built]
[./node_modules/webpack-dev-server/client/utils/log.js] (webpack)-dev-server/client/utils/log.js 964 bytes {main} [built]
[./node_modules/webpack-dev-server/client/utils/reloadApp.js] (webpack)-dev-server/client/utils/reloadApp.js 1.59 KiB {main} [built]
[./node_modules/webpack-dev-server/client/utils/sendMessage.js] (webpack)-dev-server/client/utils/sendMessage.js 402 bytes {main} [built]
[./node_modules/webpack-dev-server/node_modules/strip-ansi/index.js] (webpack)-dev-server/node_modules/strip-ansi/index.js 161 bytes {main} [built]
[./src/index.js] 2.08 KiB {main} [built]
[./node_modules/webpack/hot sync ^\.\/log$] (webpack)/hot sync nonrecursive ^\.\/log$ 170 bytes {main} [built]
    + 350 hidden modules
[ info ]: Compiled successfully.
```

图 8-11　运行项目模板 webpack 中前端应用的过程

MetaCoin — Example Truffle DApp

You have **10000** META

Send MetaCoin

Amount:

1

To address:

e.g. 0x93e66d9bara28c17df

Send MetaCoin

Initiating transaction... (please wait)

Hint: open the browser developer console to view any errors and warnings.

图 8-12　项目模板 webpack 中前端应用的页面

要演示转账的效果，还需要指定发起交易的账户。这就需要在浏览器中集成以太坊钱包，具体方法将在 8.3.4 小节中介绍。

8.3.4　在 Truffle 框架中使用 MetaMask

MetaMask 是一款开源的以太坊钱包，可以用来很方便地管理以太币。用户能以浏览器插件的形式安装 MetaMask，而无须任何客户端。下面以 Chrome 浏览器为例，演示安装和使用 MetaMask 的过程。

1．在 Chrome 浏览器中安装 MetaMask 钱包

打开 Chrome 浏览器，访问 MetaMask 官网，网址参见"本书使用的网址"文档。

单击"Download"按钮，打开下载页面，如图 8-13 所示。

选中"Chrome"，单击"Install MetaMask for Chrome"按钮，打开 Chrome 网上应用店的 MetaMask 页面，如图 8-14 所示。

单击"添加至 Chrome"按钮，弹出图 8-15 所示的对话框。

图 8-13　下载 MetaMask 的页面

图 8-14　Chrome 网上应用店的 MetaMask 页面

单击"添加扩展程序"按钮，开始安装 MetaMask。安装完成后打开 MetaMask 的欢迎页，单击"开始使用"按钮，打开选择钱包页面，如图 8-16 所示。

图 8-15　确认添加 MetaMask

图 8-16　选择钱包页面

如果已经有以太坊账户，则可单击"导入钱包"按钮；否则单击"创建钱包"按钮，打开帮助 MetaMask 完善产品的页面，如图 8-17 所示。

根据意愿选择后打开创建密码页面，如图 8-18 所示，输入至少 8 个字符的密码，然后勾选下面的同意使用条款复选框，并单击"创建"按钮，打开私密备份密语页面，如图 8-19 所示。私密备份密语可以帮助用户备份和恢复个人账户，因此建议用户将该密语记录下来，并保存在安全的地方，尽可能保存在多个不同的地方，以防丢失而导致无法登录钱包。

图 8-17　帮助 MetaMask 完善产品的页面

图 8-18　创建密码页面

图 8-19　私密备份密语页面

单击🔒图标，可以查看私密备份密语。单击"下一步"按钮，打开确认私密备份密语页面，如图 8-20 所示。

按顺序单击密语中的关键字按钮，完整地在框中呈现私密备份密语，确认无误后单击

"确认"按钮，打开完成安装页面，如图 8-21 所示。

图 8-20　确认私密备份密语页面　　　　　图 8-21　完成安装页面

单击"全部完成"按钮，开始使用 MetaMask 钱包。

注意：在安装 MetaMask 钱包的整个过程中，需要借助技术手段连接到 Chrome 网上应用店。

安装完成后，在 Chrome 浏览器的右上角出现了一个扩展程序图标，如图 8-22 所示。

单击 🧩 图标，可以打开对扩展程序进行授权的小窗口，如图 8-23 所示。单击 📌 图标可以将 MetaMask 图标固定在 Chrome 浏览器的工具栏中。

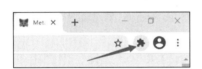

图 8-22　在浏览器右上角出现了扩展程序图标　　　图 8-23　对扩展程序进行授权

单击 MetaMask 图标可以打开 MetaMask 钱包的主界面，如图 8-24 所示。

MetaMask 钱包默认连接的是以太坊主网络。展开可选择网络的下拉列表框，可以选择要连接的网络，如图 8-25 所示。

图 8-24　MetaMask 钱包的主界面　　　图 8-25　在 MetaMask 钱包中选择要连接的网络

可以选择连接Ropsten、Kovan、Rinkeby、Goerli等测试网络，也可以选择连接本地搭建的私有链（Localhost 8545）。关于以太坊测试网络的情况将在第 9 章中介绍。

可选择网络下拉列表框下面显示了账户信息。有一个默认账户 Account1，账户地址在 Account1 下面显示。由于空间有限，账户地址没有完整地显示出来。单击账户 Account1 可以将账户地址复制到剪贴板中，如图 8-26 所示。可以创建多个账户。单击账户头像，可以从下拉菜单中选择"创建账户""导入账户"和"链接硬件钱包"，如图 8-27 所示。选择"创建账户"命令，可以打开创建账户窗口，新建一个账户。

图 8-26　MetaMask 钱包中展示的以太坊账户及其地址　　图 8-27　MetaMask 钱包中的账户管理菜单

2．在项目模板 webpack 内置的前端应用中使用 MetaMask 钱包

在 8.3.3 小节中介绍了项目模板 webpack 内置的前端应用。在实例中，单击 "Send MetaCoin" 按钮可以从默认账户向指定账户转账，而且要支付交易的 Gas。要查看运行的效果，就需要在浏览器中通过 MetaMask 钱包连接到 Ganache 个人区块链，以完成交易。

因为本实例需要在 CentOS 服务器的桌面环境下查看运行效果，而 CentOS 服务器的桌面环境下默认集成了 Firefox 浏览器，所以需要介绍在 Firefox 浏览器中安装 MetaMask 钱包的方法。

单击 Firefox 浏览器右上方的 ≡ 图标，弹出下拉菜单，选择"附加组件"，打开 Firefox 插件管理页面。在搜索框中输入"MetaMask"，然后按"Enter"键，可以搜索与 MetaMask 有关的插件，如图 8-28 所示。

图 8-28　搜索与 MetaMask 有关的插件

单击第一个 MetaMask 插件，打开 MetaMask 插件详情页，如图 8-29 所示。

图 8-29　MetaMask 插件详情页

单击"添加到 Firefox"按钮，弹出图 8-30 所示的对话框，确认添加 MetaMask 插件。
单击"添加"按钮，打开欢迎使用 MetaMask 页面，如图 8-31 所示。

图 8-30　确认添加 MetaMask 插件　　　　　图 8-31　欢迎使用 MetaMask 页面

接下来的步骤与从图 8-15 开始的步骤一样，请参照理解。

要在项目模板 webpack 的前端应用中使用 MetaMask 钱包，首先需要在 MetaMask 中连接到 Ganache 个人区块链。然后需要在 Firefox 中打开 MetaMask 面板，并展开选择以太坊网络的下拉列表框，选择"Localhost 8545"，即可连接到 Ganache 个人区块链，如图 8-32 所示。单击选择以太坊网络下拉列表框后面的 图标，在下拉菜单中选择"导入账户"，打开导入账户页面，如图 8-33 所示。

图 8-32　连接到 Ganache 个人区块链　　　　图 8-33　导入账户页面

在启动 Ganache 个人区块链时会显示 10 个测试账户以及它们对应的私钥，如图 8-34 所示。

每个测试账户中有 100ETH 的测试以太币。

本实例涉及下面 3 个账户。

- 默认账户：Ganache 个人区块链的第一个测试账户，用于支付转账金额。
- receiver 账户：在页面的 To address 文本框中输入的账户，用于接收转账金额。
- MetaMask 账户：在 MetaMask 钱包中导入的账户，用于支付交易的 Gas。

将 MetaMask 账户的私钥复制到导入账户页面的私钥文本框中，然后单击"导入"按钮，即可导入测试账户，如图 8-35 所示。

图 8-34　Ganache 个人区块链的测试账户和私钥

图 8-35　导入测试账户

可以看到，测试账户中有 100ETH 的测试以太币。单击"未连接"，可以打开连接到 Ganache 个人区块链的账户管理页面，如图 8-36 所示。单击账户下面的"连接"超链接，即可将账户连接到指定的网络。

在 MetaMask 中将账户连接到 Ganache 个人区块链后，刷新图 8-36 所示的页面，可以看到默认账户的余额，如图 8-37 所示。

从测试账户中再选择不同于默认账户的另一个账户作为 receiver 账户，将其复制到 To Address 文本框中，在 Amount 文本框中输入"1"，然后单击"Send MetaCoin"按钮，则会在 MetaMask 钱包中弹出一个确认支付 Gas 的窗口，如图 8-38 所示。

图 8-36　连接到 Ganache
个人区块链的账户管理页面

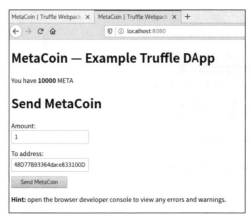

图 8-37　在项目模板 webpack 中显示
当前账户的余额

图 8-38　在 MetaMask
钱包中支付 Gas

8.3.5　使用 Truffle react 项目模板开发基于以太坊智能合约的 DApp

React 是 FaceBook 的内部项目，是用于构建用户界面的 JavaScript 脚本。它的特点是性能高和代码逻辑简单，因此在开源后广受用户欢迎。

Truffle 开发框架提供了一个项目模板 react。本小节将结合项目模板 react 介绍使用 React 开发基于以太坊智能合约的 DApp 的方法。

1．React 前端开发框架简介

（1）引用 React.js 脚本

要使用 React 前端开发框架，首先需要引用 React.js 脚本。可以访问 React 官网下载最新的 React.js 脚本。React 官网的网址参见"本书使用的网址"文档。

也可以通过引用在线脚本的方式引用 React.js 脚本。在开发环境下，可以通过如下方式引用 React.js 脚本：

```
<script crossorigin src="https://unpkg.com/react@17/umd/react.development.js"></script>
<script crossorigin src="https://unpkg.com/react-dom@17/umd/react-dom.development.js">
</script>
```

在生产环境下，可以通过如下方式引用 React.js 脚本：

```
<script crossorigin src="https://unpkg.com/react@17/umd/react.production.min.js">
</script>
<script crossorigin src="https://unpkg.com/react-dom@17/umd/react-dom.production.min.js">
</script>
```

在使用 React 开发网页时，会引用两个包，一个是 react，另一个是 react-dom。其中 react 包是 React 的核心代码，react-dom 包则是从 React 中剥离出来的涉及 DOM（Document Object Model，文档对象模型）操作的部分。

【例 8-1】一个简单的 React 前端开发框架的实例。

实例代码如下：

```
<!DOCTYPE html>
<html>
<head>
<meta charset="UTF-8" />
<title>Hello React!</title>
<script src="https://cdn.staticfile.org/react/16.4.0/umd/react.development.js"></script>
<script src="https://cdn.staticfile.org/react-dom/16.4.0/umd/react-dom.development.js">
</script>
<script src="https://cdn.staticfile.org/babel-standalone/6.26.0/babel.min.js">
</script>
</head>
<body>

<div id="example"></div>
<script type="text/babel">
ReactDOM.render(
    <h1>Hello, React!</h1>,
    document.getElementById('example')
);
```

```
</script>

</body>
</html>
```

ReactDOM.render() 方法用于将指定的内容渲染到指定的 HTML 元素中。本例中，将<h1>Hello, React!</h1>渲染到 ID 为 example 的 div 元素中。例 8-1 的运行结果如图 8-39 所示。

（2）渲染 React 元素

前面已经介绍了使用 ReactDOM.render() 方

图 8-39　例 8-1 的运行结果

法对 React 元素进行渲染的例子。ReactDOM.render() 方法的具体用法如下：

```
ReactDOM.render( <React 元素>, <React DOM>)
```

React 元素是构成 React 应用的最小单位，它用于描述屏幕上输出的内容。例如，下面的代码定义了一个 h1 元素：

```
const element = <h1>Hello, world!</h1>;
```

React DOM 对应于网页中的 HTML 元素。因此 ReactDOM.render() 方法相当于将 React 元素渲染到网页中的 HTML 元素。

React 元素可以是静态的，例如例 8-1 中的<h1>Hello, React!</h1>，也可以是由代码动态生成的。

【例 8-2】将动态生成的 React 元素渲染到网页中。

定义一个 JavaScript 函数 Clock()，其会根据传入的属性 date 的值动态生成 React 元素，代码如下：

```
<script type="text/babel">
function Clock(props) {
  return (
    <div>
      <h1>Hello, world!</h1>
      <h2>现在是 {props.date.toLocaleTimeString()}.</h2>
    </div>
  );
}
</script>
```

props 用于在 React 子组件之间传递数据。

定义一个 JavaScript 函数 tick()，用于调用 Clock() 函数，并将其动态生成的 React 元素渲染到 ID 为 example 的 div 元素，代码如下：

```
function tick() {
  ReactDOM.render( <Clock date={new Date()} />, document.getElement ById('example') );
}
```

然后在网页中通过 setInterval() 方法每隔 1s 调用一次 tick() 函数，代码如下：

```
setInterval(tick, 1000);
```

将例 8-2 保存为 sample8-2.html。例 8-2 的运行结果如图 8-40 所示，其中的时间是动态变化的。

（3）React JSX

JSX 是对 JavaScript 的一种扩展。在 React 中，JSX 用来声明 React 元素。例如前面介绍的定义 React 元素的方法：

图 8-40　例 8-2 的运行结果

```
const element = <h1>Hello, world!</h1>;
```

可以使用花括号来引用 JavaScript 表达式，例如下面的代码用于指定用户头像图片：

```
const element = <img src={user.logo} />;
```

也可以在花括号中设置元素的样式，例如：

```
var myStyle = { fontSize: 30, color: '#FF0000' }; ReactDOM.render( <h1 style =
{myStyle}> Hello, React</h1>, document.getElementById('example') );
```

React 注释的格式如下：

```
{/*这里是注释……*/}
```

（4）React 组件

React 组件可以是 JavaScript 函数，也可以是 JavaScript 类。例如，下面的代码定义了一个名为 HelloComponent 的组件：

```
function HelloComponent(props) {
    return <h1>Hello {props.name}!</h1>;
}
```

组件 HelloComponent 返回一个 h1 元素，其内容为 Hello + 属性 name 的值。可以在 React 元素中引用 React 组件。例如，下面的代码引用组件 HelloComponent 定义了一个 React 元素：

```
const element = <HelloComponent name="React"/>;
```

也可以使用 ES6 类来定义一个 React 元素，方法如下：

```
class <类名> extends React.Component {
  render() {
    return (<React.Fragment>
            //HTML 代码
              </React.Fragment>
    ); // end of render
  } // end of return
} // end of class
```

render() 方法用于返回组件对应的 HTML 代码，<React.Fragment> 中可以包含多个元素。例如，下面的代码定义了一个组件 Table，该组件会返回一段定义表格的 HTML 代码：

```
class Table extends React.Component {
  render() {
    return (
      <table>
```

```
        <tr>
          <Columns />
        </tr>
      </table>
    );
  }
}
```

组件 Table 中引用了组件 Columns，其定义代码如下：

```
class Columns extends React.Component {
  render() {
    return (
      <div>
          <td>Hello</td>
          <td> React </td>
      </div>
    );
  }
}
```

组件 Table 返回的 HTML 代码如下：

```
<table>
  <tr>
    <div>
        <td>Hello</td>
        <td> React </td>
    </div>
  </tr>
</table>
```

可以将 React 组件存储在一个单独的 JS 文件中。当要使用 React 组件时可以通过 import 语句将其导入，方法如下：

```
import 组件名 from 组件 JS 文件
```

可以使用如下方法在网页中渲染 React 组件定义的 HTML 代码：

```
<组件名/>
```

例如，如果组件名为 Blockchain，则可以使用如下代码渲染 Blockchain 组件中所定义的 HTML 代码：

```
<Blockchain/>
```

（5）React 状态

可以将 React 组件视为一个状态机，用于在与用户进行交互的过程中设置不同的状态，然后渲染 UI，从而使网页显示结果与后台数据保持一致。换言之，在 React 中，如果希望渲染 UI，不要直接操作 DOM，只需要更新组件的状态即可。

在 React 组件中，可以使用 this.state 表示 React 状态。this.state 可以保存一个属性，也可以保存一组属性。例如下面的代码在 React 状态中会将当前的系统时间存储到属性 date 中：

```
this.state = {date: new Date()};
```

在页面中可以通过 this.state.date 引用属性 date 的值，代码如下：

```
<a>{this.state.date.toLocaleTimeString()}</a>
```

【例 8-3】使用 React 状态渲染网页的实例。

本实例的网页文件为 sample8-3.html，代码如下：

```
<!DOCTYPE html>
<html>
<head>
<meta charset="UTF-8" />
<title>Hello React!</title>
<script src="https://cdn.staticfile.org/react/16.4.0/umd/react.development.js">
</script>
    <script src="https://cdn.staticfile.org/react-dom/16.4.0/umd/react-dom.development.js">
</script>
    <script src="https://cdn.staticfile.org/babel-standalone/6.26.0/babel.min.js">
</script>
    </head>
<body>

<div id="box"></div>
<script type="text/babel">
class Clock extends React.Component {
  constructor(props) {
    super(props);
    this.state = {date: new Date()};
  }

  render() {
    return (
      <div>
        <h1>React 状态的演示</h1>
        <h2>现在是 {this.state.date.toLocaleTimeString()}.</h2>
      </div>
    );
  }
}

ReactDOM.render(
  <Clock />,
  document.getElementById('box')
);
</script>

</body>
</html>
```

网页中定义了一个组件 Clock，在构造函数 constructor() 中设置 React 状态属性 date 的值为当前系统时间，在 render() 函数中返回由 state.date 的值所构建的 React 元素值。

最后，在网页中使用 ReactDOM.render() 方法将组件 Clock 的内容渲染到网页中的 DIV 元素 box 中。

例 8-3 的运行结果如图 8-41 所示。

图 8-41　例 8-3 的运行结果

2．下载项目模板 react

首先在/usr/local/truffle 目录下创建 react 子目录，用于保存项目模板 react，命令如下：

```
cd /usr/local/truffle/
mkdir react
```

然后执行下面的命令下载项目模板 react：

```
cd /usr/local/truffle/react
truffle unbox react
```

3．项目模板 react 的 Web 应用结构

项目模板 react 的 Web 应用中包含的主要目录和文件如表 8-5 所示。

表 8-5　项目模板 react 的 Web 应用中包含的主要目录和文件

目录或文件名	类型	上级目录	说明
client	目录	react	保存项目的前端应用代码
contracts	目录	react	保存项目的智能合约脚本
migrations	文件	react	保存项目中智能合约的迁移脚本
test	目录	react	保存测试智能合约的脚本，包含一个 JavaScript 测试脚本和一个 Solidity 脚本
truffle-config.js	文件	react	Truffle 项目的配置文件
node_modules	目录	react/client	用于存放包管理工具下载并安装的包
package.json	文件	react/client	Node.js 项目的配置文件
package-lock.json	文件	react/client	描述 node_modules 中所有模块的版本、来源及依赖的小版本信息
public	目录	react/client	保存前端应用的资源文件，包括.html 文件和图片文件等
src	目录	react/client	保存前端应用的源码文件，包括.js 文件和.css 文件
App.css	文件	react/client/src	组件 App 所使用的样式文件
App.js	文件	react/client/src	定义组件 App
App.test.js	文件	react/client/test	组件 App 的测试脚本
getWeb3.js	文件	react/client/src	用于初始化 Web3.js 的脚本
index.js	文件	react/client/src	React 项目的入口脚本
index.css	文件	react/client/src	index.js 对应的样式文件
serviceWorker.js	文件	react/client/src	一个独立于当前网页而在后台运行的脚本，可以用于实现离线应用，或大规模的后台数据处理
index.html	文件	react/client/public	保存前端应用的页面模板
manifest.json	文件	react/client/public	前端应用的配置文件，用于指定应用的名称和图标等
SimpleStorage.json	文件	react/contracts	部署合约 SimpleStorage 后得到的合约抽象文件

　　实例的前端应用中包含一组前端资源文件，含.html 文件、.css 文件、.js 文件、.json文件等，它们的引用关系如图 8-42 所示。

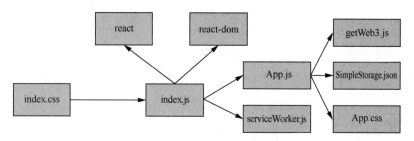

图 8-42　前端资源文件的引用关系

4．编译和部署合约

在 truffle-config.js 中定义了构建合约的目录为 client/src/contracts，但在默认情况下，该目录并不存在，需要手动创建。

在项目目录下运行 truffle develop，然后执行下面的命令，可以在内置的测试网络中编译和部署合约：

```
compile
migrate --reset
```

编译成功后会在 client/src/contracts 目录下生成 Migrations.json 和 SimpleStorage.json 两个文件。前端应用会通过 SimpleStorage.json 与合约 SimpleStorage 进行交互。

5．index.js

index.js 是前端应用的入口脚本，其部分代码如下：

```
import React from 'react';
import ReactDOM from 'react-dom';
import './index.css';
import App from './App';
import * as serviceWorker from './serviceWorker';

ReactDOM.render(<App/>, document.getElementById('root'));

// If you want your app to work offline and load faster, you can change
// unregister() to register() below. Note this comes with some pitfalls.
// Learn more about service workers: https://bit.ly/CRA-PWA
serviceWorker.unregister();
```

正如图 8-42 所展示的引用关系，上述代码首先导入 react 和 react-dom 库，然后导入 index.css、App.js 和 serviceWorker.js，最后将 React 组件渲染到 index.html 的 root 元素中。

在默认情况下，index.js 并没有注册使用 serviceWorker 组件。如果希望应用可以离线浏览，并且加载得更快，则可将 serviceWorker.unregister() 修改为 serviceWorker.register()。

index.css 是 index.html 中使用的样式文件，由于篇幅所限，这里不展开介绍。

6．App.js

App.js 用于定义组件 App，其主要代码如下：

```
class App extends Component {
  state = { storageValue: 0, web3: null, accounts: null, contract: null };
```

```
  componentDidMount = async () => {
    ......
  };

  runExample = async () => {
    ......
  };

  render() {
    ......
  }
}

export default App;
```

具体说明如下。

① 上述代码定义了如下 4 个 React 状态属性，storageValue 用于存储第一个账户的余额，web3 用于存储访问以太坊网络的 Web3 对象，accounts 用于存储当前以太坊网络的所有账户，contract 用于存储合约 SimpleStorage 的实例。

② componentDidMount 是 React 框架的组件生命周期函数，在 render() 函数之后调用，也就是在组件渲染完成之后调用，代码如下：

```
componentDidMount = async () => {
  try {
    // 获取 Web3 实例
    const web3 = await getWeb3();
    // 通过 Web3 获取所有的用户账户
    const accounts = await web3.eth.getAccounts();
    // 获取合约实例
    const networkId = await web3.eth.net.getId();
    const deployedNetwork = SimpleStorageContract.networks[networkId];
    const instance = new web3.eth.Contract(
      SimpleStorageContract.abi,
      deployedNetwork && deployedNetwork.address,
    );

    // 设置状态属性 web3、accounts 和 contract，调用回调函数 runExample()
    this.setState({ web3, accounts, contract: instance }, this.runExample);
  } catch (error) {
    // 捕获以上操作的异常
    alert(
      `Failed to load web3, accounts, or contract. Check console for details.`,
    );
    console.error(error);
  }
};
```

程序的执行过程如下。

- 调用 getWeb3() 方法连接到以太坊网络，获取 Web3 对象 web3。
- 调用 web3.eth.getAccounts() 方法获取以太坊网络中的所有账户到 accounts。

- 通过合约抽象 SimpleStorageContract 得到合约 SimpleStorage 的实例 instance。
- 调用 this.setState() 将 web3、accounts 和 instance 设置到对应的 React 状态属性中，然后调用回调函数 runExample()。

③ runExample() 函数用于获取指定账户的余额，并将其设置到状态属性 storageValue 中，代码如下：

```
runExample = async () => {
    const { accounts, contract } = this.state;

    // 将默认账户的余额设置为 5，使用 accounts[0]支付 Gas
    await contract.methods.set(5).send({ from: accounts[0] });

    // 获取默认账户的余额
    const response = await contract.methods.get().call();

    // 将返回结果更新到状态属性 storageValue 中
    this.setState({ storageValue: response });
};
```

程序的执行过程如下。
- 从状态属性中获取 accounts 和 contract 对象。
- 通过 contract 对象调用合约 SimpleStorage 的 set() 方法，将默认账户的余额设置为 5（使用 accounts[0]支付 Gas），然后调用 get() 方法获取默认账户的余额，并将返回结果更新到状态属性 storageValue 中。

④ render() 方法用于渲染 App 组件，代码如下：

```
render() {
    if(!this.state.web3) {
        return <div>Loading Web3, accounts, and contract…</div>;
    }
    return (
        <div className="App">
            <h1>Good to Go!</h1>
            <p>Your Truffle Box is installed and ready.</p>
            <h2>Smart Contract Example</h2>
            <p>
                If your contracts compiled and migrated successfully, below will show
                a stored value of 5 (by default).
            </p>
            <p>
                Try changing the value stored on <strong>line 40</strong> of App.js.
            </p>
            <div>The stored value is: {this.state.storageValue}</div>
        </div>
    )
}
```

如果 Web3 对象等于空，也就是还没有连接到以太坊网络，则显示"Loading Web3, accounts, and contract…"；否则显示默认账户的余额。

7．运行项目，查看效果

参照如下步骤在个人区块链中运行本项目，并查看效果。以下操作在 CentOS 服务器的桌面环境下执行。

① 在 Truffle Develop 中编译和部署本项目的合约。

② 在运行 Truffle Develop 时，从列出的账户列表中选择一个账户的私钥，参照 8.3.4 小节中介绍的方法将其导入 MetaMask 钱包。在默认情况下，账户中会有 100ETH 的测试以太币，如图 8-43 所示。

③ 打开另一个终端，执行如下命令，启动项目：

```
cd /usr/local/truffle/react/client
npm start
```

运行结果如图 8-44 所示。

图 8-43　将测试账户的私钥导入 MetaMask 钱包　　　图 8-44　启动项目的运行结果

注意：之前已经有一个终端在运行 Truffle Develop，因为其中运行着个人区块链，所以不能关闭。

④ 打开 Firefox 浏览器，单击 MetaMask 图标，选择前面导入的账户，如图 8-45 所示。

⑤ 访问如下 URL，打开本实例的页面，如图 8-46 所示。

```
http://localhost:3000
```

图 8-45　选择前面导入的账户　　　图 8-46　本实例的页面

在加载页面时，程序会将默认账户的余额设置为 5，并从第一个账户支付 Gas。因此，在打开页面时会弹出 MetaMask 页面要求用户确认转账，如图 8-47 所示。单击"确认"按钮，完成交易。如果一切正常，则页面中的默认账户余额会变成 5，如图 8-48 所示。

图 8-47　确认转账

图 8-48　页面中的默认账户余额变成 5

8.4　测试合约

Truffle 项目内置了一个自动测试框架，可以很便捷地对智能合约进行测试。可以通过如下 2 种方式编写测试案例：

① 使用 JavaScript 和 TypeScript 从外部测试调用合约，就像 Web 应用一样；

② 使用 Solidity 对合约进行进一步的测试。

Truffle 项目的测试脚本保存在项目目录的 test 子目录中。在 MetaCoin 项目模板中，默认提供 metacoin.js 和 TestMetaCoin.sol 两个测试脚本，它们分别是使用 JavaScript 和 Solidity 编写的。

Truffle 项目使用 Mocha 测试框架和 Chai 断言库对智能合约进行测试，可以在 JavaScript 脚本中借助它们编写测试案例。由于篇幅所限，这里只对 Mocha 测试框架进行简单介绍。

8.4.1　Mocha 测试框架简介

Mocha 是功能强大的测试框架，它基于 Node.js，可以在浏览器中运行。

1. 安装 Mocha

执行如下命令可以安装 Mocha：

```
cnpm install mocha
```

也可以在 Truffle 项目目录下执行如下命令，以在 Truffle 项目中安装 Mocha：

```
cnpm install --save-dev mocha
```

在 package-lock.json 中可以找到 Mocha 的版本信息，代码如下：

```
"mocha": {
    "version": "8.3.2",
    "resolved": "https://registry.npmjs.org/mocha/-/mocha-8.3.2.tgz",
```

```
    ......
  }
```

2. Mocha 测试脚本实例

在 Mocha 测试脚本中，可以使用 describe() 函数定义一个测试块，具体内容如下：

```
describe(<描述信息>, function() {
  <测试块>
});
```

describe() 函数可以嵌套使用，例如：

```
describe('测试案例1', function() {
  describe('第一步', function() {
  ......
  });
});
```

可以使用 it() 函数定义测试代码，例如：

```
it(<描述信息>, function() {
  <测试代码>
});
```

在测试代码中通常可以使用 assert 对象判断是否通过测试，具体方法如下：

```
var assert = require('assert');      //导入 assert
assert.equal(a, b);                  //判断 a 和 b 是否相等
assert.ok(<布尔表达式>);              //判断布尔表达式是否成立
```

【例 8-4】一个简单的 Mocha 测试脚本实例。
实例代码如下：

```
var assert = require('assert');
describe('Array', function() {
  describe('#indexOf()', function() {
    it('should return -1 when the value is not present', function() {
        assert.equal([1, 2, 3].indexOf(4), -1);
    });
  });
});
```

这段代码对 Array 的 indexOf() 函数进行了测试。
执行 Mocha 测试脚本的方法如下：

```
mocha <测试脚本名>
```

在 Truffle 项目中安装 Mocha 后，mocha 文件的位置为 node_modules/mocha/bin/mocha。
下面演示执行 Mocha 测试脚本的过程。

① 在项目 react 的 test 目录下创建 test.js，其中的代码如例 8-4 所示。

② 在项目 react 中安装 Mocha，然后在项目 react 的目录下执行如下语句，即可运行
Mocha 测试脚本：

```
./node_modules/mocha/bin/mocha ./test/test.js
```

③ 执行结果如下：

```
Array
    #indexOf()
        √ should return -1 when the value is not present

1 passing (3ms)
```

因为[1, 2, 3].indexOf(4)的返回值为−1，所以 assert.equal([1, 2, 3].indexOf(4), −1)成立。

8.4.2　使用 JavaScript 编写测试脚本

在 Truffle 开发框架中可以利用 Mocha 开发框架使用 JavaScript 语言编写测试脚本，测试脚本是.js 文件，被保存在 test 目录下。Truffle 开发框架对 Mocha 的语法进行了适当的扩展，具体如下。

① 使用 contract() 代替 describe() 。当运行 contract() 函数时，合约会被重新部署，因此在测试脚本中合约的状态是被重置的。contract() 函数中提供一组测试账户，其被保存在数组变量 accounts 中。

② 可以在测试脚本中使用合约抽象与合约进行交互。使用 artifacts.require() 方法明确指定了需要引用的合约抽象。

③ 在测试脚本中，可以直接使用 Web3 对象连接到项目配置的以太坊区块链。例如，可以直接使用 web3.eth.getBalance 获取指定账户的余额。

在项目模板 MetaCoin 中包含一个名为 metacoin.js 的测试脚本，代码如下：

```
const MetaCoin = artifacts.require("MetaCoin");
contract("MetaCoin", accounts => {
  it("should put 10000 MetaCoin in the first account", async () => {
    const instance = await MetaCoin.deployed();
    const balance = await instance.getBalance.call(accounts[0]);
    assert.equal(balance.valueOf(), 10000, "10000 wasn't in the first account");
  });
  it("should call a function that depends on a linked library", async () => {
    const instance = await MetaCoin.deployed();
    const metaCoinBalance = await instance.getBalance.call(accounts[0]);
    const metaCoinBalanceInEth = await instance.getBalanceInEth.call(
      accounts[0],
    );
    const expected = 2 * metaCoinBalance.toNumber();
    assert.equal(
      metaCoinBalanceInEth.toNumber(),
      expected,
      "Library function returned unexpeced function, linkage may be broken",
    );
  });
  it("should send coin correctly", async () => {
    const instance = await MetaCoin.deployed();
    const Account1 = accounts[0];
    const Account2 = accounts[1];
    //获取账户 Account1 和 Account2 的初始金额
    const initBalance1 = await instance.getBalance.call(Account1);
    const initBalance2 = await instance.getBalance.call(Account2);
    //从账户 Account1 向账户 Account2 发送代币
    const amount = 10;
```

```
    await instance.sendCoin(Account2, amount, { from: Account1 });
    //获取账户 Account1 和 Account2 的最终余额
    const finalBalance1 = await instance.getBalance.call(Account1);
    const finalBalance2 = await instance.getBalance.call(Account2);
    assert.equal(
      finalBalance1.toNumber(),
      initBalance1.toNumber() - amount,
      "Amount wasn't correctly taken from the sender",
    );
    assert.equal(
      finalBalance2.toNumber(),
      initBalance2.toNumber() + amount,
      "Amount wasn't correctly sent to the receiver",
    );
  });
});
```

具体说明如下。

① 使用 artifacts.require() 引用合约抽象 MetaCoin 到变量 MetaCoin 中。在测试脚本中可以通过变量 MetaCoin 与合约 MetaCoin 进行交互。

② 使用 MetaCoin.deployed() 部署合约 MetaCoin，得到合约实例 instance。

③ 使用合约实例 instance 调用 getBalance() 函数，获取前 2 个账户（Account1 和 Account2）的余额，并将结果保存在 initBalance1 和 initBalance2 中。

④ 从 Account1 向 Account2 转账 10ETH。

⑤ 再使用合约实例 instance 调用 getBalance() 函数，获取账户 Account1 和 Account2 的余额，并将它们保存在 finalBalance1 和 finalBalance2 中。

⑥ 使用 assert.equal() 方法比较 finalBalance1.toNumber() 和 initBalance1.toNumber() − amount 是否相等，以验证发送者是否成功转出代币。

⑦ 使用 assert.equal() 方法比较 finalBalance2.toNumber() 和 initBalance2.toNumber() + amount 是否相等，以验证接收者是否成功收到代币。

执行测试脚本的方法如下。

① 在 MetaCoin 项目模板目录下执行 ganache-cli 命令，启动 Ganache 个人区块链。

② 另外打开一个终端，并在 MetaCoin 项目模板目录下执行 truffle compile 命令以编译智能合约。

③ 在 MetaCoin 项目模板目录下执行 truffle migrate 命令以部署智能合约。

④ 执行如下命令运行测试脚本：

图 8-49　测试脚本运行成功

```
truffle test ./test/metacoin.js
```

如果运行结果如图 8-49 所示，则说明测试脚本运行成功。

8.4.3　使用 Solidity 编写测试脚本

除了 JavaScript，也可以使用 Solidity 编写测试脚本，此时测试脚本的扩展名为 .sol。当运行 truffle test 命令时，也会执行使用 Solidity 编写的测试脚本。

【例 8-5】介绍项目模板 MetaCoin 提供的使用 Solidity 编写的测试脚本实例。

在项目模板 MetaCoin 的 test 目录下，有一个名为 TestMetacoin.sol 的测试脚本，用于对合约 MetaCoin 进行测试，代码如下：

```solidity
pragma solidity >=0.4.21 <0.7.0;

import "truffle/Assert.sol";
import "truffle/DeployedAddresses.sol";
import "../contracts/MetaCoin.sol";

contract TestMetacoin {
    function testInitialBalanceUsingDeployedContract() public {
        MetaCoin meta = MetaCoin(DeployedAddresses.MetaCoin());

        uint expected = 10000;

        Assert.equal(
            meta.getBalance(msg.sender),
            expected,
            "Owner should have 10000 MetaCoin initially"
        );
    }

    function testInitialBalanceWithNewMetaCoin() public {
        MetaCoin meta = new MetaCoin();
        uint expected = 10000;
        Assert.equal(
            meta.getBalance(address(this)),
            expected,
            "Owner should have 10000 MetaCoin initially"
        );
    }
}
```

具体说明如下。

① truffle/Assert.sol 库提供了 Assert.equal() 等断言函数。Assert.equal() 函数用于对指定的两个对象进行比较。

② 通过 truffle/DeployedAddresses.sol 库可以获取已部署合约的地址。truffle/Assert.sol 库和 truffle/DeployedAddresses.sol 库均由 Truffle 提供。通过合约地址获得合约对象的方法如下：

```
DeployedAddresses.<contract name>();
```

③ testInitialBalanceUsingDeployedContract() 函数用于判断调用者的账户里面是否有 10 000 个 MetaCoin。

④ testInitialBalanceWithNewMetaCoin() 函数用于判断一个新的 MetaCoin 合约对象的账户里面是否有 10 000 个 MetaCoin。

合约 MetaCoin 的构造函数如下：

```
constructor() public {
        balances[msg.sender] = 10000;
}
```

创建合约的用户账户里面都会被赋值
10 000 个 MetaCoin。因此，testInitialBalanceUsing-
DeployedContract() 函数和 testInitialBalance-
WithNewMetaCoin() 函数都应该通过测试。

执行 ganache-cli 命令，运行 Ganache 个人
区块链；然后在 MetaCoin 项目模板目录下执
行 truffle test 命令，运行测试合约。如果一切正
常，则运行结果如图 8-50 所示。

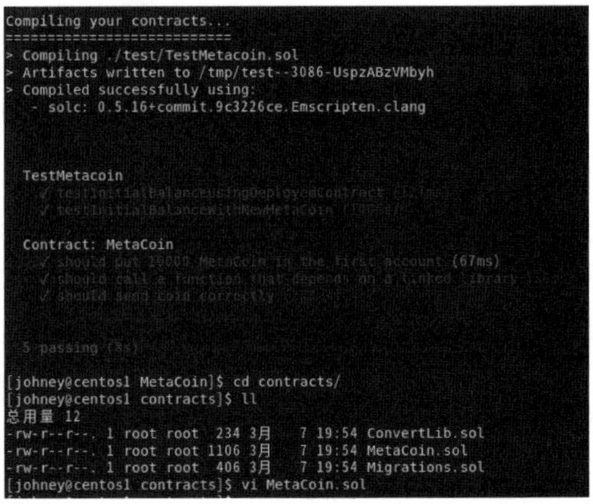

图 8-50　一切正常时测试合约的运行结果

8.5　Truffle 示例项目宠物商店 pet-shop

为了让读者充分体验使用 Truffle 开发框架开发以太坊智能合约 DApp 的方法，本节介
绍 Truffle 示例项目宠物商店 pet-shop 的开发过程。假定已经参照 8.1.2 小节安装了 Truffle
开发框架。

8.5.1　创建 pet-shop 项目

pet-shop 是 Truffle 的示例项目。可以使用 truffle unbox 命令下载 pet-shop，但是通常由
于网络原因下载会超时，可以参照 8.2.1 小节介绍的方法解决此问题。假定项目目录为
/usr/local/truffle/pet-shop。

pet-shop 项目模板中包含如下目录。

① src：保存前端应用的资源文件，包括 HTML 文件、JS 文件、CSS 文件、字体文件
和图片文件等。

② contracts：保存 Solidity 智能合约。

③ migrations：保存用于部署合约的脚本文件。

④ test：保存测试脚本。

8.5.2　编写智能合约

在 contracts 目录下创建一个 Adoption.sol 文件，并在其中编写如下代码：

```
pragma solidity ^0.5.1;
contract Adoption {
    address[16] public adopters;
    // 领养一只宠物
    function adopt(uint petId) public returns (uint) {
        require(petId >= 0 && petId <= 15);
        adopters[petId] = msg.sender;
        return petId;
    }
    // 获取领养记录
```

```
    function getAdopters() public view returns (address[16] memory) {
        return adopters;
    }
}
```

合约 Adoption 对领养宠物记录进行管理，最多可以有 16 只宠物，编号为 0~15。宠物的领养记录保存在数组 adopters 中。数组索引为宠物编号，数组元素值为领养对应宠物的账户地址。

合约 Adoption 的 Solidity 版本选择 0.5.1~0.6.0。注意：所选版本应与 Migrations.sol 中的版本相匹配。在默认情况下，Migrations.sol 中指定的 Solidity 版本为 0.4.22 及以上，且低于 0.8.0。

8.5.3 编译和部署智能合约

在项目的 migrations 目录下创建 2_adapter_deploy_contracts.js，并在其中编写如下代码：

```
var Adoption = artifacts.require("Adoption");

module.exports = function(deployer) {
  deployer.deploy(Adoption);
};
```

保存后，运行 ganache-cli 命令启动 Ganache 个人区块链。从提供的默认账户中选择一个并记录其私钥，以备后面使用。

然后打开一个新的终端窗口，在项目目录下执行如下操作。

① 修改项目配置文件 truffle -config.js，将其中连接个人区块链的端口号修改为 8545。因为前面是以 ganache-cli 命令启动 Ganache 个人区块链的，所以默认端口为 8545。

实现该步操作的完整代码如下：

```
module.exports = {
  // See <http: //truffleframework.com/docs/advanced/configuration>
  // for more about customizing your Truffle configuration!
  networks: {
    development: {
      host: "127.0.0.1",
      port: 8545,
      network_id: "*"  // Match any network id
    },
    develop: {
      port: 8545
    }
  }
};
```

② 执行如下命令编译和部署合约 Adoption：

```
truffle compile
truffle migrate
```

8.5.4 开发前端应用

本实例的前端应用保存在项目的 src 目录下，js 子目录下保存着 JavaScript 脚本。App.js

是项目的入口文件，运行项目时将会执行它。默认的 App.js 只包含应用程序的框架，其中很多代码需要根据实际情况自行编写。

1. 入口函数 init()

程序的入口函数为 init()，代码如下：

```
init: async function() {
    // 加载宠物数据
    $.getJSON('../pets.json', function(data) {
      var petsRow = $('#petsRow');
      var petTemplate = $('#petTemplate');

      for (i = 0; i < data.length; i ++) {
        petTemplate.find('.panel-title').text(data[i].name);
        petTemplate.find('img').attr('src', data[i].picture);
        petTemplate.find('.pet-breed').text(data[i].breed);
        petTemplate.find('.pet-age').text(data[i].age);
        petTemplate.find('.pet-location').text(data[i].location);
        petTemplate.find('.btn-adopt').attr('data-id', data[i].id);
        petsRow.append(petTemplate.html());
      }
    });
    return await App.initWeb3();
}
```

本实例所展示的宠物数据保存在项目目录下的 pets.json 中。在 init() 函数中，从 pets.json 中读取数据，构建对应的 HTML 元素，并将其添加到网页中 ID 为 petsRow 的 HTML 元素里。pet.json 的主要代码如下：

```
{
  "id": 0,
  "name": "Frieda",
  "picture": "images/scottish-terrier.jpeg",
  "age": 3,
  "breed": "Scottish Terrier",
  "location": "Lisco, Alabama"
},
{
  "id": 1,
  "name": "Gina",
  "picture": "images/scottish-terrier.jpeg",
  "age": 3,
  "breed": "Scottish Terrier",
  "location": "Tooleville, West Virginia"
},
……
{
  "id": 15,
  "name": "Terry",
  "picture": "images/golden-retriever.jpeg",
  "age": 2,
  "breed": "Golden Retriever",
  "location": "Dawn, Wisconsin"
}
```

其中定义了 16 只宠物的数据。

2. initWeb3() 函数

在 init() 函数的最后，调用 initWeb3() 函数初始化 web3 库。使用如下代码替换默认的 initWeb3() 函数：

```
initWeb3: async function() {   // 使用 MetaMask 注入的全局 API 变量 window.ethereum
    if (window.ethereum) {
            App.web3Provider = window.ethereum;
            try {
                    // 请求用户登录
                    await window.ethereum.enable();
            }
            catch (error) {
                    // 拒绝用户访问
                    console.error("User denied account access")
            }
    }
    // 已经连接以太坊网络
    else if (window.web3) {
            App.web3Provider = window.web3.currentProvider;
    }
    // 如果没有检测到注入的 Web3 实例，则连接到 Ganache 个人区块链
    else {
            App.web3Provider = new Web3.providers.HttpProvider('http://localhost:7545');
    }
    web3 = new Web3(App.web3Provider);
    return App.initContract();
}
```

window.ethereum 是 MetaMask 向网页注入的一个全局 API 变量，这个全局 API 变量也可以通过 window.web3.currentProvider 进行访问。该 API 允许网站请求用户登录，可以从用户接入的区块链读取数据，并能够提示用户对要提交的交易进行审核。

本实例在创建 Web3 对象时会按照如下顺序选择服务器。

① window.ethereum。

② window.web3.currentProvider。

③ 使用 Web3.providers.HttpProvider 连接到 Ganache 个人区块链。

这是在 DApp 中创建 Web3 对象的标准流程。

3. initContract() 函数

在 initWeb3() 函数的最后，调用 initContract() 函数初始化智能合约，代码如下：

```
initContract: function() {
    $.getJSON('Adoption.json', function(data) {
            // 初始化智能合约
            var AdoptionArtifact = data;
            App.contracts.Adoption = TruffleContract(AdoptionArtifact);

            // 设置合约的提供器
```

```
            App.contracts.Adoption.setProvider(App.web3Provider);

            // 获取并标记被领养的宠物
            return App.markAdopted();
        });
        return App.bindEvents();
    },
```

首先，Adoption.json 是对合约进行编译而生成的合约抽象文件。执行 truffle compile 命令后，在项目目录下的 build/contracts 子目录下可以找到 Adoption.json。可以利用 Adoption.json 对智能合约进行初始化，得到合约抽象对象 App.contracts.Adoption。其中 App.contracts 是在 App.js 中定义的一个全局数组。

其次，调用 App.contracts.Adoption.setProvider() 方法设置服务器为 App.web3Provider。App.web3Provider 在 initWeb3() 函数中初始化。

再次，调用 App.markAdopted() 函数获取并标记被领养的宠物。

最后，调用 App.bindEvents() 函数绑定网页中的事件。

App.bindEvents() 函数是 pet-shop 项目模板默认提供的，其默认代码如下：

```
bindEvents: function() {
    $(document).on('click', '.btn-adopt', App.handleAdopt);
},
```

在网页中单击领养按钮（.btn-adopt）会调用 handleAdopt() 函数。handle-Adopt() 函数的代码稍后介绍。

4. markAdopted() 函数

在 initContract() 函数中，调用 markAdopted() 函数从合约中获取并标记宠物的领养人账户地址。markAdopted() 函数的代码如下：

```
markAdopted: function(adopters, account) {
    var adoptionInstance;
    App.contracts.Adoption.deployed().then(function(instance) {
            adoptionInstance = instance;
            return adoptionInstance.getAdopters.call();
    }).then(function(adopters) {
    for(i=0; i < adopters.length; i++) {
            if (adopters[i] !== '0x0000000000000000000000000000000000000000') {
                    $('.panel-pet').eq(i).find('button').text('Success').
                    attr('disabled', true);
            }
    }
    }).catch(function(err) {
            console.log(err.message);
    });
},
```

程序首先获取合约 Adoption 的实例 adoptionInstance，并通过 adoptionInstance 调用合约的 getAdopters.call() 函数获取领养宠物数据。如果领养人账户地址不等于 0，则将该宠物标识为已被领养。

5．handleAdopt() 函数

在网页中单击领养按钮（.btn-adopt）会调用 handleAdopt() 函数，其代码如下：

```
handleAdopt: function(event) {
    event.preventDefault();
    var petId = parseInt($(event.target).data('id'));
    var adoptionInstance;
    web3.eth.getAccounts(function(error, accounts) {
        if (error) {
                console.log(error);
        }
        var account = accounts[0];
        App.contracts.Adoption.deployed().then(function(instance) {
                adoptionInstance = instance;
                // Execute adopt as a transaction by sending account
                return adoptionInstance.adopt(petId, {from: account});
        }).then(function(result) {
                return App.markAdopted();
        }).catch(function(err) {
                console.log(err.message);
        });
    });
});
```

上述代码使用第一个账户调用合约 Adoption 的 adopt() 函数领养当前按钮所对应的宠物，然后调用 markAdopted() 函数标识网页中宠物的领养状态。

6．index. html

index.html 是本实例的主页文件，网页中包括宠物列表及领养按钮。项目模板默认包含的 index.html 文件中有 2 处存在问题，需要修改。

① 下面代码中定义的 img 元素中引用了境外网站中的一张宠物狗图片：

```
    <img alt="140x140" data-src="holder.js/140x140" class="img-rounded img-center"
style="width: 100%;" src="https://animalso.com/wp-content/uploads/2017/01/Golden-
Retriever_6.jpg" data-holder-rendered="true">
```

② 在代码中引用 jquery.min.js 时，使用的是 Google 提供的在线资源。

这两处代码都有可能由于网络问题而无法获取资源。第一个问题的影响不大，只是看不到图片而已，可以选择忽略此问题，也可以将其替换成本地的其他图片；第二个问题会导致浏览网页时报错，无法正常显示。解决方案如下。

下载一个 jquery.min.js 文件，并将其上传至 src/js 目录下，然后将引用 jQuery 脚本的代码修改为如下代码：

```
<script src="js/jquery.min.js"></script>
```

index.html 中的其他代码都是标准的 HTML 代码，这里不展开介绍。

8.5.5　安装并配置 MetaMask 钱包

为了实现在线领养宠物的功能，需要在浏览器中安装并配置 MetaMask。
参照 8.3.4 小节在 CentOS 虚拟机的 Firefox 浏览器中安装并配置 MetaMask 钱包。

确保运行 ganache-cli 命令后，打开 Firefox 浏览器并运行插件，选择连接 Localhost 8545，

MetaMask 钱包

如图 8-51 所示。

参照 8.3.4 小节导入前面记录的账户私钥。导入后，可以看到账户余额为 100ETH，如图 8-52 所示。

图 8-51　连接 Localhost 8545

图 8-52　查看导入账户的余额

8.5.6　运行应用程序

为了能够查看本小节实例的运行效果，须搭建一个本地 Web 服务器，这里选择 lite-server。在项目目录下执行如下命令可以在项目中安装 lite-server：

```
cnpm install --save-dev lite-server
```

安装完成后，如果在项目目录下的 package.json 中看到类似下面的代码，则说明安装成功：

```
"scripts": {
    "dev": "lite-server",
    "test": "echo \"Error: no test specified\" && exit 1"
},
"devDependencies": {
    "lite-server": "^2.6.1"
}
```

在项目目录下执行 npm run dev 命令，可以启动本地 Web 服务器，运行结果如图 8-53 所示。

图 8-53　启动本地 Web 服务器

lite-server 使用的默认端口号为 3000。在 CentOS 虚拟机的桌面环境下打开 Firefox 浏览器，访问如下 URL：

```
http://localhost:3000
```

pet-shop 实例主页如图 8-54 所示。

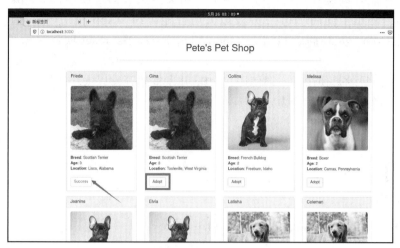

图 8-54　pet-shop 实例主页

单击宠物下面的"Adopt"按钮可以调用智能合约的 adopt() 函数，领养该宠物。此时会弹出 MetaMask 面板，要求用户支付交易的手续费，如图 8-55 所示。

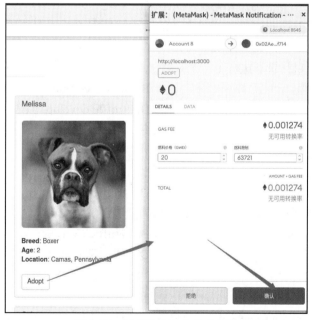

图 8-55　领养宠物时支付手续费

单击"确认"按钮完成交易后，该交易会被记录在区块链上。之后再显示宠物列表时，被领养的宠物下面的"Adopt"按钮就变成了"Sussess"。这是根据记录在区块链上的领养数据进地显示的结果。

8.6 本章小结

本章介绍了目前极为流行的基于以太坊虚拟机的开发框架——Truffle，并介绍了 DApp 项目管理、智能合约编程及智能合约测试的相关方法。为了便于读者理解，本章通过多个实例项目演示了使用 Truffle 开发以太坊智能合约 DApp 的完整流程，包括代币模型实例 MetaCoin、宠物商店实例 pet-shop 和基于 Truffle react 项目模板开发的代币转账实例。

本章的主要目的是使读者掌握使用 Truffle 开发框架开发以太坊智能合约 DApp 的方法和完整流程，增强实战开发能力。

习题

一、选择题

1. 安装 Truffle 需要 Node.js（   ）以上版本。
A. 3.0　　　　　　　B. 4.0　　　　　　　C. 5.0　　　　　　　D. 6.0

2. （   ）是用于以太坊开发的个人区块链，是 Truffle 套件的组成部分。
A. Ganache　　　　　B. Geth　　　　　　C. Parity　　　　　D. EthereumJS TestRPC

3. 图形界面的 Ganache 个人区块链的默认端口是（   ）。
A. 6545　　　　　　B. 7545　　　　　　C. 8545　　　　　　D. 9545

4. 运行命令行工具 ganache-cli 时启动的区块链使用（   ）端口。
A. 6545　　　　　　B. 7545　　　　　　C. 8545　　　　　　D. 9545

5. 在 Truffle 项目目录下执行（   ）命令，可以对 contracts 目录下的合约进行编译。
A. truffle init　　　　　　　　　　B. truffle compile
C. truffle migrate　　　　　　　　D. truffle develop

6. 在 Truffle 项目目录下执行（   ）命令，可以执行 Truffle 项目的 migrations 目录下的迁移脚本。
A. truffle init　　　　　　　　　　B. truffle compile
C. truffle migrate　　　　　　　　D. truffle develop

7.（   ）内置了一个用于开发应用的测试区块链。
A. Truffle Develop　　　　　　　　B. Truffle Console
C. 两个都没有　　　　　　　　　　D. 两个都有

二、填空题

1. 以太坊版本的 Ganache 提供一个命令行工具 ___【1】___，它的前身是比较常用的以太坊测试链——TestRPC。

2. 在 Truffle 框架中，项目模板被称为 Truffle ___【2】___。

3. 在一个空白目录下执行 ___【3】___ 命令可以创建空白的 Truffle 项目。

4．Truffle 项目的配置文件为＿＿【4】＿＿。

5．Truffle 框架中包含＿＿【5】＿＿层，其可以实现在 JavaScript 中与以太坊智能合约进行交互。该层对"与合约的交互"进行了封装，使开发者可以忽略交互的一些底层实现细节（例如合约的 ABI 和字节码），进而使开发过程变得更容易、更人性化。

6．Truffle 项目使用＿＿【6】＿＿测试框架和＿＿【7】＿＿断言库对智能合约进行测试，可以在 JavaScript 脚本中借助它们编写测试案例。

三、简答题

简述 Truffle 开发框架的基本特性。

第9章 以太坊测试网络

在以太坊网络中部署和运行 DApp 都需要支付 Gas。与在 Remix 或私有链中运行智能合约不同，DApp 上线后，开发者就需要真正支付以太币了。一旦程序有错误，可能就意味着实际的损失。而在私有链中测试 DApp 与在实际环境中并不完全一致。以太坊和一些第三方厂商都提供了非常接近真实环境的以太坊测试网络，可以将 DApp 部署在测试网络中测试以太坊交易的完成情况。

9.1 主网络和测试网络

以太坊网络可以分为主网络（Mainnet）和测试网络（Testnet）。主网络和测试网络没有交集，它们有不同的创世区块，是两条完全独立的区块链。只有在主网络上构建的智能合约和进行的交易才是真实有效的。测试网络仅用于开发和测试以太坊 DApp。

9.1.1 以太坊测试网络概述

本书在第 2 章中介绍了搭建以太坊私有链的方法。针对以太坊 DApp，完全可以借助私有链或个人区块链（比如第 8 章中介绍的 Ganache）来进行其开发、测试和调试工作。但是以太坊是一个去中心化的平台，需要众多节点协作才能达到接近真实环境的测试效果，只由一个或少数几个节点构成的私有链实际上达不到理想的测试效果。

目前还在运行的以太坊测试网络有 Ropsten、Kovan、Rinkeby 和 Goerli。

1．Ropsten

Ropsten 是以太坊官方提供的测试网络，采用 PoW 共识算法。Ropsten 网络挖矿的难度很低，但是挖出的以太币没有任何价值，仅供开发和测试使用。用户也可以免费申请 Ropsten 网络的以太币。Ropsten 可以说是很接近主网络的测试网络。本章将以 Ropsten 为例，演示如何在测试网络中完成以太坊交易。

2．Kovan

Kovan 是 Parity 公司发起的一个测试网络，采用 PoA（Proof of Activity，活跃证明）共识算法。PoA 约定：仅由若干个权威节点来生成区块，其他节点无权生成。这样就省去了挖矿的时间。尽管有些垄断的感觉，但是测试网络中的以太币没有任何价值，权威节点生成区块纯属于义务劳动。

因为是 Parity 公司发起的测试网络，所以只有 Parity 钱包客户端可以使用这一网络。

3．Rinkeby

Rinkeby 也是以太坊官方推出的测试网络，采用 PoA 共识算法。

4．Goerli

Goerli 是基于 Ethereum 2.0 的、支持多种客户端的测试网络，由第三方团队 Chainsafe 推出。Goerli 是以太坊基金会资助的项目，其也采用 PoA 共识算法。

9.1.2　获取测试币

要在测试网络中测试 DApp，就需要有测试币来支付 Gas。所有测试网络中的测试币都是可以免费申请的。获取各种测试币的方法基本可以分为如下 2 种。

① 在以太坊钱包中获取。

② 在测试网络的官网或其他第三方网站中获取。

本小节以 MetaMask 钱包为例，介绍通过以太坊钱包申请 Ropsten 测试币的方法。

在 MetaMask 钱包中选择 Ropsten 测试网络。如果之前没有申请过 Ropsten 测试币，则账户里面应该有 0ETH，如图 9-1 所示。单击"Buy"按钮，打开存入 Ether 页面。滚动到页面下部，可以看到"从水管获取 Ropsten 网络的 Ether"区域，如图 9-2 所示。

图 9-1　获取 Ropsten 测试币

图 9-2　"从水管获取 Ropsten 网络的 Ether"区域

提供测试币的渠道有一个非常形象的名称——测试水管（Faucet）。申请测试币就好像打开水龙头一样，测试币就好像水龙头里的水一样。

单击"获取 Ether"按钮，会打开获取测试币的页面，如图 9-3 所示。

单击"request 1 ether from faucet"按钮，等待几秒后，打开 MetaMask 钱包，确认账户余额。编者使用账户 Account2 申请，结果如图 9-4 所示。

如果由于网络原因获取失败，则需要重试。

图 9-3　获取测试币的页面　　　　　　图 9-4　查看接收到的测试币

9.2　通过 Infura 节点集群连接以太坊网络

要连接以太坊网络，通常需要下载并安装以太坊节点，而且要花费很多时间来同步区块。但是通过学习 8.5.5 小节，读者可以发现，使用 MetaMask 钱包并没有经过上述过程便很便捷地就接入了以太坊网络。这是因为 MetaMask 钱包是基于 Infura 基础架构开发的。

Infura 是一个托管的以太坊节点集群。用户可以免费将智能合约部署在 Infura 节点集群上，而无须自行搭建用于测试的以太坊节点。可以选择通过 Infura 接入以太坊主网络或测试网络。无论是测试还是部署上线，通过 Infura 节点集群连接以太坊网络都是很方便的。

9.2.1　注册 Infura 账户

只要在 Infura 官网注册过账户，就可以很方便地通过 Infura 节点集群连接以太坊网络。Infura 官网的网址参见"本书使用的网址"文档。

Infura 官网支持中文，在首页"注册"按钮的左侧有一个下拉列表框，用户可以在其中选择"中文（ZH）"，切换到中文环境，如图 9-5 所示。

单击"注册"按钮，根据提示输入邮箱和密码，即可注册 Infura 账户。提交后注册邮箱中会收到一封激活邮件。注意：此邮件有可能被当作垃圾邮件处

图 9-5　在 Infura 官网首页选择"中文（ZH）"

理。单击邮件底部的"CONFIRM EMAIL ADDRESS"按钮，即可激活 Infura 账号。

9.2.2　通过 Infura 连接以太坊网络

1．连接到以太坊网络的 URL

访问 Infura 的技术文档页面，其对应的 URL 参见"本书使用的网址"文档。在左侧导航栏中选择"Choose a Network"，可以查看 Infura 所支持的以太坊网络。在编者编写本书时，Infura 所支持的以太坊网络如表 9-1 所示。

表 9-1　Infura 所支持的以太坊网络

网络	连接方式	连接网络的 URL
Mainnet	基于 HTTPS 的 JSON-RPC	https://mainnet.infura.io/v3/YOUR-PROJECT-ID
	基于 WebSocket 的 JSON-RPC	wss://mainnet.infura.io/ws/v3/YOUR-PROJECT-ID
Ropsten	基于 HTTPS 的 JSON-RPC	https://ropsten.infura.io/v3/YOUR-PROJECT-ID
	基于 WebSocket 的 JSON-RPC	wss://ropsten.infura.io/ws/v3/YOUR-PROJECT-ID
Kovan	基于 HTTPS 的 JSON-RPC	https://kovan.infura.io/v3/YOUR-PROJECT-ID
	基于 WebSocket 的 JSON-RPC	wss://kovan.infura.io/ws/v3/YOUR-PROJECT-ID
Rinkeby	基于 HTTPS 的 JSON-RPC	https://rinkeby.infura.io/v3/YOUR-PROJECT-ID
	基于 WebSocket 的 JSON-RPC	wss://rinkeby.infura.io/ws/v3/YOUR-PROJECT-ID
Goerli	基于 HTTPS 的 JSON-RPC	https://goerli.infura.io/v3/YOUR-PROJECT-ID
	基于 WebSocket 的 JSON-RPC	wss://goerli.infura.io/ws/v3/YOUR-PROJECT-ID
IPFS	IPFS 网关	https://ipfs.infura.io/ipfs/
	IPFSAPI	https://ipfs.infura.io:5001/api/

2．创建 Infura 项目

在表 9-1 中，所有连接网络的 URL 都包含一个 YOUR-PROJECT-ID，它代表 Infura 项目的 ID。在 Infura 官网中，登录并进入个人主页，单击左侧菜单栏中的 ETHEREUM 图标，打开连接以太坊网络的页面，如图 9-6 所示。

单击"CREATE A PROJECT"按钮，弹出"CREATE NEW PROJECT"（创建新项目）对话框，如图 9-7 所示。

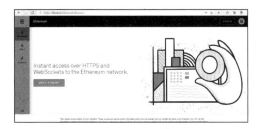

图 9-6　连接以太坊网络的页面

图 9-7　"CREATE NEW PROJECT"对话框

输入项目名（例如 myproj）后单击"CREATE"按钮，完成项目创建，并跳转至项目详情页，如图 9-8 所示。

在项目详情页中，可以执行如下操作。

- 设置项目名。
- 查看项目 ID 和项目密钥。
- 选择连接的网络，并查看相应的 URL。
- 设置是否所有请求都需要使用项目密钥（"Require project secret for all requests"复选框）。
- 设置 JWT（JSON Web Token）公钥，以及是否所有请求都需要提供 JWT 公钥（"Require JWT for all requests"复选框）。本书不展开介绍通过 JWT 进行身份验证的方法。
- 设置项目每秒可以发送的请求数，0 表示不限制。

图 9-8　项目详情页

- 设置项目每天可以发送的请求数，0 表示不限制。
- 设置允许的 User-Agent（ALLOWLIST USER AGENTS）。例如，给移动 App 设置一个自定义的 User-Agent，然后在 Infura 项目中设置指定的 User-Agent 才可以发送请求。
- 设置允许访问的合约地址（ALLOWLIST CONTRACT ADDRESSES）。
- 设置允许访问的 HTTP 访问源（ALLOWLIST ORIGINS）。
- 设置允许访问的 API 方法（ALLOWLIST API REQUEST METHOD）。

在页面下部有一项 Infura 的隐私条款，用于说明 Infura 会在 Cookies 中保存用户与 Infura 网站交互的信息。如果接受，则单击页面底部的"Accept"按钮；如果不接受，则单击"Decline"按钮。

在页面上部的 ENDPOINTS 下拉列表框中可以选择要连接的网络，选择后其下便会显示对应网络的 HTTPS 和 WebSocket 的 URL，如图 9-9 所示。

图 9-9　选择要连接的网络

3．连接到以太坊网络

在 Web3.js 中通过 Infura 连接以太坊网络的方法如下：

```
var Web3 = require("web3");
var web3 = new Web3(Web3.givenProvider || 连接网络的端点 URL)
```

例如，在前面创建的 myproj 项目中，连接 Ropsten 网络的 URL 如下：

```
https://ropsten.infura.io/v3/fbc7d11878344e39b5be9296da1a3521
```

通过 Infura 连接 Ropsten 测试网络的方法如下：

```
var Web3 = reqire("web3");
var web3 = new Web3(Web3.givenProvider || 'https://ropsten.infura.io/v3/fbc7d11
878344e39b5be9296da1a3521')
```

9.2.3 项目 ID 和项目密钥

如果只是连接测试网络，那么 Infura 项目的安全好像并不是非常重要，毕竟测试币可以免费获取。但是如果连接以太坊主网络，安全问题就尤为重要了。

1. 通过项目 ID 标识身份

从表 9-1 中可以看到，所有通过 Infura 发起的以太坊 API 请求都必须提供一个有效的项目 ID。本小节下面的内容也基于项目 ID 实现身份验证，从而保证项目的安全。

2. 项目密钥

在项目详情页中可以设置项目密钥，如图 9-10 所示。

图 9-10 设置项目密钥

在项目详情页的 SECURITY 设置区域，选中 "Require project secret for all requests" 复选框，可以要求所有的 Infura 请求都提供项目密钥，如图 9-11 所示。

图 9-11 设置要求所有的 Infura 请求都提供项目密钥

这样就为每个 Infura 请求设置了一种基本的身份验证机制。如果使用 JSON-RPC 方式连接以太坊网络，则命令格式如下：

```
curl --user :<项目密钥> https://<network>.infura.io/v3/<项目 ID>
<具体命令和参数>
```

根据实际情况替换网络标识、项目 ID 和项目密钥，例如：

```
curl --user :c61bf19af71b43f98f8a062f26f1a0d5\
 https://ropsten.infura.io/v3/fbc7d11878344e39b5be9296da1a3521
```

如果使用 Web3.js，则通过使用项目 ID 和项目密钥连接以太坊网络来创建 Web3 对象的方法如下：

```
const client = new Web3(new Web3.providers.HttpProvider('https://:YOUR-PROJECT-
SECRET@<network>.infura.io/v3/YOUR-PROJECT-ID');
```

【例 9-1】参照下面的步骤演示通过使用 Infura 项目 ID 和项目密钥连接 Ropsten 测试网络来创建 Web3 对象的方法。

① 在/usr/local/目录下创建子目录 infura，并在该子目录下执行 npm init 命令初始化 Node 项目。根据提示输入项目信息，使项目的配置文件 package.js 中的代码如下：

```
{
  "name": "infura",
  "version": "1.0.0",
  "description": "通过使用 Infura 项目 ID 和项目密钥连接 Ropsten 测试网络来创建 Web3 对象的方法",
  "main": "index.js",
  "scripts": {
    "dev": "node index.js",
    "test": "echo \"Error: no test specified\" && exit 1"
  },
  "author": "",
  "license": "ISC"
}
```

② 在 infura 目录下创建 index.js，并在其中编写如下代码：

```
var Web3 = require("web3");
var web3 = new Web3(Web3.givenProvider || 'https://:c61bf19af71b43f98f8a062xxxxxx
xxx@ropsten.infura.io/v3/fbc7d11878344e39b5be92xxxxxxxxxx')
console.log(web3);
```

请注意：将其中的项目 ID 和项目密钥替换为自己的真实项目 ID 和项目密钥。

③ 在 infura 目录下执行如下命令，安装 Web3.js：

```
cnpm install web3@^0.20.0 -save --registry=https://registry.npm.taobao.org
```

安装成功后，会在 package.js 中生成如下代码：

```
"dependencies": {
    "web3": "^0.20.7"
  }
```

④ 在 infura 目录下执行 npm run dev 命令。例 9-1 的运行结果如图 9-12 所示。

图 9-12　例 9-1 的运行结果

程序输出了 Web3 对象的数据，说明其已连接到 Ropsten 测试网络。

9.2.4 白名单

在很多情况下需要从浏览器或第三方客户端应用发送请求，但是浏览器或第三方客户端应用并不能保证项目密钥的安全。使用白名单（Allowlist）可以防止第三方客户端应用从其他网站使用你的项目 ID。如果项目没有启用白名单，则会接收所有来源的请求。

白名单包含的项目如下。

- ALLOWLIST CONTRACT ADDRESSES：使用此项目只能访问指定地址的合约。
- ALLOWLIST USER AGENTS：设置允许连接的 User-Agent。User-Agent 是一个特殊的字符串，服务器可以通过 User-Agent 识别客户端使用的操作系统及其版本、CPU 类型、浏览器及其版本、浏览器渲染引擎、浏览器语言、浏览器插件等。
- ALLOWLIST ORIGINS：ORIGINS 是 POST 请求头中包含的一个可选字段，用于标识请求的最初来源。ALLOWLIST ORIGINS 设置可以发送请求的域名，例如 mydapp.example.com。
- ALLOWLIST API REQUEST METHOD：设置允许请求调用的 API 方法，例如 eth_getBlockNumber。可以从下拉列表框中选择允许请求调用的方法。

下面来看一个设置白名单的例子。假定公司 example 开发了一个名为 shop 的 DApp，则可以在 ALLOWLIST USER AGENTS 中添加 shop.example.com（假定是 shop 网站的域名），在 ALLOWLIST ORIGINS 中添加 dapp.example.com（这需要在 DApp 中发送请求时设置）。这样就可以允许在网站和 App 中使用项目 ID 访问 Infura 网络。

9.2.5 部署智能合约到 Ropsten 网络

可以利用 Truffle 的 hdwallet-provider 组件将智能合约部署到 Ropsten 网络。hdwallet-provider 组件是一个启用了硬件钱包的 Web3 服务器。使用 hdwallet-provider 组件可以对特定地址所发起的交易进行签名。这里所说的特定地址可以通过助记词获得。助记词也就是 8.3.4 小节中提到的私密备份密语，由 12～24 个单词组成。

hdwallet-provider 组件是一个独立的 npm 软件包。在 Truffle 项目目录下执行下面的命令可以安装 hdwallet-provider 组件：

```
cnpm install truffle-hdwallet-provider
```

修改 Truffle 项目的配置文件 truffle-config.js，代码如下：

```
// 定义 HDWalletProvider 对象
var HDWalletProvider = require("truffle-hdwallet-provider");
// 使用助记词 mnemonic 来生成你的账户地址
var mnemonic = "xxxx xxxxx xxxxxxx xxxxxx xxxxxx xxxxxx xxxxxx xxxxxx xxxxxx";
// 添加 Ropsten 测试网络定义
module.exports = {
  networks: {
    ropsten: {
      provider: function() {
        // 定义以太坊节点 https://ropsten.infura.io/your-api-key
        return new HDWalletProvider(mnemonic, "https://ropsten.infura.io/v3/fbc7d118
78344e39b5be9296da1a3521",0,1);
```

```
    },
    network_id: "*",
    gas: 3012388,
    gasPrice: 30000000000
    }
  }
};
```

程序使用助记词来生成 MetaMask 钱包的账户地址，用于支付部署合约的 Gas。

然后，在/usr/local/truffle/MetaCoin 目录下执行下面的命令，在 Ropsten 网络中部署合约 MetaCoin：

```
truffle migrate --network ropsten
```

如果一切正常，则执行结果如下：

```
Compiling your contracts...
===========================
> Everything is up to date, there is nothing to compile.


Migrations dry-run (simulation)
===============================
> Network name:    'ropsten-fork'
> Network id:      3
> Block gas limit: 8000000 (0x7a1200)


1_initial_migration.js
======================

    Deploying 'Migrations'
    ----------------------
    > block number:       9831447
    > block timestamp:    1615692599
    > account:            0x32985d709D7FC4d5F40148592f967578Cb9ec1D5
    > balance:            1.995436447498034
    > gas used:           149175 (0x246b7)
    > gas price:          30 gwei
    > value sent:         0 ETH
    > total cost:         0.00447525 ETH


    -------------------------------------
    > Total cost:         0.00447525 ETH

    ......

    Deploying 'MetaCoin'
    --------------------
    > transaction hash:   0x0b90009ba17739cb9baf87fd5e23bfad00a0554857402dbcd1113e
84855a4cc1
    > Blocks: 1           Seconds: 14
    > contract address:   0x96e10b02CC76544787dEC0134b8Ed2372EDCfb62
    > block number:       9831458
    > block timestamp:    1615692728
    > account:            0x32985d709D7FC4d5F40148592f967578Cb9ec1D5
    > balance:            1.982051887498034
```

```
> gas used:            288653 (0x4678d)
> gas price:           30 gwei
> value sent:          0 ETH
> total cost:          0.00865959 ETH


> Saving migration to chain.
> Saving artifacts
-------------------------------------
> Total cost:          0.01152333 ETH


Summary
=======
> Total deployments:   3
> Final cost:          0.01648758 ETH
```

可以看到部署后的合约地址为 0x96e10b02CC76544787dEC0134b8Ed2372EDCfb62。

9.3 在测试网络中基于 Web3.js 完成以太坊交易

以太坊交易

在区块链中，交易并不是特指在账户间完成转账。所有向区块链中写入数据和改变区块链状态的操作都可以被称为交易。

9.3.1 以太坊交易的过程

以太坊交易的过程可以分为 7 个步骤，如图 9-13 所示。

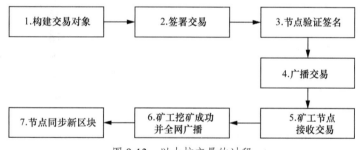

图 9-13　以太坊交易的过程

本小节介绍基于 Web3.js 完成以太坊交易的方法。如果使用 Solidity 完成以太坊交易，则图 9-13 中包含的 7 个步骤全部由 Solidity 自动实现，开发人员仅须提交交易，而无须关注每个步骤的实现细节。但是基于 Web3.js 完成以太坊交易时，上述部分步骤就需要开发人员自行编码实现。

1．构建交易对象

在发起交易之前，首先要构建交易对象。交易对象的结构可以参照 6.3.6 小节中例 6-11 加以理解。

2．签署交易

为了证明交易是指定账户发起的，在发送交易前，需要使用指定账户的私钥对交易对象进行签名。如果浏览器中安装了 MetaMask 钱包，则 MetaMask 钱包会将账户私钥存储在本地浏览器中，只有账户的主人才能访问该私钥。在浏览器中发起交易时，MetaMask 会自动使用私钥对交易对象进行签名。

如果不能借助 MetaMask 钱包，则可使用 9.3.2 小节介绍的 ethereumjs-tx 库对交易对象进行签名。此时，往往需要使用硬编码私钥。当然，把私钥写在代码中并不是安全的做法，比较安全的做法是部署一台不联网的主机，专门用于对交易对象进行签名，签名后再将交易对象发送给联网的主机，由联网的主机将签名后的交易对象广播到网络中。

还可以使用硬件钱包存储私钥。在发送交易对象前，硬件钱包会自动对交易对象进行签名。使用硬件钱包是非常安全的交易形式。

3．节点验证签名

前端程序在对交易对象完成签名后，会将签名后的交易对象发送至以太坊节点，由节点对签名进行验证，检查签名的有效性。

4．广播交易

通过有效性验证后，以太坊节点会将交易对象在网络中进行广播。收到交易数据的以太坊节点也会对交易对象进行验证，然后继续广播。交易对象中包含交易 ID，系统可以根据交易 ID 跟踪交易的状态。

5．矿工节点接收交易

矿工是交易过程中的关键角色，因为是矿工最终将交易对象打包在区块中的。在众多交易中，矿工会根据交易提供的 gasPrice 来选择优先记账的交易，价格越高的交易越会被优先处理。因此在发起交易时设置适当高出标准的 gasPrice 是很重要的，这将会使交易被优先处理。

6．矿工挖矿成功并全网广播

矿工接收交易后会将其打包在挖出的区块中。一个区块中可以容纳的交易是有限的，每个区块都有一个 gasLimit，区块中包含交易的 Gas 总和不能超过 gasLimit。打包好的区块会被添加到区块链上，然后矿工会对其进行全网广播。

7．节点同步新区块

全网节点在接收到新区块后，会对矿工的挖矿结果进行验算。验算通过后，将新区块添加到自己的区块链中。节点接收了新的区块，就意味着接收区块中的所有交易。

9.3.2　使用 ethereumjs-tx 实现与以太坊的交易

ethereumjs-tx 是 Web3.js 中用于实现以太坊交易的 JavaScript 库。

1．对交易对象进行签名

执行下面的命令可以安装 ethereumjs-tx：

```
cnpm install ethereumjs-tx
```

为了在 Node 项目中使用 ethereumjs-tx，首先可以参照如下步骤在项目中安装 ethereumjs-tx。

（1）创建项目目录

例如在/usr/local/目录下创建 transfer 子目录，作为项目目录。

（2）初始化项目

在/usr/local/transfer 目录下执行 npm init 命令，按照提示输入项目的基本信息，初始化项目。生成的 package.json 文件的内容如下：

```
{
  "name": "transfer",
  "version": "1.0.0",
  "description": "",
  "main": "index.js",
  "scripts": {
    "test": "echo \"Error: no test specified\" && exit 1"
  },
  "author": "",
  "license": "ISC",
}
```

（3）在项目中安装 ethereumjs-tx

在项目目录下执行下面的命令可以在项目中安装 ethereumjs-tx：

```
cnpm install ethereumjs-tx --save
```

安装完成后，查看 package.json 文件的内容，可以看到 ethereumjs-tx 的版本信息，具体内容如下：

```
"dependencies": {
    "ethereumjs-tx": "^2.1.2"
}
```

2．构建原始交易对象

在 2.2.6 小节中已经介绍了以太坊的数据结构，以及交易中包含的数据。在通过 ethereumjs-tx 实现与以太坊的交易时，首先需要构建原始交易对象。原始交易对象包含如下字段。

- Nonce：记录发起交易的账户已经执行的交易总数。
- gasPrice：Gas 的价格，单位为 wei。gasPrice 越高，对应的交易越会优先被矿工打包。
- gasLimit：Gas 的上限，可以防止因为程序的错误（比如陷入死循环后一直发起交易）而耗尽账户里的所有余额。设置 gasLimit 后，当交易执行完毕时，超出的部分会被返还至交易账户。
- to：接收交易金额的账户地址。
- value：交易的金额。
- data：如果交易是发送以太币，则 data 为空；如果交易是部署合约，则 data 为合约的字节码。

下面是一个原始交易对象的示例：

```
var rawTx = {
  nonce: '0x00',
  gasPrice: '0x09184e72a000',
  gasLimit: '0x2710',
  to: '0x0000000000000000000000000000000000000000',
  value: '0x00',
  data: '0x7f74657374320000000000000000000000000000000000000000000000000000600057'
}
```

交易对象中使用的数据都是十六进制数据。可以使用 Web3.js 的工具函数 web3.utils.toHex() 将十进制数据转换为十六进制数据。例如，下面是从账户 Account1 向账户 Account2 转账 0.1ETH 的原始交易对象代码：

```
web3.eth.getTransactionCount(Account1, (err, txCount) => {
  const txObject = {
    nonce:    web3.utils.toHex(txCount),
    to:       Account2,
    value:    web3.utils.toHex(web3.utils.toWei('0.1', 'ether')),
    gasLimit: web3.utils.toHex(21000),
    gasPrice: web3.utils.toHex(web3.utils.toWei('10', 'gwei'))
  }
})
```

上述代码调用 web3.eth.getTransactionCount() 方法获取账户 Account1 的交易数量，并将其保存在变量 txCount 中，作为交易的 nonce 字段值。设置交易金额为 0.1ETH，其上限为 21 000Gas，1Gas 的价格为 10Gwei。

3．执行交易

执行交易的过程如下。

（1）使用私钥对交易对象进行签名

对交易对象进行签名的过程如下。

- 将原始交易对象转换为 Tx 对象，方法如下：

```
const tx = new Tx(txObject);
```

- 准备好发起交易的账户，找到账户的私钥，并使用私钥对交易对象进行签名，方法如下：

```
tx.sign(<私钥>)
```

注意：在本小节前面介绍的原始交易对象中并没有包含 from 字段，即发起交易的账户地址。这是因为在使用私钥对交易对象进行签名时，可以从签名字符串中反推出发起交易的账户地址。

（2）广播交易对象

对交易对象进行签名后，需要将交易对象广播到网络中。广播交易对象的过程如下。

- 将交易对象序列化后将其转换为十六进制字符串，为广播交易对象做好准备，代码如下：

```
const serializedTx = tx.serialize()
const raw = '0x' + serializedTx.toString('hex')
```

- 调用 web3.eth.sendSignedTransaction() 方法将十六进制字符串发送到以太坊网络中，代码如下：

```
web3.eth.sendSignedTransaction(raw, (err, txHash) => {
  console.log('txHash:', txHash)
})
```

txHash 是返回的交易哈希。

9.3.3 完整的交易实例

【例 9-2】参照下面的步骤演示通过 ethereumjs-tx 实现与以太坊交易的方法。

1．确定交易的网络，选择交易的账户

这里选择在测试网络 Ropsten 中发起交易。参照 8.3.4 小节介绍的方法使用 MetaMask 钱包连接到测试网络 Ropsten，选择两个账户，如果需要则可创建一个新账户。这里假定 Account 1 的地址为 0x32985d709D7FC4d5F40148592f967578Cb9ec1D5，Account 2 的地址为 0xc07C9bF8f2E83E9E15aEf2a6727E2dC64b447Aea，本例中会用到这两个账户进行交易。

在 MetaMask 钱包中查看并记录 Account 1 和 Account 2 的余额。如果余额为 0，则可以参照 9.1.2 小节来获取测试币。

2．准备账户对应的私钥

在 MetaMask 钱包中选中一个账户，单击其后的 ⋮ 图标，在下拉菜单中选择"账户详情"，打开查看账户详情的对话框，如图 9-14 所示。

（a）选择"账户详情" （b）打开查看"账户详情" 的对话框

图 9-14　查看账户详情

单击"导出私钥"按钮，打开输入 MetaMask 钱包密码的对话框，如图 9-15 所示。输入密码，然后单击"确认"按钮，即可查看账户对应的私钥，如图 9-16 所示。

图 9-15　输入 MetaMask 钱包密码　　　图 9-16　查看账户对应的私钥

将前面准备的 2 个账户的私钥复制出来，并按照下面的方法将私钥设置为环境变量：

```
export PRIVATE_KEY_1='b75e2bcaec74857cf9bb6636d66a04784dxxxxxxxxxxxxxxx'
export PRIVATE_KEY_2='ac0adfdbaeb0770a479e79aac78779d82fxxxxxxxxxxxxxxx'
```

这样做的目的是不在程序中直接硬编码账户私钥。任何情况下都不能泄露私钥。在程序中可以通过如下代码引用账户私钥：

```
const privateKey1 = process.env.PRIVATE_KEY_1
const privateKey2 = process.env.PRIVATE_KEY_2
```

要想使用账户私钥对交易进行签名，则需要通过如下代码将其转换成二进制数据字符串：

```
const privateKey1 = Buffer.from(process.env.PRIVATE_KEY_1)
const privateKey1 = Buffer.from(process.env.PRIVATE_KEY_2)
```

Buffer 是 Node.js 中的全局模块，用于创建一个专门存放二进制数据的缓存区。

3．安装 Web3 组件

在/usr/local/transfer 目录下执行如下命令安装 Web3 组件：

```
cnpm install web3 --save
```

安装完成后，如果在 package.json 中可以查看到 dependencies 的代码如下，则表明 ethereumjs-tx 组件和 Web3 组件都已经安装成功：

```
"dependencies": {
    "ethereumjs-tx": "^2.1.2",
    "web3": "^1.3.5"
}
```

4．在 App.js 中编写程序，实现交易

在/usr/local/transfer 目录下创建 App.js，并在其中编写如下代码：

```
var Tx = require('ethereumjs-tx').Transaction
const Web3 = require('web3')
//注意替换为自己的 Infura 项目 ID 和项目密钥
const web3 = new Web3('https://c61bf19af71b43f98f8a062f26f1a0d5@ropsten.infura.
                      io/v3/fbc7d11878344e39b5be9296da1a3521')
//设置账户地址
const Account1 = '0x32985d709D7FC4d5F40148592f967578Cb9ec1D5';
const Account2 = '0xc07C9bF8f2E83E9E15aEf2a6727E2dC64b447Aea';
//从环境变量中获取账户对应的私钥
const pk1 = process.env.PRIVATE_KEY_1;
const pk2 = process.env.PRIVATE_KEY_2;
console.log(pk1);
console.log(pk2);
//将私钥转换为二进制数据字符串
const privateKey1 = Buffer.from(pk1, 'hex')
const privateKey2 = Buffer.from(pk2, 'hex')
//从 Account1 发起交易
var _from = Account1;
//获取 Account1 的交易总数
web3.eth.getTransactionCount(_from,(err,txcount)=>{
    var txObject ={
        nonce: web3.utils.toHex(txcount),
        gasPrice: web3.utils.toHex(web3.utils.toWei('10','gwei')),
        gasLimit: web3.utils.toHex(21000),
```

```
        to: Account2, //'0xc07C9bF8f2E83E9E15aAef2a6727E2dC64b447Aea',
        value:web3.utils.toHex(web3.utils.toWei('1','ether')),
        // EIP 155 chainId - mainnet: 1, ropsten: 3
        chainId: 3
    }
var tx = new Tx(txObject, { chain: 'ropsten', hardfork: 'petersburg' });
console.log(privateKey1);
tx.sign(privateKey1);
var serializedTx = tx.serialize();
//发送签名交易
web3.eth.sendSignedTransaction('0x' + serializedTx.toString('hex'), function(err, hash) {
    if (!err){
        console.log("hash:",hash);
    }else{
        console.log(err);
    }
    });
});
```

具体说明如下。

① 导入 ethereumjs-tx 的 Transaction 对象到 Tx，以便后面通过 Tx 创建对象并发起交易。

② 导入 Web3，以便连接到以太坊网络。本例选择通过 Infura 节点集群连接到 Ropsten 测试网络，对此可以参照 9.2 节加以理解。

③ 将事先准备好的两个账户地址分别赋值给常量 Account1 和 Account2。本例使用 Account1 发起转账交易到 Account2。

④ 从环境变量中获取账户 Account1 和 Account2 对应的私钥并赋值给 pk1 和 pk2。注意：需要事先参照本小节前面介绍的方法将私钥保存到环境变量中，这样做的目的是防止在代码中硬编码账户私钥，导致私钥被泄露。

⑤ 构造交易对象 txObject，收款账户是 Account2，属性 nonce 被赋值为账户 Account1 上的所有交易数量。注意：这里并没有指定发起交易的账户，因为后面会使用账户 Account1 的私钥对交易对象 txObject 进行签名。这就标识了交易是由账户 Account1 发起的，无须明确指定。

在构建交易对象时，chainId 字段指定发起交易的以太坊网络，1 代表以太坊主网络，3 代表 Ropsten 测试网络。在生成 Tx 对象时，除了要指定 chain 属性为 ropsten 外，还要指定硬分叉 hardfork 属性。

⑥ 创建 Tx 对象 tx，然后调用 tx.sign() 方法使用账户 Account1 的私钥对交易对象 txObject 进行签名。

⑦ 调用 tx.serialize() 方法对签名后的交易对象进行序列化处理，得到字符串 serializedTx。

⑧ 调用 web3.eth.sendSignedTransaction() 方法将 serializedTx 广播到指定的以太坊网络，并由矿工挖矿记账。

⑨ 如果成功则输出交易哈希，否则输出错误信息。

如果交易成功，则可以打开浏览器中的 MetaMask 钱包查看 Account2 的"活动"信息，其中记录了从"0x3298…c1d5"接收到 1ETH，这说明交易已经成功，如图 9-17 所示。

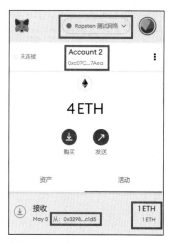

图 9-17　在 MetaMask 钱包中查看交易情况

9.4 本章小结

本章介绍了在以太坊测试网络中开发和测试以太坊 DApp 的方法。在简要介绍以太坊测试网络的基本情况后，本章以以太坊官方提供的测试网络 Ropsten 为例，详细介绍了获取测试币和在测试网络中完成交易的完整流程。为了能够便捷、快速地开发以太坊 DApp，本章还介绍了通过 Infura 节点集群连接到以太坊网络的方法。

本章的主要目的是使读者掌握在以太坊测试网络中开发以太坊 DApp 的方法和流程，增强实战开发的能力，获得接近真实项目开发流程的体验。

习题

一、选择题

1. 下面不属于以太坊测试网络的是（　　　）。

A. Ropsten   B. Kovan

C. Testnet   D. Rinkeby

2. （　　　）是一个托管的以太坊节点集群。用户可以免费将智能合约部署在 Infura 节点集群上，而无须自行搭建用于测试的以太坊节点。

A. Infura   B. Kovan

C. Ropsten   D. Rinkeby

二、填空题

1. 提供测试币的渠道有一个非常形象的名称——__【1】__。
2. 可以利用 Truffle 的__【2】__组件将智能合约部署到 Ropsten 测试网络。
3. 以太坊交易的完整过程可以分为 7 个步骤，分别是__【3】__、__【4】__、__【5】__、__【6】__、__【7】__、__【8】__、__【9】__。

三、练习题

练习获取测试币。

第10章 编写安全的智能合约

在编写智能合约时，开发者必须重视安全问题，这是由智能合约的特殊性决定的。

① 智能合约有一个著名的原则——"代码即法律"，也就是一旦满足指定的条件，智能合约必须执行。为了防止智能合约的开发者预留"后门"，一般建议智能合约开源。没有开源的智能合约是没有足够的公信力的。但是智能合约一旦开源，其中可能存在的安全漏洞也就暴露了。因此必须注意代码中不能有安全漏洞，否则会被他人利用，造成难以挽回的损失。

② 智能合约中可以很方便地利用以太币进行支付。对于很多智能合约，一旦存在安全漏洞，就意味着必将造成直接的经济损失。

③ 使用 Solidity 开发的智能合约是部署在以太坊网络上的，而以太坊本身也是开源的，也可能有安全漏洞，且可能被很多黑客所关注。因此，即使智能合约本身没有安全问题，也要关注和规避以太坊自身的安全漏洞。

④ 智能合约的部署步骤烦琐，而且需要付费。因此，为了避免不必要的重复部署，在部署之前通常要进行安全审计。

本章将介绍和分析开发智能合约 DApp 时需要注意的安全漏洞及规避方法，然后介绍对智能合约进行安全审计的方法和漏洞分析工具的使用方法。借助专业的安全工具对智能合约进行审计可以帮助开发者发现安全漏洞，进而打造更安全的智能合约。

10.1 以太坊智能合约安全设计的基本原则

以太坊是比较新的区块链平台，具有很高的实验性。因此，以太坊网络并不是非常稳定的，其可能经常会发生一些变化，例如推出一些新的功能。在基于以太坊网络进行开发时，应时刻提醒自己可能会面临新的安全问题，要注意遵循安全设计的基本原则来规避安全风险。本节所介绍的内容基于以太坊官方提供的开发文档和安全建议，内容有些抽象和偏重于理论，但对于学习和从事智能合约开发的读者而言，有必要了解并将其应用到实际的开发工作中。

10.1.1 需要遵循的安全理念

智能合约与传统程序有着不同的开发方式，开发人员不能仅仅凭借以往的开发经验进行开发。因为部署和运行智能合约都需要花费 Gas，所以程序故障的成本通常比较高。一旦部署合约，修改其程序并不容易。从这个方面看，智能合约编程有些类似于硬件编程，而不是通常的 Web 应用或移动应用编程。为了降低成本，开发者应该注意，仅防御已知缺陷是不够的，还要建立一种新的开发思想，并在开发过程中注意遵循如下智能合约安全设计的基本原则。

1．做好出现故障的准备

任何比较复杂的程序都可能会有错误，智能合约也不例外。因此，开发人员应该对错误和缺陷做出响应，特别要注意如下几点。

- 当发生异常时应及时中断智能合约。
- 设置 Gas 上限，以防因为错误导致花费过高。
- 建立有效的修复错误和完善功能的升级机制。本书将在 10.1.2 小节中对升级智能合约的方法进行进一步的探讨。

2．做好充分准备再发布产品

在发布正式版本之前，最好对智能合约进行完整、全面的测试。一旦发现新的攻击方式，立即组织进行相应的测试。

在条件允许的情况下，从测试网络的 alpha 版本开始就提供错误"赏金"，鼓励人们参与到完善智能合约程序的过程中。

在项目推进的各个阶段，逐渐提高测试的力度，分阶段发布和公示产品。

3．简化智能合约

复杂的智能合约会增加出现错误的可能性，因此开发人员应遵循如下设计原则。

- 确保智能合约的逻辑是简单的。
- 模块化代码可以将底层功能封装在函数库中，从而保证合约和函数的代码量都比较短小。
- 尽可能使用已有工具或代码，尽量不要自己编写生成随机数的代码，这样可以避免代码的冗余。
- 在条件允许的情况下，代码的清晰明了比程序的性能更重要。也就是说，不建议为了优化程序的性能而把程序的逻辑编得很复杂。
- 只在需要去中心化时才使用区块链。例如，在电商系统中，商品图片可以存储在服务器硬盘中，商品基本信息可以存储在本地数据库中，我们只需要把订单等交易信息存储在区块链上即可。这样，合约需要考虑的逻辑就相对简单多了，其也不会占用过多的区块空间。

4．及时更新

应该随时关注以太坊官方发布的安全通告。一旦以太坊网络或 Solidity 中发现新的漏洞，以太坊官方会发布安全通告。可以通过以太坊官方博客查看安全通告，网址参见"本书使用的网址"文档。安全通告首页如图 10-1 所示。

安全通告也并不都是关于安全漏洞的。比如，在编者编写本书时，最新的一篇安全通告是发布于 2019 年 1 月 15 日的 *Ethereum Constantinople Postponement*，内容大意是通知原定于 2019 年 1 月 16 日发布的君士坦丁堡（Constantinople）版本延期发布，并提示矿工及普通用户采取必要的应对措施。

图 10-1　以太坊官方发布的安全通告首页

以太坊安全通告都是英文的。智能合约的开发者要认真阅读它，并根据提示更新自己的客户端或 Solidity 编译器版本。

5．留意区块链的特性

如果经常从事以太坊 DApp 开发，就需要留意下面这些以太坊的设计风险。

- 调用外部合约时一定要非常小心，因为外部合约中可能包含恶意代码，其会改变程序的控制流。
- 要理解使用 public 定义的函数是公有的，任何人都可以随意调用，但同时可能发生一些恶意的调用。智能合约中的数据在被打包到区块中后也是可以被任何人查看到的。
- 一定要时刻想着 Gas。设置适当的 Gas 上限，可以防止因为程序错误导致支付过多的 Gas。
- 要知道时间戳是区块链上不精确的时间。矿工可以在几秒的误差范围内影响交易的执行时间，因此不要在程序中以时间戳作为交易发生顺序的衡量条件。

6．关于复杂性和简单性的权衡

按照软件工程的设计理念，理想的智能合约系统应该是模块化的，从而实现代码的复用，而不是复制代码，并且应该支持组件升级。复杂的智能合约系统更应该如此。

但是如果考虑智能合约的安全性，就不能完全按照软件工程的设计理念来设计智能合约系统，而要考虑以下几个例外的因素，进而在复杂性和简单性之间进行权衡。

（1）固化还是可扩展

可扩展性也是基本的软件工程设计理念，例如组件应该可终止、可升级和可修改。但是可扩展性也增加了系统的复杂度和潜在的攻击面。在某些特定情况下，简单比复杂更高效，这毋庸置疑。比如只在事先约定好的一段有限时间内提供有限功能的智能合约系统，可以选择将部分代码固化，不提供可扩展功能，从而实现更高的工作效率和更高的安全性。

但是针对长期有效的、功能复杂的智能合约系统，显然不适合对其进行固化处理。

（2）单体还是模块化

单体应用是自包含的，即所有功能都包含在一个独立的应用中，比如将所有变量和模块都定义在一个智能合约中。模块化应用则会将功能拆分成模块，在不同的合约或函数库中实现。

单体应用可以实现绝对的数据和控制流本地化。它的优点如下。

- 不引用外部脚本，降低安全风险。
- 降低程序结构的复杂性。
- 可以高效地进行智能合约的代码审查。

但实际情况是很少有比较知名的智能合约系统是单体应用。是否应该实现绝对的数据和控制流本地化，这是有争议的，因为对于比较复杂的智能合约系统而言，绝对的单体应用很难实现，它既不适用于团队开发，也不容易被维护。

（3）复制代码还是复用代码

从软件工程的角度来看，应该最大化地实现代码的复用。在 Solidity 中，有很多复用代码的方法。其中，使用自己之前部署的、已经经过验证和审查的合约是最安全的实现代码复用的方法。

如果没有可以使用的、之前部署的合约，也可以复制代码。这样做的目的是避免模块化。但是将相同的代码在不同的合约中复制使用显然不符合软件工程的设计理念。

为了能够安全地复用代码，而不是重复地复制代码，OpenZeppelin Contracts 项目致力于提供安全的智能合约库。该项目的网址参见"本书使用的网址"文档。

所有的智能合约安全分析都必须包括针对代码复用的检查，并且需要根据具体的复用情况标注不同级别的安全风险。

综上所述，在设计智能合约系统时需要兼顾软件工程的设计理念和安全性因素。一个智能合约系统属于哪种情况，如何选择设计方案，这并没有标准答案。哪些系统适合固化或采用单体架构，哪些系统需要考虑可扩展性和模块化，以及如何实现代码的复用，这些都需要开发人员认真权衡。

10.1.2　从软件工程技术角度规避风险

仅凭 10.1.1 小节中介绍的安全理念还不足以保证能够完全防御未知的攻击。因为区块链故障的代价可能会非常高，所以还必须调整编写代码的方式，从而规避风险。

开发人员应该随时做好出现故障需要进行应对的准备。虽然不可能提前预知代码是否完全安全，但是可以在遇到故障时及时处理，以减小损失。

1．合约的发布

合约在正式发布之前要经过长期扎实的测试，以防止大量资金流入账户后出现风险。对合约的测试应至少做到如下几点。

- 应对合约的所有功能进行覆盖率为 100%的整体测试。
- 应当以不同身份的用户测试与合约的各种交互。
- 不仅要将合约部署在自己的测试网络中，还要将合约部署在公网的测试网络中进行测试。

- 将 beta 版本的测试网络部署在以太坊主网络中进行测试，但是要限制交易金额。另外，在合约上线的初期，可以限制所有用户的交易金额，以降低风险。

2．自动下线机制

在测试过程中，可以通过禁止所有操作这一方法强制实施智能合约的自动下线机制。例如，部署一个 alpha 版本的测试网络来测试智能合约时，提前设置好它只运行几周，到期后自动禁用所有操作，只保留最终的撤回资金的操作。在实际应用时通常可以通过区块编号 block.number 来标识合约的有效期。如果区块编号超过事先约定的数值，则自动停止所有函数的操作，只保留撤回资金函数的操作。

【例 10-1】自动下线机制的例子。

```
modifier isActive() {
    require(block.number <= SOME_BLOCK_NUMBER);
    _;
}

function deposit() public isActive {
    // 实现具体功能的代码
}

function withdraw() public {
    // 撤回资金的函数没有自动下线机制
}
```

函数修改器 isActive() 约定当区块编号（block.number）小于或等于约定的数值（SOME_BLOCK_NUMBER）时满足条件。deposit() 函数应用了函数修改器 isActive()，也就是说当区块编号大于约定的数值时，deposit() 函数将不会被执行。撤回函数 withdraw() 没有应用函数修改器，因此其不会因为区块编号增长而被禁用。

3．升级智能合约的方法

当发现错误或有新需求时，都需要对代码进行改动。在系统中添加新的组件是有潜在风险的，此时应该全面评估合约中使用的所有技术，仔细考虑如何让它们协同配合，进而打造强健的系统。

设计一个高效的智能合约升级机制是很有必要的。这里介绍两种升级智能合约的方法。

① 定义一个注册合约，用于保存最新版本合约的地址。调用者可以通过注册合约获取所使用合约的最新地址。

【例 10-2】注册合约的例子。

```
pragma solidity ^0.5.0;

contract SomeRegister {
    address backendContract;
    address[] previousBackends;
    address owner;

    constructor() {
```

```
        owner = msg.sender;
    }
    modifier onlyOwner() {
        require(msg.sender == owner)
        _;
    }
    function changeBackend(address newBackend) public
    onlyOwner()
    returns (bool)
    {
        if(newBackend != address(0) && newBackend != backendContract) {
            previousBackends.push(backendContract);
            backendContract = newBackend;
            return true;
        }
        return false;
    }
}
```

变量 backendContract 用于保存最新版本合约的地址，数组变量 previousBackends 用于保存之前版本合约的地址。changeBackend() 方法用于设置最新版本合约的地址，并将之前最新版本合约的地址存入 previousBackends 数组中。

这种方法的好处在于用户可以方便地找到合约的最新地址，也可以记录历史合约的地址，便于回退。

② 通过中继合约调用智能合约。中继合约中保存着最新版本合约的地址，所有对合约的调用都需要通过中继合约进行。在中继合约中将对合约的调用及相关数据都转发到最新版本的合约，这是一种与调用者进行无缝对接的方式。调用者感觉不到合约已经升级了，也不知道最新版本合约的地址，因为其始终只与中继合约进行交互。其工作过程如图 10-2 所示。

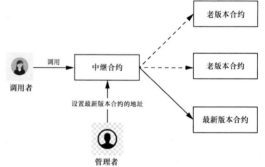

智能合约的管理者（开发者）可以设置中继合约中保存的目标合约的地址，调用者通过中继合约调用目标合约，从而无缝对接

图 10-2　通过中继合约调用智能合约

到最新版本合约。在智能合约升级的过程中，调用者不需要进行任何调整。

在中继合约中可以使用 Fallback()函数将调用转发至目标合约。因为在调用中继合约时，如果函数不存在，则会自动调用 Fallback()函数。

在 Fallback()函数中可以使用名为 delegatecall() 的函数来实现委托调用的功能。delegatecall() 是 Solidity 中的一个特殊的函数，其可以在调用者（中继合约）上下文环境中执行指定地址（目标合约）上的逻辑。在调用 delegatecall() 函数时，存储数据、当前地址和余额仍然是调用它的合约中的数据，只有代码是从调用地址上获取的。delegatecall() 函数的用法如下：

```
address(currentVersion).delegatecall(msg.data);
```

address(currentVersion) 代表最新版本合约的地址，msg.data 是调用者传递的数据。

【例 10-3】 中继合约的例子。

```solidity
pragma solidity ^0.5.0;
contract Relay {
    address public currentVersion;
    address public owner;
    modifier onlyOwner() {
        require(msg.sender == owner);
        _;
    }
    constructor(address initAddr) {
        require(initAddr != address(0));
        currentVersion = initAddr;
        owner = msg.sender;                    // 记录中继合约的创建者
    }

    function changeContract(address newVersion) public
    onlyOwner()
    {
        require(newVersion != address(0));    // 最新版本合约的地址不能为空
        currentVersion = newVersion;
    }
    fallback() external payable {
        (bool success, ) = address(currentVersion).delegatecall(msg.data);
        require(success);
    }
}
```

在中继合约 Relay 中，变量 currentVersion 用于保存最新版本合约的地址。当用户通过中继合约调用目标合约中的函数时，因为被调用的函数在中继合约 Relay 中不存在，所以会自动调用 fallback() 函数。在 fallback() 函数中，通过 delegatecall() 函数会将调用传递至最新版本合约的地址。

调用 changeContract() 函数可以设置最新版本合约的地址。

无论采用什么方法，对合约进行高效、安全的升级都很重要。注意避免老版本合约中的漏洞被人利用。

尽管在 10.1.1 小节中提出了在复杂性和简单性之间进行权衡的观点，但是在大多数实际应用中模块化还是最佳的选择。从数据存储中分离出复杂的逻辑是有好处的。这样做可以避免在改变功能时重建所有的数据，而且也不需要在每次完善功能或修复错误时都升级所有的程序，可以保持系统的整体稳定性。

对于开发团队而言，确定一个升级代码的安全方法是很重要的。根据合约的具体情况，对代码的修改应该经过一个独立的可信机构批准，比如由一组专家进行投票表决。

4．使用熔断机制

熔断机制是指当满足某些条件时自动停止执行程序。在发现新错误时，这种机制很有用，因为一旦发现了一个错误，可以通过熔断机制将大多数程序挂起，只执行撤回资金函数的操作。可以授权某些可信用户手动触发熔断机制，也可以设置程序的规则，在满足条件时自动触发熔断机制。

【例 10-4】熔断机制的例子。

```
bool private stopped = false;
address private owner;

modifier isAdmin() {
    require(msg.sender == owner);
    _;
}

// 停止或启动合约
// 可以在此函数上添加额外的函数修改器，基于其他行为限制停止智能合约的操作
// 例如通过一组用户投票
function toggleContractActive() isAdmin public {
    stopped = !stopped;
}

modifier stopInEmergency { if (!stopped) _; }
modifier onlyInEmergency { if (stopped) _; }

function deposit() stopInEmergency public {
// 在紧急情况下被禁用
}

function withdraw() onlyInEmergency public {
// 只在紧急情况下可以执行
}
```

程序中定义了一个状态变量 stopped，用于标识程序是否停止执行。ToggleContract-Active() 函数用于切换 stopped 的状态。可以使用 isAdmin() 函数修改器限定只有合约创建者可以切换 stopped 的状态。也可以根据需要使用其他函数修改器增加权限，例如需要通过一组用户的投票来决定是否停止执行程序。

例 10-4 中还定义了另外 2 个函数修改器：stopInEmergency() 指定执行代码的前提条件是!stopped，也就是程序没有被停止时才可以执行；onlyInEmergency() 指定执行代码的前提条件是 stopped，也就是程序被停止时才可以执行。

5．减速措施

减速是指放慢流程的速度，这样的话如果发生恶意行为，就有足够的时间进行处理。举一个例子：The DAO 项目中有一个 splitDAO() 函数，投资理念相同的人可以通过调用该函数拆分 The DAO，独立建立子基金，投资者的代币也会被换成以太币转到子基金里。这是一种比较合理的投资形式，也受到了一些投资者的欢迎。但是在代码实现时出现了一些漏洞，第三方可以利用漏洞发起重入攻击，透支账户中的以太币。关于重入攻击的具体情况将在 10.2 节介绍。

为了避免类似的情况发生，The DAO 规定，从成功提交拆分 The DAO 的请求开始，必须要在 28 天以后才可以从子基金中撤回资金。这样即使遇到问题，也有足够的时间进行处理。

【例 10-5】The DAO 撤回资金的例子。

```
struct RequestedWithdrawal {
    uint amount;
```

```
        uint time;
    }
    mapping (address => uint) private balances;
    mapping (address => RequestedWithdrawal) private requestedWithdrawals;
    uint constant withdrawalWaitPeriod = 28 days; // 4 周

    function requestWithdrawal() public {
        if (balances[msg.sender] > 0) {
            uint amountToWithdraw = balances[msg.sender];
            balances[msg.sender] = 0; // 为了简化处理流程，这里只支持撤回所有资金，账户余额清零
            // 将撤回资金请求保存在映射 requestedWithdrawals 中，并记录请求金额和申请时间
            requestedWithdrawals[msg.sender] = RequestedWithdrawal({
                amount: amountToWithdraw,
                time: now
            });
        }
    }

    function withdraw() public {
        if(requestedWithdrawals[msg.sender].amount > 0 && now > requestedWithdrawals
        [msg.sender].time + withdrawalWaitPeriod) {
            uint amountToWithdraw = requestedWithdrawals[msg.sender].amount;
            requestedWithdrawals[msg.sender].amount = 0;
            // 发送撤回资金到调用者账户
            if(!msg.sender.send(amountToWithdraw)) {
                throw;
            }
        }
    }
}
```

具体说明如下。

（1）结构体 RequestedWithdrawal 用于保存提出撤回资金请求的请求金额和申请时间。

（2）映射 balances 用于记录账户中的余额。

（3）映射 requestedWithdrawals 利用结构体 RequestedWithdrawal 记录所有撤回资金请求的请求金额和申请时间。

（4）变量 withdrawalWaitPeriod 用于保存延迟取款的天数。

（5）requestWithdrawal() 函数用于提出撤回资金请求。只能一次性撤回所有资金，并将请求对象保存在映射 requestedWithdrawals 中。

（6）withdraw() 函数用于撤回资金。程序判断请求金额是否大于 0，且申请时间（日期）距今是否超过 28 天。满足条件后，将账户余额清零，然后执行转账操作。为了简化处理流程，这里只支持撤回所有资金。

6. 限速措施

限速是指对账户余额的大幅变化进行限制，即禁止大幅余额变化或者增加审批流程。

例如，约定用户在一定的时间内只能取回一定金额或撤回一定比例的资金。假定一天最多只能取出 100ETH，如果取出超过 100ETH，就会操作失败，或者需要一定形式的审批。

也可以在合约层面上进行限速，也就是说在一定的时间内，一个合约只能发起一定数

额的代币交易。

在实际应用中可以通过限定区块编号（block.number）的增速来限速。因为交易会记账在区块上，所以随着交易数量的增加，区块编号会增长。可以约定，在一定的区块增幅内，只能进行一定金额的交易。

【例10-6】通过限定区块编号的增速来实现限速的例子。

```solidity
uint internal period;                // 一个周期内区块编号增幅的上限，超过会被重置
uint internal limit;                 // 一个周期内最多可以取出的以太币
uint internal currentPeriodEnd;      // 记录当前限速周期的区块编号上限
uint internal currentPeriodAmount;   // 记录当前周期已经取出的金额

constructor(uint _period, uint _limit) public {
    period = _period;
    limit = _limit;

    currentPeriodEnd = block.number + period;
}

function withdraw(uint amount) public {
    // 在操作之前更新 period，避免重入攻击
    updatePeriod();

    // 防止向上溢出
    uint totalAmount = currentPeriodAmount + amount;
    require(totalAmount >= currentPeriodAmount, 'overflow');

    // 禁止取出超过速率限制的以太币
    require(currentPeriodAmount + amount < limit, 'exceeds period limit');
    currentPeriodAmount += amount;
    msg.sender.transfer(amount);
}

function updatePeriod() internal {
    if(currentPeriodEnd < block.number) {
        currentPeriodEnd = block.number + period;
        currentPeriodAmount = 0;
    }
}
```

具体说明如下。

（1）变量 period 指定一个限速周期内区块编号增幅的上限。当区块编号增长超过 period 时，将会进入下一个周期。

（2）变量 limit 指定一个限速周期内最多可以取出的金额。

（3）变量 currentPeriodEnd 记录当前限速周期的区块编号上限。

（4）变量 currentPeriodAmount 记录当前限速周期内已经取出的金额。

（5）在构造函数 constructor() 中对变量 period、limit 和 currentPeriodEnd 进行初始化。

（6）updatePeriod() 函数用于判断本轮限速周期是否到期，如果到期则对变量 currentPeriodEnd 和 currentPeriodAmount 进行重置，并开启新的周期。

（7）withdraw() 函数用于实现取款转账功能。withdraw() 函数有以下两个前提条件。

- 转账金额 amount 不能为负数或者很大的数值（可能导致向上溢出）。
- 在当前周期内，如果已经取出的金额超过速率限制，则操作将被禁止。

熔断机制、涨跌幅限制和减速措施共同构成目前国际通用的三大自动稳定机制类型。在以太坊智能合约编程中，借用这些概念和方法可以保障智能合约的安全和稳定。

10.1.3　开发文档

如果一个智能合约中包含大量资金或其发挥着关键作用，那么提供必要的开发文档就很重要。开发文档应该包含如下内容。

1．说明书和发布计划

提供说明书、图表、状态机、模型和其他相关文档，帮助合约审核人员和社区人员理解系统想要实现的功能。

从说明书中就有可能发现一些错误，这也是发现错误的成本最小的方式。

应该提供尽可能详尽的、精确到日期的发布计划，其中包含测试计划。

2．当前状态

开发文档中应包括开发工作的当前状态，具体如下。
- 当前的代码部署在哪里。
- 使用的编译器版本，以及验证源码与字节码是否匹配的步骤。
- 已经部署的代码的当前状态，包括主要的问题和性能状态。

3．已知的问题

开发文档中应包括已知的问题，具体如下。
- 合约的主要风险，比如黑客可以投票给特定的用户，从而转走所有资金。
- 所有已知的错误和限制。
- 潜在的攻击方式和解决方案。

4．历史记录

开发文档中应包括合约的测试和上线历史记录，具体如下。
- 所使用的测试案例、发现的错误及测试的用时。
- 对合约进行审查的人员名单，以及他们的反馈意见。

5．故障处理过程

开发文档中应包括故障处理过程的预案，具体如下。
- 当发现错误时计划采取的动作，包括应急预案和公告处理预案等。
- 当出现问题时平息事态的预案。例如，受到攻击后投资人可以从剩余资金中得到攻击前账户余额的比例。
- 报告错误的方式及报错赏金程序的规则，即如何给予报告错误的人一定数额的奖励。
- 出现故障时可以使用的资源，例如使用保险和罚款基金进行赔付。以太坊可以针对不当操作的用户进行适当的罚款。由于篇幅所限，这里不展开介绍以太坊的罚款机制。

6．联系人信息

开发文档中应包括联系人信息，具体如下。

- 有问题时可联系的人。
- 程序员或其他技术人员的名单。
- 有问题时可提问的聊天室或论坛。

10.1.4　关于报错赏金

为了鼓励更多的人（特别是黑客）参与 DApp 的完善过程，发现并解决安全漏洞。一些企业启动了报错赏金程序，对帮助企业发现安全漏洞的黑客提供奖励。这种帮助企业发现并解决安全漏洞的黑客又被称为"白帽黑客"。白帽黑客在发现安全漏洞后，并不会利用这些漏洞发起攻击，而是会帮助企业解决问题、完善系统。据《人民日报》报道，意大利信息安全协会于 2022 年中期发布的研究报告显示，2021 年全球网络犯罪造成的相关损失超过 6 万亿美元。因此，企业设立报错赏金是很有意义的。本小节以 Aragon 项目为例介绍报错赏金程序的情况，供读者参考。对于初学者而言，将其作为背景知识了解即可。

Aragon 是开源的、社区驱动的项目，其使命是为去中心化组织提供工具，其主打产品是 Aragon client 和 Aragon Network。使用 Aragon client 可以在以太坊上创建或参与去中心化组织；Aragon Network 是指一个可以让任意组织、企业家和投资人高效且安全地协作，没有技术漏洞、也没有恶意参与方的"生态系统"。

Aragon 项目由 Aragon 协会管理。Aragon 协会是位于瑞士楚格的非营利组织，由 Aragon 代币的持有者共同管理。

Aragon client 和 Aragon Network 的报错赏金是独立核算的。它们根据发现错误的严重程度对报告者给予一定数额的奖励，具体如表 10-1 所示。CVSS（Common Vulnerability Scoring System，通用漏洞评分系统）是行业公开的评测漏洞严重程度的标准。

表 10-1　Aragon client 和 Aragon Network 的报错赏金

严重程度	CVSS 评分/分	奖励金额/$
紧急	9.0～10.0	5 000～50 000
严重	7.0～8.9	2 500～5 000
中	4.0～6.9	1 000～2 500
低	1.0～3.9	500～1 000

报告漏洞时需要注意以下几点。

（1）发现漏洞后，可以写一封邮件发送至 security@aragon.org，邮件的标题为[SECURITY DISCLOSURE]。

（2）对于敏感漏洞，应该使用指定的密钥以 PGP（Pretty Good Privacy，优良保密协议）算法进行加密。

（3）收到漏洞报告后，技术人员会尽快回复并提供解决问题的时间表，报告者应留意回复。

（4）应该尽量以清晰的复现步骤描述漏洞的细节。报告的质量会影响赏金的数额。

10.2 常见的针对智能合约的攻击

出于知己知彼的考虑，本节介绍一些比较常见的针对智能合约的攻击。在开发以太坊智能合约应用时，应该注意规避这些攻击。

10.2.1 重入问题

调用外部合约最主要的危险是外部合约可以接管控制流，并且可以对调用者的数据进行超出预期的修改，这就是重入（Reentrancy）问题。重入问题的工作原理如图 10-3 所示。

重入问题利用了合约在收到以太币后会自动调用 Fallback() 函数的特性。如果某个智能合约提供取款函数，则攻击者会调用取款函数取款到一个自定义合约的账户中，而自定义合约的Fallback() 函数会再次调用取款函数，这样就形成了递归调用。如果提供取款函数的合约没有注意状态变量的控制，就可能被取走账户中所有的以太币。这类错误可以有很多种形式，如导致 The DAO "崩盘"等。

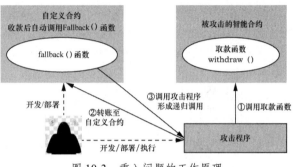

图 10-3　重入问题的工作原理

1．单个函数的重入

重入问题的第一个版本利用了以太坊智能合约的一个漏洞：在一个函数被调用完成之前还可以对它进行重复的调用。攻击者可以利用此漏洞以破坏的方式与智能合约进行交互。

【例 10-7】重入问题的例子。

```
// 不安全
mapping (address => uint) private userBalances;

function withdrawBalance() public {
    uint amountToWithdraw = userBalances[msg.sender];
    (bool success, ) = msg.sender.call.value(amountToWithdraw)(""); // 此处执行调
        用者的代码，其中还可以一遍一遍地调用 withdrawBalance() 函数
    require(success);
    userBalances[msg.sender] = 0;
}
```

因为只有在函数的最后才将用户的账户余额清零，所以第 2 次及以后的调用还可以一次一次地取走余额。

2017 年 6 月 17 日，The DAO 遭受重入攻击，被窃取 360 万个以太币，按当时的市值计算，损失超过 5 000 万美元。为此以太坊发布了一个紧急更新，回滚了黑客攻击。

这个案例说明，预防攻击的最佳方式就是在完成所有必要的内部工作之前不要调用外部函数。将上面的代码按如下方式修改即可避免遭受重入攻击，因为在调用外部函数之前，账户余额已经被清零了。

```
mapping (address => uint) private userBalances;

function withdrawBalance() public {
    uint amountToWithdraw = userBalances[msg.sender];
    userBalances[msg.sender] = 0;
    (bool success, ) = msg.sender.call.value(amountToWithdraw)("");  // 如果账户余
额为 0，将不会发生转账
    require(success);
}
```

2. 多个函数的重入

如果有其他函数调用 withdrawBalance() 函数，则也会引起重入攻击。因此，必须将任何调用不可信合约的函数都视为不可信函数。

攻击者还可以利用 2 个共享相同状态的不同函数发起类似的攻击，例如：

```
// 不安全
mapping (address => uint) private userBalances;

function transfer(address to, uint amount) {
    if (userBalances[msg.sender] >= amount) {
        userBalances[to] += amount;
        userBalances[msg.sender] -= amount;
        (bool success, ) = msg.sender.call.value(amountToWithdraw)("");
    }
}

function withdrawBalance() public {
    uint amountToWithdraw = userBalances[msg.sender];
    (bool success, ) = msg.sender.call.value(amountToWithdraw)("");// 此处，攻击者
可以在自定义 Fallback() 函数中调用 transfer() 函数
    require(success);
    userBalances[msg.sender] = 0;
}
```

在上面的代码中，攻击者可以调用 withdrawBalance()函数，并且能在收款合约的 Fallback()函数中调用 transfer()函数。因为余额没有被清零，所以攻击者即使已经收到了撤回的资金，还是可以继续转账代币。其原理与 The DAO 遭受的重入攻击是一样的。只要多个合约和函数共享相同的状态，处理不当就有可能引起重入攻击。

在上面的例子中，transfer() 函数和 withdrawBalance() 函数都属于一个合约。同样的问题也会存在于共享状态的不同合约之间。

3. 重入问题的解决方案

因为重入问题可能会在多个函数甚至多个合约之间发生，所以仅有旨在避免单个函数重入问题的解决方案是不够的。

建议首先完成所有内部工作（例如修改状态变量的值），然后调用外部函数。认真遵守此规则，就可以避免重入攻击。也就是说，不仅要避免过早地调用外部函数，还应避免过早地调用那些调用外部函数的函数。例如，下面的代码是不安全的：

```
mapping (address => uint) private userBalances;
mapping (address => bool) private claimedBonus;
mapping (address => uint) private rewardsForA;

function withdrawReward(address recipient) public {
    uint amountToWithdraw = rewardsForA[recipient];
    rewardsForA[recipient] = 0;
    (bool success, ) = recipient.call.value(amountToWithdraw)("");
    require(success);
}

function getFirstWithdrawalBonus(address recipient) public {
    require(!claimedBonus[recipient]);   // 每个调用者只有一次机会撤回资金

    rewardsForA[recipient] += 100;
    withdrawReward(recipient);           // 此处，调用者可以在 Fallback() 函数中再次调用
                                         //     getFirstWithdrawalBonus() 函数
    claimedBonus[recipient] = true;
}
```

　　尽管 getFirstWithdrawalBonus() 函数并不直接调用外部合约，但是调用 withdrawReward()
函数也会有被重入攻击的风险。因此应该将 getFirstWithdrawalBonus() 函数视为不可信。

　　除了修复可能造成重入攻击的代码，还应标识出所有不可信的函数。标识的方法很简
单，就是在函数名中加上 untrusted。例如，在下面的代码中，untrustedWithdrawReward()
函数调用了外部合约，因此在其函数名中被加上了 untrusted。因为 untrustedGetFirstWithdrawal-
Bonus() 函数调用了 untrustedWithdrawReward() 函数，所以它也被视为不可信，函数名中也
被加上了 untrusted。

```
mapping (address => uint) private userBalances;
mapping (address => bool) private claimedBonus;
mapping (address => uint) private rewardsForA;

function untrustedWithdrawReward(address recipient) public {
    uint amountToWithdraw = rewardsForA[recipient];
    rewardsForA[recipient] = 0;
    (bool success, ) = recipient.call.value(amountToWithdraw)("");
    require(success);
}

function untrustedGetFirstWithdrawalBonus(address recipient) public {
    require(!claimedBonus[recipient]); // 每个 recipient 只能领取一次奖金

    claimedBonus[recipient] = true;
    rewardsForA[recipient] += 100;
    untrustedWithdrawReward(recipient); // claimedBonus 已被设置为 true, 故不可能发生重入攻击
}
```

　　通常还可以使用互斥对象解决重入攻击问题。互斥对象可以锁定一些状态变量，只有
锁的主人才能修改被锁定的状态变量。下面的代码是使用互斥对象的实例：

```
mapping (address => uint) private balances;
bool private lockBalances;
```

```
function deposit() payable public returns (bool) {
    require(!lockBalances);
    lockBalances = true;
    balances[msg.sender] += msg.value;
    lockBalances = false;
    return true;
}

function withdraw(uint amount) payable public returns (bool) {
    require(!lockBalances && amount > 0 && balances[msg.sender] >= amount);
    lockBalances = true;

    (bool success, ) = msg.sender.call(amount)("");

    if (success) {//最后修改余额值, 存在重入攻击风险, 但是使用互斥变量 lockBalances 可以避免此风险
        balances[msg.sender] -= amount;
    }

    lockBalances = false;
    return true;
}
```

当互斥对象 lockBalances 等于 false 时, 程序才能进入 deposit() 函数和 withdraw() 函数。进入函数后, 随即将 lockBalances 设置为 true, 也就是进入锁定状态, 以防止并发调用函数, 从而避免了重入攻击的风险。所有操作完成后, 将 lockBalances 设置为 false, 即解除锁定。

10.2.2　抢先交易

因为所有交易在执行之前都会短暂地在内存池中可见, 所以网络的观察者可以在交易被记录到区块中之前看到相关数据, 并做出反应。利用这种情况, 操作者可以在去中心化的交易中观察到一笔购买订单交易, 然后在其被记录到区块链之前广播并执行第 2 笔交易。这在金融交易中是一种很危险的行为, 被称为抢先交易 (Front-Running)。

抢先交易攻击可以分为取代、插入和压制这 3 种。

1．取代

抢先交易攻击的第 1 种类型是取代攻击。也就是用户 A 在得知用户 B 要做的事情后, 抢先去做了这件事。例如, 小明申请注册一个域名, 而小强得知后提前抢注; 再如, 小红要提交发现错误报告申请赏金, 小刚得知后提前提交了同一个错误的报告。这样就使得前者的操作变得没有意义。

为了能够被矿工优先记账, 发起此类攻击的攻击者通常会通过提高 Gas 来争取到被挖矿的优先级, 而且一般会将其提高 10 倍以上。

2．插入

在插入攻击中, 用户 A 运行函数, 合约的状态将会改变。此时, 用户 B 的函数就需要在用户 A 修改后的合约状态的基础上运行。

例如, 小强计划以最优惠价格下单购买区块链上的资产, 此时小刚可以插入 2 个交易,

首先以最优惠价格购买资产，然后以比最优惠价格高出一点的价格将其出售给小强。这样，小刚就在并没有拥有资产的情况下，从价格差中获利。

同样，发起此类攻击的攻击者通常会通过提高 Gas 来争取到被挖矿的优先级。

3．压制

在压制攻击中，攻击者试图延迟被攻击者执行函数。例如，攻击者向自定义智能合约发送多个 gasPrice 和 gasLimit 比较高的交易，从而使合约延后处理被攻击者的请求。攻击者可以执行和被攻击者相同的操作。例如，当被攻击者提交请求购买数量有限的股票时，攻击者发起大量同样请求的交易。攻击者也可以执行和被攻击者不同的操作。例如，被攻击者提交取消订单的请求时，攻击者发起大量提交订单的请求。

只要攻击者发起的交易有更高的 gasPrice 和 gasLimit，就可以将被攻击者的请求压制住。

抢先交易攻击在以太坊之类的公有链上很常见，最好的补救措施就是在应用程序中移除抢先交易的利益，主要是削弱交易顺序和时间的重要性。例如，在拍卖市场上，最好实行批量拍卖，这样就可以避免交易顺序的影响。另一个方法就是采用预提交场景，也就是先提交申请，再提交详情。

10.2.3　强制发送以太币到智能合约

有可能强制发送以太币到智能合约，而不触发它的 Fallback() 函数。通常将重要的逻辑放在 Fallback() 函数中实现，并且会基于合约的账户余额进行相关计算与判断。例如，在下面的代码中，合约看上去是禁止支付的：

```
contract Vulnerable {
    function () payable {
        revert();
    }

    function somethingBad() {
        require(this.balance > 0);
        // 可能有问题的代码
    }
}
```

一旦支付就会调用 revert() 函数。somethingBad() 函数要求账户余额大于 0 才能进入，从而可以避免实现一些有风险的功能。

但是需要注意的是，一个合约的 selfdestruct() 函数允许用户将剩余资金转到其他账户，而且不会触发 Fallback() 函数。如果指定了接收方为合约 Vulnerable，则合约 Vulnerable 的余额可能大于 0，进而在不知情的情况下可以执行 somethingBad() 函数。

10.3　智能合约开发过程中的安全建议

本节介绍以太坊官方给出的在开发智能合约过程中的安全建议，包括关于以太坊智能合约系统开发的建议和 Solidity 的安全问题。它们并不是一回事儿，因为除了 Solidity 还可以选择其他智能合约编程语言，例如 Serpent、Mutan 和 LLL（虽然它们的知名度和影响力都不及 Solidity）。即使只使用 Solidity 开发智能合约，以太坊网络的安全问题和 Solidity

的安全问题所关注的侧重点也不尽相同。

10.3.1 关于以太坊智能合约系统开发的建议

本小节的建议适用于各种类型的以太坊智能合约系统。

1．留意外部调用

外部调用可能会执行恶意代码，对不可信的智能合约的调用可能会带来不可预估的风险或错误。因此每个外部调用都应该被视为存在安全风险。如果必须使用外部调用，则应遵守如下建议。

（1）标识外部调用

当与外部合约进行交互时，应将相关的变量、方法和合约接口明确地命名，只标识存在外部调用是不安全的。例如，下面的代码不够安全，因为它没有明确命名外部调用。

```
Bank.withdraw(100);                      // 命名不明确，未标识外部合约 Bank 是否可信

function makeWithdrawal(uint amount) {  // 没有明确标识函数中存在不安全的外部调用
    Bank.withdraw(amount);
}
```

下面的代码就比较规范，因为它明确命名了外部调用：

```
UntrustedBank.withdraw(100);             // UntrustedBank 明确命名了不可信的外部合约
TrustedBank.withdraw(100);               // 虽然是外部合约，但是可信，因为有 XXX 公司在维护

function makeUntrustedWithdrawal(uint amount) {
    UntrustedBank.withdraw(amount);
}
```

（2）执行外部调用后避免改变状态变量

在如下情形下假定会执行恶意代码。

- 直接调用 call() 函数，例如：

```
<地址>.call()
```

- 调用外部合约的方法。

即使外部合约中不包含恶意代码，它也有可能会调用其他恶意代码。最危险的情况就是恶意代码劫持控制流，从而进行重入攻击。如果调用了不可信的外部合约，则应避免在调用后修改状态变量。

合约函数中的代码应该按照如下步骤安排。

第 1 步应该执行一些检查，例如是谁调用了函数、参数是否越界、调用者是否有足够的代币等。如果所有检查都通过了，再执行第 2 步，即修改当前合约的状态变量。最后再与其他合约进行交互。

2．应该记住区块链上的数据是公有的

很多应用程序要求提交的数据是私有的，直到某个指定的时间点才开始工作。游戏和拍卖是这种情况的两个主要领域。如果开发一个比较关注隐私问题的应用程序，则要尽量

避免要求用户过早地提交隐私数据。最好的策略是分阶段提交隐私数据，第 1 次提交时使用数据的哈希值，在后面的阶段提交时，提供该哈希值作为校验。下面是提交隐私数据的应用例子。

- 在石头剪刀布游戏中，要求所有玩家首先提交他们动作的哈希值，然后提交他们的动作，如果不匹配则将其遗弃。
- 在拍卖应用中，要求参与者提交出价数据的哈希值，同时提交的还有大于出价的押金数值。然后在第 2 阶段提交出价数据。
- 在当开发一个依赖随机数发生器的应用程序时，应该首先让用户提交动作数据，然后生成随机数，最后进行用户支付。注意：关键在于用户提交动作数据先于生成随机数，这样即使用户可以提前预知生成的随机数，也没有机会作弊。

3．有些参与者可能会中途掉线且不再回来

不要进行退款或者设置必须依靠指定的一方执行某个特定的操作才能将资金取出的机制。例如在石头剪刀布游戏中，一个常见的错误就是直到所有用户都提交了动作才支付奖金。石头剪刀布游戏就是在页面上选择一个动作（手势），然后和电脑随机选择的一个动作进行比较，通过智能合约来返回游戏结果。

恶意的玩家可以一直不提交动作。如果他看到其他玩家的动作，并且确认对方已经获胜，那他根本就没有理由提交动作。

可以通过设置时间限制或者增加额外的经济激励来鼓励所有参与者及时提交信息。

10.3.2　Solidity 的安全问题

Solidity 作为目前极为流行的智能合约编程语言之一，也存在安全问题。开发者在使用 Solidity 开发智能合约时应该注意规避如下问题。

1．使用未检查的外部调用

使用未检查的外部调用是 2020 年度评选的排名第一的 Solidity 安全问题。一方面，Solidity 的低级调用（如 address.call()）并不抛出异常，而是会在遇到异常时返回 false；另一方面，对合约方法的调用（如<外部合约>.doSomething()）会自动传播被调用方法中的异常。因此在使用低级调用时应该对返回结果进行检查，如果返回结果错误，则说明出现异常，应该回退转账，代码如下：

```
if(!addr.send(1))  {
    revert();
}
```

调用智能合约的其他方法时，也应该注意异常处理。

2．循环次数太多

使用以太坊环境的算力是要通过以太币进行付费的。这样，减少完成操作的计算步骤就不仅是优化程序的问题了，而是可以节省费用。

循环是花销很大的语句，如果对一个有很多元素的数组进行遍历，则需要执行很多操作，花费很多 Gas。无限循环会耗尽 Gas。

如果攻击者可以影响数据元素的数量，则可能会引起大量的 Gas 花销，导致拒绝服务。因此，应该注意控制循环的次数。

3．合约的创建者拥有过多的权限

有些合约与它们的创建者紧紧地绑定在一起，有些函数只允许创建者调用，例如：

```
contract OverpowerOwnerExample {
    address public owner;

    modifier onlyOwner {
        require(
            msg.sender == owner,
            "Only owner can call this function."
        );
        _;
    }
    construct() {
        owner = msg.sender;
    }
    function doSomething() public onlyOwner {
        //……
    }
    function doSomethingElse() public {
        require(msg.sender == owner);
        //……
    }
}
```

doSomething() 函数和 doSomethingElse() 函数都只允许合约的创建者调用，并且没有其他安全措施。这就会带来一个严重的风险，一旦合约创建者的私钥被窃取，攻击者就可以完全控制合约。

4．运算精度低

Solidity 并不提供浮点型数据。因此，在使用 Solidity 进行编程时，很可能会遇到精度问题。例如，下面的代码先执行除法，然后执行乘法，这可能会导致产生巨大的舍入误差：

```
function calculateBonus(uint amount) returns (int) {
    return amount / DELIMITER * BONUS;
}
```

5．依赖 tx.origin

合约不应该依靠 tx.origin 来进行身份认证。恶意合约可以假冒合约创建者提取当前合约的所有资金。例如，下面的代码就存在这一安全漏洞：

```
function transferTo(address dest, uint amount) {
    require(tx.origin == owner);
    dest.transfer(amount);
}
```

tx.origin 代表调用链中的第一个账户，而 msg.sender 代表当前的调用者。那么在上面的代码中，如果 transferTo() 方法的第一个调用者是合约的创建者（owner），那么后面的调用者就有可能会因此而提取到合约的资金。因此，应该使用 msg.sender 代替 tx.origin，代码如下：

```
function transferTo(address dest, uint amount) {
    require(msg.sender == owner);
    dest.transfer(amount);
}
```

6．溢出和下溢

Solidity 是基于 256 位 EVM 的，这可能会导致数值的溢出和下溢。开发者在循环中使用 uint 数据类型时应当格外小心，因为有可能会发生死循环。例如：

```
for (uint i= border; i>=0; i--) {
    ans += i;
}
```

在上面的代码中，如果变量 i 等于 0，那么 i-- 就等于 $2^{256}-1$（因为 uint 是无符号整型数据，不支持负数），从而导致发生死循环。将 i>=0 替换为 i>0 即可解决此问题。

还应该注意最小的负整数取反后会溢出。Solidity 提供了几种类型的有符号整型数据。与大多数编程语言一样，在 Solidity 中 N 位有符号整型数据的取值范围为 $-2^{N-1} \sim 2^{N-1}-1$。也就是说对于最小的整型数据而言，对其取反将会溢出。例如对 -2^{N-1} 取反会得到 2^{N-1}，而 N 位有符号整型数据的最大取值是 $2^{N-1}-1$。

为了规避这种情况，在对有符号整型数据执行取反操作之前，应该检查其是否等于 MIN_INT。对有符号整型数据执行乘-1 或者除-1 的操作时，也存在这种情况。在定义有符号整型数据时可以适当选择大位数数据类型，例如 int256、int64、int32，而应少使用 int8 和 int16，这样也可以在一定程度上避免操作边界数据。

7．不安全的类型引用

Solidity 支持类型引用，但是有几处比较特殊。例如，0 的类型为 byte，而不是通常期望的 int。在下面的代码中，变量 i 将被视为 uint8，如果数组 elements 中包含超过 256 个元素，则会发生溢出。因此，建议使用显式的类型声明，而不是 var。例如，不建议使用下面的代码：

```
for(var i = 0; i < elements.length; i++) {
        // 具体功能代码
}
```

而建议使用下面的代码：

```
for(uint i = 0; i < elements.length; i++) {
        // 具体功能代码
}
```

8．不正当的转账

有很多方法可以实现合约间的转账。尽管以太坊官方建议使用 addr.transfer(x) 函数，但还是有一些合约中使用了 send() 函数，例如：

```
if(!addr.send(1)) {
    revert();
}
```

addr.transfer(x) 函数在操作失败时会自动抛出异常。这可以降低调用不可信外部合约的风险。

9．在循环语句中转账

当在循环语句中进行以太币的转账操作时，如果有一个合约没有收到转账，那么整个交易将会被退回，例如：

```
for (uint i=0; i< users.length; i++) {
    user[i].transfer(amount);
}
```

攻击者可以利用这一特性发起攻击，导致 DoS（Denial of Service，拒绝服务），进而阻止其他合约收到以太币。

10．时间戳依赖

智能合约运行在多个节点上，每个节点的系统时间都是不尽相同的，因此 EVM 并不提供时钟时间。通常用于获取时间戳的变量 now 只是一个环境变量，它其实是 block.timestamp 的别名，而 block.timestamp 是矿工可以控制的。因此，下面的代码可能存在安全漏洞：

```
if(timeHasCome == block.timestamp) {
    winner.transfer(amount);
}
```

因为矿工可以控制 block.timestamp，所以在用到 block.timestamp 时只能使用>、<操作符，而不建议使用==进行比较。

如果需要用到随机数，则可以考虑使用 RANDAO 合约。RANDAO 合约基于 The DAO，由所有参与者共同按照约定的规则生成随机数。

10.4 智能合约的安全审计

由于前面介绍的原因，很多智能合约或多或少地存在安全漏洞或安全隐患，而这些潜在的问题单靠开发人员是很难准确、彻底地发现并解决的，有必要由专业的安全人员对智能合约进行安全审计，帮助开发人员发现并解决问题。

目前国内的以太坊智能合约审计尚处于起步阶段，因此本节内容通过借鉴一些国外网络安全论坛中的安全审计案例，帮助读者初步了解智能合约审计的基本情况。

10.4.1 如何对智能合约进行审计

对智能合约的审计并不能生成证明代码安全性的法律文书，没有人可以保证代码 100% 不存在漏洞。审计可以保证智能合约的代码被专家评估过。智能合约在通过审计的当时是安全的。

通常，审计报告的结构如下。

① 免责声明：阐明审计报告不是法律文书，并不能保证被审计的智能合约没有任何问题。

② 概述：概要描述被审计智能合约的基本情况。

③ 好的特性：描述智能合约代码中有益的功能和方法。

④ 对合约发起的攻击：这部分描述审计过程中对合约进行的攻击及其结果。当然这类攻击并不会带来损失，只能用于验证合约的安全性。

⑤ 严重漏洞：记录审计过程中发现的智能合约存在的严重漏洞。例如，如果攻击者可以利用漏洞窃取合约账户中的以太币，则此漏洞属于严重漏洞。

⑥ 中级漏洞：中级漏洞指危害程度有限的漏洞。例如，允许用户修改随机变量就是一个中级漏洞。

⑦ 低级漏洞：并不会真正伤害合约的漏洞，其可能已经存在于已部署的合约中。

⑧ 逐行注释：对合约代码添加注释，特别是可能有改进空间的比较重要的合约代码。这是审计报告中最重要的部分。

⑨ 总结：描述本次审计的最终结论。

审计报告

10.4.2　一个审计报告的例子

为了便于读者直观地理解智能合约审计报告的具体情况，本小节介绍 Medium 社区（推特创始人开办的在线杂志平台）的以太坊开发者栏目中分享的一个审计报告。该审计报告针对智能合约 Casino，代码如下：

```
 1: pragma solidity ^0.4.11;
 2:
 3: import "github.com/oraclize/ethereum-api/oraclizeAPI.sol";
 4:
 5: /// @title 猜数字游戏智能合约。用户选择一个数字并投注一定金额的以太币，猜中者赢
 6: /// @author Merunas Grincalaitis
 7: contract Casino is usingOraclize {
 8:     address owner;
 9:
10:     // 参与游戏的用户可以下注的最小金额
11:     uint public minimumBet = 100 finney; // 等于 0.1ETH
12:
13:     // 当前游戏的下注总金额
14:     uint public totalBet;
15:
16:     // 当前参与游戏的所有用户的下注数
17:     uint public numberOfBets;
18:
19:     // 合约创建者设置的每次游戏可以参与（下注）的最大用户数
20:     uint public maxAmountOfBets = 10;
21:
22:     // 系统建议的每次游戏可以参与（下注）的最大用户数
23:     uint public constant LIMIT_AMOUNT_BETS = 100;
24:
25:     // 上次游戏获胜的数字
26:     uint public numberWinner;
27:
28:     // 参与游戏的用户账户地址列表
29:     address[] public players;
30:
31:     // 保存对各数字下注的用户账户地址列表
32:     mapping(uint => address[]) numberBetPlayers;
```

```
33:
34:      // 记录每个用户下注的数字
35:      mapping(address => uint) playerBetsNumber;
36:
37:      // 该函数修改器定义只有所有用户都下注完成时才执行函数
38:      modifier onEndGame(){
39:          if(numberOfBets >= maxAmountOfBets) _;
40:      }
41:
42:      /// @notice 构造函数，用于配置每次游戏的最小下注金额和最大参与用户数
43:      /// @param _minimumBet 最小下注金额
44:      /// @param _maxAmountOfBets 每次游戏可以参与（下注）的最大用户数
45:      constructor(uint _minimumBet, uint _maxAmountOfBets) public{
46:          owner = msg.sender;
47:
48:          if(_minimumBet > 0) minimumBet = _minimumBet;
49:
50:          if(_maxAmountOfBets > 0 && _maxAmountOfBets <= LIMIT_AMOUNT_BETS)
51:              maxAmountOfBets = _maxAmountOfBets;
52:
53:          // 设置 oraclize 的证明，以保证随机数生成的安全性
54:          oraclize_setProof(proofType_Ledger);
55:      }
56:
57:      /// @notice 检查玩家在本轮游戏中是否存在
58:      /// @param player 被检查用户的地址
59:      /// @return bool Returns 存在则返回 true，否则返回 false
60:      function checkPlayerExists(address player) returns(bool){
61:          if(playerBetsNumber[player] > 0)
62:              return true;
63:          else
64:              return false;
65:      }
66:
67:      /// @notice 下注
68:      /// @param numberToBet 下注的数字为 1～10
69:      function bet(uint numberToBet) payable{
70:
71:          // 检查是否已经达到最大用户数
72:          assert(numberOfBets < maxAmountOfBets);
73:
74:          // 检查用户是否已经存在，并禁止重复下注
75:          assert(checkPlayerExists(msg.sender) == false);
76:
77:          // 检查下注数字是否在 1～10 之间
78:          assert(numberToBet >= 1 && numberToBet <= 10);
79:
80:          // 检查下注金额是否大于允许的最小下注金额 minimumBet
81:          assert(msg.value >= minimumBet);
82:
83:          // 设置用户的下注金额
```

```
84:         playerBetsNumber[msg.sender] = numberToBet;
85:
86:         // 将下注数字和下注用户的账户地址保存在映射 numberBetPlayers 中
87:         numberBetPlayers[numberToBet].push(msg.sender);
88:
89:         numberOfBets += 1;
90:         totalBet += msg.value;
91:
92:         if(numberOfBets >= maxAmountOfBets) generateNumberWinner();
93:     }
94:
95:     /// @notice 生成 1~10 的随机数是会产生费用的
96:     /// 必须使用 payable, 因为 oraclize 生成随机数需要消耗 Gas
97:     /// 只在游戏结束时执行
98:     function generateNumberWinner() payable onEndGame {
99:         uint numberRandomBytes = 7;
100:         uint delay = 0;
101:         uint callbackGas = 200000;
102:
103:         bytes32 queryId = oraclize_newRandomDSQuery(delay, numberRandomBytes, callbackGas);
104:     }
105:
106:     /// @notice callback() 函数在 oraclize 生成随机数时被调用
107:     /// @param _queryId 为调用 oraclize_randomDS_proofVerify() 进行验证而生成查询 ID
108:     /// @param _result 包含随机数的字符串
109:     /// @param _proof 随机数的证据编码, 用于验证有效性
110:     function __callback(
111:         bytes32 _queryId,
112:         string _result,
113:         bytes _proof
114:     ) oraclize_randomDS_proofVerify(_queryId, _result, _proof) onEndGame {
115:
116:         // 检查 callback() 函数的调用者是 oraclize, 防止伪造随机数
117:         assert(msg.sender == oraclize_cbAddress());
118:
119:         numberWinner = (uint(sha3(_result))%10+1);
120:         distributePrizes();
121:     }
122:
123:     /// @notice 向每个获胜者发送相应的以太币
124:     /// 然后清空状态变量 numberBetPlayers、totalBet 和 numberOfBets
125:     function distributePrizes() onEndGame {
126:         // 获胜者平分奖金
127:         uint winnerEtherAmount = totalBet/numberBetPlayers[numberWinner].length;
128:         // 循环向每位获胜者发放奖金
129:         for(uint i = 0; i < numberBetPlayers[numberWinner].length; i++){
130:             numberBetPlayers[numberWinner][i].transfer(winnerEtherAmount);
131:         }
132:
133:         // 删除每位数字的下注用户数据
134:         for(uint j = 1; j <= 10; j++){
```

```
135:            numberBetPlayers[j].length = 0;
136:        }
137:
138:        totalBet = 0;
139:        numberOfBets = 0;
140:    }
141:}
```

这是一个猜数字游戏智能合约。用户选择一个数字并投注一定金额的以太币,猜中者赢。合约代码中给出了详细的注释,在本小节稍后介绍的审计报告实例中将对其进行具体说明。因为在审计报告中要对合约 Casino 逐行代码地进行分析,所以在上述代码中标注了行号。

合约 Casino 中定义的部分状态变量和函数如表 10-2 所示。

表 10-2 合约 Casino 中定义的部分状态变量和函数

名称	类型	数据类型	说明
owner	状态变量	address	创建合约的账户
minimumBet	状态变量	uint	游戏中的最小下注金额,默认为 100finney,即 0.1ETH
totalBet	状态变量	uint	当前游戏的下注总金额
numberOfBets	状态变量	uint	当前参与游戏的所有用户的下注数
maxAmountOfBets	状态变量	uint	合约创建者设置的每次游戏可以参与(下注)的最大用户数,默认为 10。若用户数达到或超过此数,则开始生成随机数
LIMIT_AMOUNT_BETS	常量	uint	系统建议的每次游戏可以参与(下注)的最大用户数
numberWinner	状态变量	uint	上次游戏获胜的数字
players	状态变量	address[]	参与游戏的用户账户地址列表
numberBetPlayers	状态变量	mapping(uint => address[])	保存对各数字下注的用户账户地址列表
playerBetsNumber	状态变量	mapping(address => uint)	记录每个用户下注的数字
onEndGame	函数修饰符	—	当用户下注次数超过每次游戏可以下注的最大次数时,结束游戏
Casino()	构造函数	—	有 2 个参数,_minimum 指定参与游戏的最小下注金额,_maxAmountOfBets 指定每次游戏允许下注次数的上限
checkPlayerExists()	函数	bool	检查用户是否在当前游戏中
bet()	函数	—	对一个数字进行下注

下面以合约 Casino 的审计报告为例,帮助读者初步了解智能合约审计报告的格式和内容。该审计报告的作者为开发人员梅鲁纳斯·格林克莱提斯(Merunas Grincalaitis)。以下是针对智能合约 Casino 的审计报告的简要介绍,并不是其全文翻译。

1.免责声明

本审计报告并不对代码的功能和安全性、商务模型的实用性,以及监管制度背书,仅做讨论之用。

2．概述

本项目只包含一个文件 Casino.sol，文件共包含 141 行 Solidity 代码，而且几乎对所有函数和状态变量都进行了详尽的注释，可以令人很容易理解所有代码的功能。

本项目调用 Oraclize API 在区块链上使用中心化的服务来生成真正的随机数。

在区块链上生成真正的随机数是很难实现的，因为以太坊的核心价值之一就是可预见性，它的目标就是不要有未定义的值。

通过 Oraclize 使用可信数字生成随机数是很好的方案，因为它并不在区块链上生成随机数，而是通过函数修改器和回调函数来验证信息是否来自可信的实体。

此智能合约的目的是使用户可以通过下注数字（范围是 1～10）参与博彩游戏。当 10 个用户下注后，游戏开始，奖金将在获胜者中自动分配。每个用户都有最小的下注金额。

每个用户在一场游戏中只能下注一次，获胜的数字只有在达到下注的最小用户数后才会产生。

3．好的特性

此合约提供一整套对整个合约有益的功能，具体如下。

① 使用 Oraclize 提供的安全的随机数生成方法，可以通过回调函数进行可信验证。

② 设计了用于检查是否结束游戏的函数修改器，可以阻断对关键函数的调用，直至发放奖金。

③ 提供了比较完善的数量检查方法，从而可以验证下注函数的使用是否恰当。

④ 提供了安全的获胜数字生成方法，但只有在用户下注的次数达到允许的上限时才生成。

4．对合约发起的攻击

为了检查智能合约的安全性，我们测试了几种攻击方式，具体如下。

（1）重入攻击

重入攻击递归调用 call.value() 方法，从合约中提取以太币。如果合约在发送以太币之前没有更新发送者的余额，则存在被重入攻击的漏洞。

此合约在 distributePrizes() 函数中从合约账户提取以太币，而且使用 transfer() 函数替代 call.value()，因此没有被重入攻击的风险。因为 transfer() 函数只允许在一次事件中最多支付 2 300Gas，超出则会报错，这样就不能在调用者函数中递归调用提取以太币的函数了。

只有向赢家发放奖金时才会调用 distributePrizes() 函数，而且一次游戏只在游戏结束时发放一次奖金。因此，不存在被重入攻击的风险。

注意：调用 distributePrizes() 函数的条件是下注的次数大于或等于约定的上限，此条件只在 distributePrizes() 函数的最后才被更新（将 numberOfBets 设置为 0）。这是有风险的，因为在理论上用户可以在状态变量被更新之前再次调用 distributePrizes() 函数。

因此建议在 distributePrizes() 函数的开始就更新状态变量。

（2）溢出攻击

当类型为 uint256 的变量值超过类型的上限 2^{256} 时就会发生溢出。发生溢出时，对变量值加 1，其不但不会增长，反而会归 0。

做减法运算时也可能会发生下溢。例如，0-1的结果将会是 2^{256}，而不是-1，因为类型 uint256 是无符号数。

在处理以太币时如果发生溢出将是非常危险的。但是在本合约中没有使用减法，因此没有下溢的风险。

当调用 bet() 函数时，会传递一个数值 msg.value，并会将其追加至变量 totalBet 中，代码如下：

```
totalBet += msg.value;
```

如果有人下注金额非常大，超过 2^{256}，就会导致变量 totalBet 的值归 0。

因此，建议使用类似 OpenZeppelin 的安全数学函数库 SafeMath.sol。该库中的安全数学函数没有溢出风险，使用方法如下：

```
import './SafeMath.sol';

contract Casino {
    using SafeMath for uint256;
    function example(uint256 _value) {
        uint number = msg.value.add(_value);
    }
}
```

（3）重放攻击

重放攻击指在一个区块链上发起交易，然后在另一个区块链上重复此交易。重放攻击主要针对区块链的硬分叉。硬分叉后出现了一条新链，其与原链拥有相同的交易数据、地址和私钥。硬分叉前的一种币在产生硬分叉时会变成两种。攻击者将原链中的交易在新链中重复，并从中获益。

Geth 1.5.3 和 Parity 1.4.4 都实现了对重放攻击的防御，因此重放攻击已经不是问题。

（4）短地址攻击

短地址攻击可以影响 ERC-20 代币。ERC-20 是以太坊代币的一套标准。

短地址攻击的具体形式如下。

- 假设一个用户创建了一个以太坊钱包，相关地址的尾数为 0，例如 0xiofa8d97756as7df5sd8f75g8675ds8gsdg0。这并不是硬件钱包，只是一个数字而已。
- 然后该用户使用去掉 0 的地址买入 1 000 个代币。
- 如果代币合约中有足够的代币，则 buy() 函数不会检查调用者账户地址的长度，以太坊虚拟机会在交易中添加 0，直至地址被补齐。
- 最后从这个钱包中取出 1 000 个代币，并在使用地址时将地址末尾的 0 去掉；以太坊虚拟机将会对取出的代币金额做左移 8 位的处理，并返回 25 600 个代币。这是一个漏洞，而且到目前为止还没有被解决。因此，涉及代币的智能合约一定要注意地址的长度。

本报告中的智能合约并不会受到短地址攻击，因为其没有使用 ERC-20 代币。

5．严重漏洞

本合约中未发现严重漏洞。

6. 中级漏洞

checkPlayerExists() 函数应该使用 view 修饰符，但其并没有使用。因此，当大量调用该函数时可能会增加 Gas 的花销。

7. 低级漏洞

① 在 bet() 函数的开始使用了 assert() 函数，而不是 require() 函数。assert() 函数和 require() 函数的用法和作用几乎一样，但是 assert() 函数通常用于在修改状态变量后验证合约的状态；而 require() 函数通常在函数的最开始使用，用来检查函数的输入参数。

② 在合约的顶部定义了一个变量 players，但是在合约中并没有用到它。如果不需要，请将其删除。

8. 逐行注释

第 1 行：代码中使用^符号指定 pragma 通知编译器使用高于 0.4.11 的 Solidity 版本。这并不是最佳选择，因为不同版本的编译器会有不同，这会导致代码不稳定。因此建议使用固定的版本，不使用^符号。

第 14 行：代码中定义了一个 uint 变量 totalBet，使用的是单数形式。因为它用于存储所有下注金额之和，所以建议使用复数形式 totalBets。

第 23 行：代码中定义了一个大写的常量，这是好的习惯，表示它是固定的、不可修改的。

第 29 行：代码中定义了一个没有使用的数组 players。如果不想使用，可以将其删除。

第 60 行：checkPlayerExists() 函数应该使用 view 函数修饰符，但是代码中并没有使用。因为该函数并没有修改状态变量，所以建议将其设置为 view。这样在调用时，可以节省 Gas。

第 61 行：没有检查是否传递了参数 player 及参数值是否有效。应该在函数的开头使用下面的语句检查是否使用了空地址（值为 0）；同时，应该检查地址的长度，以避免短地址攻击。

```
require(player != address(0))
```

第 69 行：请指定 bet() 函数的可见性，以便准确地了解是否可以使用它。

第 72 行：使用 require() 替换 assert()，因为此处检查的是输入的有效性。在函数的开始应该使用 require() 函数来检查数据的有效性。注意替换 assert()。

第 90 行：代码中使用了变量 msg.value，这有可能导致溢出错误。建议在计算时增加溢出和下溢检查。

第 98 行：generateNumberWinner() 函数应该是内部函数，因为不希望任何人在合约之外调用它。

第 103 行：程序将 oraclize_newRandomDSQuery() 函数的结果存储在一个 byte32 变量中。在程序的其他地方并没有用到该变量，因此建议不要赋值给该变量，只调用函数即可。

第 110 行：__callback() 函数应该是外部函数，因为只希望从外部调用它。

第 117 行：应该将 assert() 替换为 require()，原因如前所述。

第 119 行：代码中使用了 sha3() 函数，这并不是好的选择，因为这里使用的算法并不是 SHA-3，而是 Keccak-256。建议使用 keccak256() 函数。

第 125 行：distributePrizes() 函数应该是外部函数，因为只有合约才可以调用它。

第 129 行：代码中对数组变量进行循环，但并没有对其进行必要的检查和处理。因为获胜者的数量应该小于 100，所以应该在代码中对其进行限制。

9．总结

总体来看，代码中添加了很好的注释，清晰地描述了每个函数的功能。

下注和发放奖金的机制非常简单，因此不会带来太大的问题。

建议关注函数的可见性，因为指定谁可以执行函数是非常重要的。同时注意 assert()、require() 和 keccak256() 函数的用法。

这是一个安全的智能合约，在运行时可以安全地存储资金。

10.4.3　使用 Mythril 分析 Solidity 智能合约的安全漏洞

Mythril 是以太坊官方推荐的智能合约安全漏洞分析工具。

1．安全分析模型

Mythril 中包含的部分安全分析模型如表 10-3 所示。

表 10-3　Mythril 中包含的部分安全分析模型

名称	描述	所属 SWC 分类
Integer Overflow and Underflow	整型数据的溢出或者下溢	SWC-101
Unchecked Call Return Value	未经检查的返回值	SWC-104
Unprotected Ether Withdrawal	窃取以太币。 由于缺乏必要的访问控制，或者访问控制措施不充分，恶意的第三方可以从合约账户中撤回部分或全部资金	SWC-105
Unprotected SELFDESTRUCT Instruction	由权限问题导致合约被销毁。 由于缺乏必要的访问控制，或者访问控制措施不充分，恶意的第三方可以自毁（selfdestruct）合约。 可以考虑将 selfdestruct() 函数移除，除非必须有 selfdestruct() 函数	SWC-106
Reentrancy	调用外部合约引起的重入攻击。 调用外部合约的最大风险就是外部合约可以完全接管控制流。 在重入攻击中，对合约进行恶意调用，即在第一次调用结束前又发起一次调用，这可能会导致未经授权的操作被执行，因为合约的状态变量可能未被重置，所以在下次调用时可能无法根据状态变量进行必要的安全性检查。 避免重入攻击的方法如下。 • 确保所有内部状态变量的变化都在函数开始执行前完成。 • 使用重入锁，例如 OpenZeppelin 的 ReentrancyGuard	SWC-107

名称	描述	所属 SWC 分类
Assert Violation	不规范地使用 assert() 函数。 Solidity 的 assert() 函数对不合法的情况进行判断，当不满足条件时，代码将无法继续执行。正常执行的代码在遇到 assert() 函数时通常可以顺利通过检查。如果未通过，则意味着存在如下情况。 • 合约中存在错误，允许在默认情况下进入无效状态。 • 对 assert() 函数的使用不恰当，例如使用 assert() 函数来验证输入数据的有效性	SWC-110
Use of Deprecated Solidity Functions	使用过时的代码。 在 Solidity 中，有一些函数和操作符已经被废弃，继续使用它们会降低代码的质量，而且在一些高版本的编译器中，使用过时的代码会报错	SWC-111
Delegatecall to Untrusted Callee	使用 delegatecall() 函数调用不可信合约。 delegatecall() 函数可以实现在目标地址执行指定代码，以及使用调用者合约的上下文环境。 使用 delegatecall() 函数调用不可信合约是非常危险的。因为目标地址的代码可以修改调用者合约的任何状态变量的值，并且可以完全控制调用者的账户余额	SWC-112
Weak Sources of Randomness from Chain Attributes	使用不可信的随机数。 在区块链网络中生成可信的随机数是个难题。因为在去中心化的网络中很难找到足够强的、可信的随机源，以太坊也不例外。block.timestamp 是不安全的，因为矿工可以选择在几秒内提供任何时间戳，并且仍然可以让其他人接收他的块。block.difficulty 和其他字段也是由矿工控制的，因此也是不安全的。如果在猜数字游戏中依靠随机数界定获胜者，则矿工可以在短时间内挖出大量区块，然后选择可以使其获胜的区块哈希，并废弃其他区块	SWC-120
Write to Arbitrary Storage Location	在任意存储位置上写入数据。 在 EVM 层面上，合约中的数据一次次地被存储在一些存储位置上（根据键或地址存储）。智能合约负责保证只有经过授权的用户和合约账户才可以在敏感的存储位置上写入数据。如果攻击者可以在合约的任意存储位置上写入数据，它就可以轻松地绕开安全检查	SWC-124
Arbitrary Jump with Function Type Variable	任意跳转。 Solidity 支持函数类型。一个函数类型的变量可以被赋值为任意函数的引用。 如果用户任意改变函数类型的变量的值，就会导致产生随机的代码指令。 攻击者可以指定函数类型的变量为任意代码指令，从而可以不遵守有效性检查和状态改变的规定	SWC-127

2. 智能合约弱安全分类

SWC（Smart Contract Weakness Classification，智能合约弱安全分类）涵盖了智能合约中各种安全漏洞的变体，并对它们进行了分类和编号。表 10-3 中列出了 Mythril 可以分析的安全漏洞所属的 SWC 分类。由于篇幅所限，这里不展开介绍所有 SWC 分类的细节。

下面以 SWC-112 为例，介绍 SWC 的具体内容。SWC-112 的描述信息在表 10-3 中已经给出，下面是 SWC 文档中提供的存在 SWC-112 安全漏洞的案例 proxy.sol：

```solidity
pragma solidity ^0.4.24;

contract Proxy {

  address owner;

  constructor() public {
    owner = msg.sender;
  }

  function forward(address callee, bytes _data) public {
    require(callee.delegatecall(_data));
  }

}
```

forward() 函数中在传入的地址 callee 上调用 delegatecall() 函数，因此存在 SWC-112 所描述的"使用 delegatecall() 函数调用不可信合约"的安全漏洞。

对其进行修复后的代码如下：

```solidity
pragma solidity ^0.4.24;

contract Proxy {

  address callee;
  address owner;

  modifier onlyOwner {
    require(msg.sender == owner);
    _;
  }

  constructor() public {
    callee = address(0x0);
    owner = msg.sender;
  }

  function setCallee(address newCallee) public onlyOwner {
    callee = newCallee;
  }

  function forward(bytes _data) public {
    require(callee.delegatecall(_data));
  }
}
```

程序中增加了函数修饰符 onlyOwner，限定只有合约的创建者才可以调用 setCallee() 函数来设置调用 delegatecall() 函数的地址，从而规避了恶意的第三方利用 SWC-112 漏洞的风险。

3．安装 Mythril

可以通过 Docker 安装 Mythril。Docker 是一个开源的容器化引擎，使用 Docker 可以很轻松地为任何应用创建轻量级的、便于移植的、自包含的容器。由于篇幅所限，这里不介绍安装和使用 Docker 的方法，请读者查阅相关资料加以了解。

安装好 Docker 后，启动 Docker 服务，执行下面的命令以获取最新版本的 Mythril 镜像：

```
docker pull mythril/myth
```

因为镜像在境外服务器上，所以如果下载失败，可以通过配置云镜像加速器和网络代理等加以解决。由于篇幅所限，本书不展开介绍相关内容。

获取 Mythril 镜像的时间可能会比较长，成功后执行如下命令，可以查看 Mythril 命令行工具的使用方法：

```
docker run mythril/myth -help
```

Mythril 命令行工具的参数如表 10-4 所示。

表 10-4　Mythril 命令行工具的参数

参数	描述
analyze (a)	对指定的智能合约进行分析
disassemble (d)	拆解合约，并返回合约对应的 Opcodes
pro (p)	启用 Mythril 专业版，可以使用 MythX API 对指定的智能合约进行分析。Mythril 专业版是收费的
list-detectors	列出所有有效的安全监测模型
read-storage	通过 ROC（Rate of Change，变动率）从指定地址获取数据
leveldb-search	在本地的 LevelDB 中搜索代码段
function-to-hash	返回指定函数的哈希签名
hash-to-address	将区块链中的哈希转换为以太坊地址
version	输出 Mythril 的版本信息

执行下面的命令可以查看 Mythril 的版本信息：

```
docker run mythril/myth version
```

编者在编写本书时，执行上述命令输出的 Mythril 版本信息如下：

```
Mythril version v0.22.21
```

4．智能合约安全漏洞分析案例

下面以 SWC 官网提供的存在安全漏洞的智能合约为例，演示使用 Mythril 分析智能合约安全漏洞的方法。

该智能合约的网址参见"本书使用的网址"文档。该智能合约中定义了一个存在加法整型溢出问题的智能合约，合约名为 Overflow_Add，代码如下：

```
pragma solidity 0.4.24;

contract Overflow_Add {
    uint public balance = 1;
```

```
    function add(uint256 deposit) public {
        balance += deposit;
    }
}
```

状态变量 balance 的初始值为 1。在 add() 函数中，如果参数 deposit 为 uint256 的最大值 $2^{256}-1$，则会发生溢出，此时 add() 函数返回 0。

在 CentOS 虚拟机中创建/usr/local/Mythril 目录并在其下面创建 overflow_simple_add.sol，然后参见前面的代码编写合约的内容。

执行下面的命令，使用 Mythril 对合约 Overflow_Add 进行漏洞分析：

```
docker run -v /usr/local/Mythril:/contract mythril/myth analyze/contract/overflow_
simple_add.sol --solv 0.4.24
```

在使用 docker run 命令运行 Docker 容器时，可以使用-v 选项在容器中挂载一个数据卷。该数据卷指定容器中的一个路径对应宿主机上的一个路径，它不会随着容器的停止和删除而消失。具体方法如下：

```
docker run -v 宿主机目录:容器内路径   Docker 镜像名
```

这里在运行 Mythril 的同时，创建了一个数据卷，宿主机路径为/usr/local/Mythril，对应的容器中的路径为/contract。上面的命令表示运行容器中的 myth 命令，对容器中的合约/contract/overflow_simple_add.sol 进行安全漏洞分析。myth 命令中使用--solv 指定 Solidity 编译版本为 0.4.24，其与合约 overflow_simple_add.sol 的版本一致。

上面命令的执行结果如图 10-4 所示。

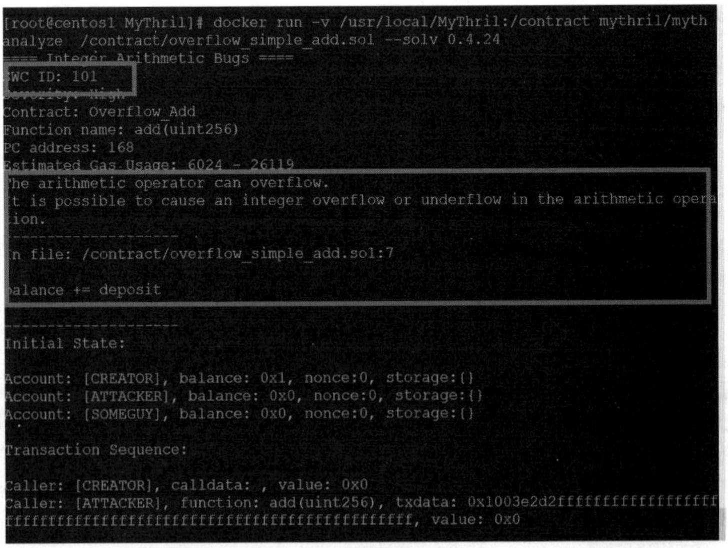

图 10-4　分析合约 overflow_simple_add.sol 安全漏洞的执行结果

可以看到，Mythril 工具检测到合约 overflow_simple_add.sol 中存在 SWC ID 为 101 的漏洞。具体说明如下。

在 overflow_simple_add.sol 的第 7 行代码中使用的算术操作符可能存在溢出风险。

在/usr/local/Mythril 下执行 vi overflow_simple_add.sol 命令，编辑 overflow_simple_add.sol 文件。输入:，然后输入 set nu 命令，按 "Enter" 键后可以查看代码的行号，如图 10-5 所示。

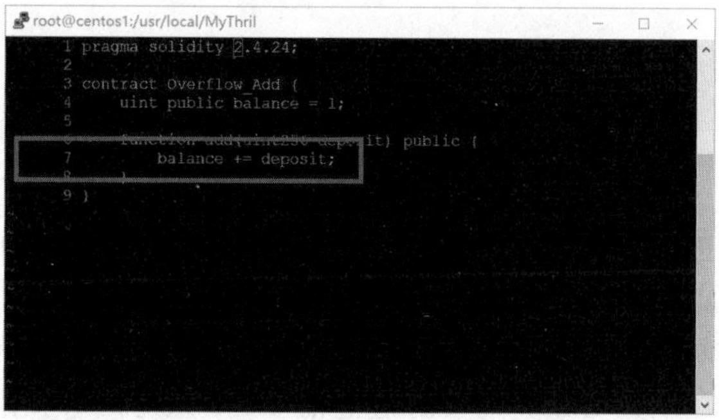

图 10-5　查看合约 overflow_simple_add.sol 代码的行号

可以看到，合约 overflow_simple_add.sol 代码的第 7 行如下：

```
balance += deposit;
```

10.5　本章小结

本章介绍了编写安全的智能合约的原则和方法。从设计理念上介绍了以太坊智能合约安全设计的基本原则后，本章还介绍了常见的针对智能合约的攻击，并据此提出了智能合约开发过程中的安全建议。为了使读者更直观地体验智能合约安全审计的过程，本章还通过一个审计报告的例子介绍了安全专家是如何对智能合约进行安全审计的。最后本章介绍了使用以太坊官方推荐的智能合约安全漏洞分析工具 Mythril 分析 Solidity 智能合约安全漏洞的方法，使读者在没有安全专家帮助的情况下也可以自主发现并解决以太坊智能合约中的安全漏洞。

本章的主要目的是使读者全面掌握开发安全智能合约应用的方法，这在实际开发智能合约 DApp 的过程中是十分重要的。

习题

一、选择题

1. 重入错误的第一个版本利用了以太坊智能合约的（　　　）漏洞。
A. 在一个函数调用完成之前还可以对它进行重复的调用
B. 合约在收到以太币后会自动调用 Fallback() 函数
C. 用户在与合约交互时可以重复录入
D. 攻击者可以重复进入合约账户，无限次地取走合约账户中的资金
2. 在重入问题解决方案中，建议先完成（　　　），再调用外部函数。
A. 所有内部工作　　　　　　　　　　B. 资金操作
C. 合约账户操作　　　　　　　　　　D. 定义 Fallback() 函数

二、填空题

1. 调用 ＿＿＿【1】＿＿＿ 合约时一定要非常小心，因为其中可能包含恶意代码，其可以改变

程序的控制流。

2. 重入问题可以分为 【2】 和 【3】 两种类型。

3. 一个合约的 【4】 函数允许用户将剩余的金额转账到其他账户，而且不会触发 fallback() 函数。

4. 除了修复可能造成重入问题的代码，还应标识出所有不可信的函数，标识方法很简单，就是在函数名中加上 【5】 。

5. 抢先交易攻击可以分为 【6】 、 【7】 和 【8】 这3种。

6. 抢先交易攻击在以太坊之类的公有链上很常见，最好的补救措施就是在应用程序中移除抢先交易的利益，主要是 【9】 和 【10】 。

三、简答题

1. 简述在编写智能合约程序时，开发者必须重视安全问题的原因。
2. 试列举可能会执行恶意代码的情形。
3. 合约函数中的代码应该按照怎样的步骤安排才能确保安全？
4. 试列举 Solidity 的 5 个安全问题。

四、练习题

1. 练习安装 Mythril。
2. 访问 SWC 官网，找到各种 SWC 分类所对应的存在安全漏洞的智能合约实例。练习利用 Mythril 分析这些智能合约实例。